付表 2　水の飽和表（圧力標準）（日本機械学会編「蒸気表」日本機械学会（1999）より）

| 圧力 | 温度 | 比体積 [m³/kg] | | 密度 [kg/m³] | 比エンタルピー [kJ/kg] | | | 比エントロピー [kJ/(kg·K)] | | |
|---|---|---|---|---|---|---|---|---|---|---|
| MPa | °C | v' | v'' | ρ' | h' | h'' | r | s' | s'' | s''-s' |
| 0.001 | 6.970 | 0.00100014 | 129.183 | 0.00774094 | 29.30 | | | | | 902 |
| 0.0015 | 13.020 | 0.00100067 | 87.9621 | 0.0113685 | 54.69 | | | | | 148 |
| 0.002 | 17.495 | 0.00100136 | 66.9896 | 0.0149277 | 73.43 | | | | | 214 |
| 0.0025 | 21.078 | 0.00100207 | 54.2421 | 0.0184359 | 88.43 | | | | | 030 |
| 0.003 | 24.080 | 0.00100277 | 45.6550 | 0.0219034 | 100.99 | 2544.88 | 2443.89 | 0.35433 | 8.57656 | 8.22223 |
| 0.005 | 32.875 | 0.00100532 | 28.1863 | 0.0354782 | 137.77 | 2560.77 | 2423.00 | 0.47625 | 8.39391 | 7.91766 |
| 0.01 | 45.808 | 0.00101026 | 14.6706 | 0.0681637 | 191.81 | 2583.89 | 2392.07 | 0.64922 | 8.14889 | 7.49968 |
| 0.02 | 60.059 | 0.00101714 | 7.64815 | 0.130751 | 251.40 | 2608.95 | 2357.55 | 0.83195 | 7.90723 | 7.07528 |
| 0.03 | 69.095 | 0.00102222 | 5.22856 | 0.191257 | 289.23 | 2624.55 | 2335.32 | 0.94394 | 7.76745 | 6.82351 |
| 0.04 | 75.857 | 0.00102636 | 3.99311 | 0.250431 | 317.57 | 2636.05 | 2318.48 | 1.02590 | 7.66897 | 6.64307 |
| 0.05 | 81.317 | 0.00102991 | 3.24015 | 0.308628 | 340.48 | 2645.21 | 2304.74 | 1.09101 | 7.59296 | 6.50196 |
| 0.07 | 89.932 | 0.00103589 | 2.36490 | 0.422851 | 376.68 | 2659.42 | 2282.74 | 1.19186 | 7.47895 | 6.28709 |
| 0.1 | 99.606 | 0.00104315 | 1.69402 | 0.590311 | 417.44 | 2674.95 | 2257.51 | 1.30256 | 7.35881 | 6.05625 |
| 0.101325 | 100.074 | 0.00104344 | 1.67330 | 0.597623 | 418.99 | 2675.53 | 2256.54 | 1.30672 | 7.35439 | 6.04766 |
| 0.15 | 111.35 | 0.00105272 | 1.15936 | 0.862547 | 467.08 | 2693.11 | 2226.03 | 1.43355 | 7.22294 | 5.78939 |
| 0.2 | 120.21 | 0.00106052 | 0.885735 | 1.12901 | 504.68 | 2706.24 | 2201.56 | 1.53010 | 7.12686 | 5.59676 |
| 0.3 | 133.53 | 0.00107318 | 0.605785 | 1.65075 | 561.46 | 2724.89 | 2163.44 | 1.67176 | 6.99157 | 5.31980 |
| 0.4 | 143.61 | 0.00108356 | 0.462392 | 2.16267 | 604.72 | 2738.06 | 2133.33 | 1.77660 | 6.89542 | 5.11882 |
| 0.5 | 151.84 | 0.00109256 | 0.374804 | 2.66806 | 640.19 | 2748.11 | 2107.92 | 1.86060 | 6.82058 | 4.95998 |
| 0.6 | 158.83 | 0.00110061 | 0.315575 | 3.16882 | 670.50 | 2756.14 | 2085.64 | 1.93110 | 6.75917 | 4.82807 |
| 0.80 | 170.41 | 0.00111479 | 0.240328 | 4.16099 | 721.02 | 2768.30 | 2047.28 | 2.04599 | 6.66154 | 4.61555 |
| 1.00 | 179.89 | 0.00112723 | 0.194349 | 5.14539 | 762.68 | 2777.12 | 2014.44 | 2.13843 | 6.58498 | 4.44655 |
| 1.20 | 187.96 | 0.00113850 | 0.163250 | 6.12558 | 798.50 | 2783.77 | 1985.27 | 2.21630 | 6.52169 | 4.30539 |
| 1.40 | 195.05 | 0.00114892 | 0.140768 | 7.10389 | 830.13 | 2788.89 | 1958.76 | 2.28388 | 6.46752 | 4.18364 |
| 1.60 | 201.38 | 0.00115868 | 0.123732 | 8.08198 | 858.61 | 2792.88 | 1934.27 | 2.34381 | 6.42002 | 4.07621 |
| 1.80 | 207.12 | 0.00116792 | 0.110362 | 9.06107 | 884.61 | 2795.99 | 1911.37 | 2.39779 | 6.37760 | 3.97980 |
| 2.00 | 212.38 | 0.00117675 | 0.0995805 | 10.0421 | 908.62 | 2798.38 | 1889.76 | 2.44702 | 6.33916 | 3.89214 |
| 2.50 | 223.96 | 0.00119744 | 0.0799474 | 12.5082 | 961.98 | 2802.04 | 1840.06 | 2.55443 | 6.25597 | 3.70155 |
| 3.00 | 233.86 | 0.00121670 | 0.0666641 | 15.0006 | 1008.37 | 2803.26 | 1794.89 | 2.64562 | 6.18579 | 3.54017 |
| 3.50 | 242.56 | 0.00123498 | 0.0570582 | 17.5260 | 1049.78 | 2802.74 | 1752.97 | 2.72539 | 6.12451 | 3.39912 |
| 4.00 | 250.36 | 0.00125257 | 0.0497766 | 20.0898 | 1087.43 | 2800.90 | 1713.47 | 2.79665 | 6.06971 | 3.27306 |
| 5.0 | 263.94 | 0.00128641 | 0.0394463 | 25.3509 | 1154.50 | 2794.23 | 1639.73 | 2.92075 | 5.97370 | 3.05296 |
| 6.0 | 275.59 | 0.00131927 | 0.0324487 | 30.8179 | 1213.73 | 2784.56 | 1570.83 | 3.02744 | 5.89007 | 2.86263 |
| 7.0 | 285.83 | 0.00135186 | 0.0273796 | 36.5236 | 1267.44 | 2772.57 | 1505.13 | 3.12199 | 5.81463 | 2.69264 |
| 8.0 | 295.01 | 0.00138466 | 0.0235275 | 42.5034 | 1317.08 | 2758.61 | 1441.53 | 3.20765 | 5.74485 | 2.53720 |
| 9.0 | 303.35 | 0.00141812 | 0.0204929 | 48.7973 | 1363.65 | 2742.88 | 1379.23 | 3.28657 | 5.67901 | 2.39244 |
| 10.0 | 311.00 | 0.00145262 | 0.0180336 | 55.4521 | 1407.87 | 2725.47 | 1317.61 | 3.36029 | 5.61589 | 2.25560 |
| 12.0 | 324.68 | 0.00152633 | 0.0142689 | 70.0822 | 1491.33 | 2685.58 | 1194.26 | 3.49646 | 5.49412 | 1.99766 |
| 14.0 | 336.67 | 0.00160971 | 0.0114889 | 87.0408 | 1570.88 | 2638.09 | 1067.21 | 3.62300 | 5.37305 | 1.75005 |
| 16.0 | 347.36 | 0.00170954 | 0.00930813 | 107.433 | 1649.67 | 2580.80 | 931.13 | 3.74568 | 5.24627 | 1.50059 |
| 18.0 | 356.99 | 0.00183949 | 0.00749807 | 133.357 | 1732.02 | 2509.53 | 777.51 | 3.87167 | 5.10553 | 1.23386 |
| 20.0 | 365.75 | 0.00203865 | 0.00585828 | 170.699 | 1827.10 | 2411.39 | 584.29 | 4.01538 | 4.92990 | 0.91452 |
| 22.0 | 373.71 | 0.00275039 | 0.00357662 | 279.593 | 2021.92 | 2164.18 | 142.27 | 4.31087 | 4.53080 | 0.21993 |
| 22.064 | 373.946 | 0.00310559 | 0.00310559 | 322 | 2087.55 | 2087.55 | 0 | 4.41202 | 4.41202 | 0 |

# 熱力学 きほんの「き」

小山敏行 著

やさしい問題から解いてだんだんと力をつけよう

森北出版株式会社

● 本書のサポート情報を当社Webサイトに掲載する場合があります．下記のURLにアクセスし，サポートの案内をご覧ください．

https://www.morikita.co.jp/support/

● 本書の内容に関するご質問は，森北出版 出版部「(書名を明記)」係宛に書面にて，もしくは下記のe-mailアドレスまでお願いします．なお，電話でのご質問には応じかねますので，あらかじめご了承ください．

editor@morikita.co.jp

● 本書により得られた情報の使用から生じるいかなる損害についても，当社および本書の著者は責任を負わないものとします．

■ 本書に記載している製品名，商標および登録商標は，各権利者に帰属します．

■ 本書を無断で複写複製（電子化を含む）することは，著作権法上での例外を除き，禁じられています．複写される場合は，そのつど事前に(一社)出版者著作権管理機構（電話03-5244-5088, FAX03-5244-5089, e-mail：info@jcopy.or.jp）の許諾を得てください．また本書を代行業者等の第三者に依頼してスキャンやデジタル化することは，たとえ個人や家庭内での利用であっても一切認められておりません．

# まえがき

私は大学で教える前，長い間企業で航空機の設計をしていました．企業では，技術者として新しいものを作ることはもちろん大事ですが，中堅の技術者になれば，後輩を教え，育てることもたいへん大事な役割になります．そのとき指針としたのが，次の言葉です．

　　　やって見せて　言って聞かせて　やらせて見て　ほめてやらねば　人は動かず
　　　　　　　　　　　　　　　　　　　　　　　　　　　　　　　　　　　山本五十六

　この言葉には，企業や大学といった場所に関係なく，教える立場の多くの人が共感するのではないでしょうか．いきなり「やれ」といってもできないですし，「やって見せて　言って聞かせて」も，「やらせて見て　ほめてやらねば」がなければ，身につけさせることはなかなか難しいでしょう．本書は，この考えをふまえ，初めて「熱力学」を学ぶ人でも「熱力学は難しい」という先入観をもたずに，努力すれば理解することができるということがわかるように，次の3点を意識してまとめました．

## 1. 内容を絞って，基礎をしっかり理解させる

　多くの既存のテキストは，基礎的なことから応用的なことまで幅広く記述しているため，根幹となる重要な内容に十分に紙面をさけておりません．そこで本書では，扱う内容を熱力学の基礎に絞り，その分扱った内容については十分に説明を加えました．本書の書名もここからきています．内容を絞っているといっても，本書で扱う基礎をしっかり理解できれば，それ以外の内容も自学自習で理解することができます．

## 2. 実際に解いてみて理解を深めさせる

　山本五十六の言葉を本書にあてはめてみると，「やって見せて」は「例題」にあたり，「やらせて見て」は演習問題にあたるでしょう．そこで本書では，例題66題，演習問題79題を使って，「やって見せて」，「やらせて見て」を実践しました．例題では，何を求められていて，そのためには何を知らなければならないのかといった解法の順序を意識させるよう努めました．この解法の意識が根付けば，計算問題に限らず，直面する問題に対して論理的に考えられるようになります．

## 3. 計算式では数値は単位を意識し，つねに量を扱っていることを徹底させる

　机上で行っていると，あまり単位を意識せず，つい数値だけで考えてしまいがちで

す．しかし，技術計算では数学と違って数値を扱っているのではなく，量（＝数値×単位）を扱っているのです．また，単位も数値と同じように，計算するという考えが重要です．そこで本書では，「式には必ず単位を付け，数値だけでなく単位も計算する」を実践しました．単位を意識できるようになれば，技術者として実世界のものを扱う仕事に携わっても大きなミスなどをすることもなくなります．

　また学んでも，それを説明できたり，それに関する問題を解けたりしなければ，習得したとはいえません．そこで，本書では各章のはじめに学習目標としてチェックボックスをおきました．これで，学習後に目標が達成されているかどうかを確認できます．達成されていなければ，わからないところをもう一度読んで学んでください．

　本書は，高専および大学の通年の講義用テキストです．分量の目安としては，前半期に第1章から第4章を，後半期に第5章から第8章を教えるように構成してあります．

　最後に，本書を作る機会を与えてくれた第一工業大学の皆様に感謝いたします．また，本書の作成にあたり参考とさせていただいた内外の多数の文献・書籍の著者に深く謝意を表します．出版に際し，本書の前身である私の授業に使用していた教材を出版の企画に取り上げていただいた元森北出版の利根川和男氏には数多くの御助言をいただき，心から感謝いたします．また，編集・出版にあたっては，読者の視点から本書の改善に多大な御尽力をいただいた二宮惇氏および加藤義之氏にも心から感謝いたします．

2010年9月

小山敏行

# もくじ

## 第1章 熱力学を学ぶための準備 …………………………………… 1
1.1 熱力学とは　1
1.2 系　1
1.3 熱力学で扱う物理量　2
1.4 その他の諸準備事項　21
演習問題　27

## 第2章 熱力学第1法則 ……………………………………………… 29
2.1 エネルギーの形態　29
2.2 各種仕事の計算式　33
2.3 熱力学第1法則　36
2.4 閉じた系の熱力学第1法則　40
2.5 準静的過程　43
2.6 移動境界仕事　44
2.7 エンタルピー　48
2.8 比熱と，内部エネルギー，エンタルピーの関係　48
2.9 開いた系の熱力学第1法則　50
2.10 定常流動系の各種機械・機器　54
2.11 閉じた系の仕事と開いた系の仕事　58
演習問題　60

## 第3章 理想気体 ……………………………………………………… 62
3.1 作動流体の種類　62
3.2 理想気体　62
3.3 理想気体の内部エネルギー，エンタルピー，比熱　63
3.4 理想気体の状態変化　65
演習問題　75

## 第4章 熱力学第2法則 ……………………………………………… 76
4.1 熱力学第2法則　76
4.2 熱機関　78
4.3 冷凍機とヒートポンプ　82

4.4 カルノーサイクル　84
4.5 エントロピー　93
演習問題　104

# 第5章　ガスサイクル　106

5.1 熱機関の種類　106
5.2 ガスサイクルの検討の前提条件　107
5.3 往復式内燃機関の概要　110
5.4 オットーサイクル　112
5.5 ディーゼルサイクル　117
5.6 サバテサイクル　122
5.7 スターリングサイクル　128
5.8 ブレイトンサイクル　131
5.9 ブレイトン再生サイクル　135
5.10 ブレイトン中間冷却・再熱・再生サイクル　137
5.11 エリクソンサイクル　143
5.12 ジェット推進サイクル　144
演習問題　150

# 第6章　蒸気サイクル　153

6.1 蒸気の一般的性質　153
6.2 蒸気表の読み方　157
6.3 線形補間法　162
6.4 ランキンサイクル　165
6.5 再熱ランキンサイクル　168
6.6 再生ランキンサイクル　172
演習問題　175

# 第7章　冷凍サイクル　176

7.1 冷凍サイクル　176
7.2 蒸気圧縮式冷凍サイクル　176
7.3 蒸気線図の読み方　179
7.4 空気冷凍サイクル　183
7.5 吸収冷凍サイクル　185
演習問題　187

## 第 8 章　湿り空気と空気調和 ……………………………………… 188

    8.1　空気と空気調和　188
    8.2　湿り空気の性質　188
    8.3　絶対湿度と相対湿度　190
    8.4　乾球温度，湿球温度，露点温度　194
    8.5　湿り空気線図の読み方　195
    8.6　空気調和　198
    演習問題　205

## ◎ 演習問題解答 …………………………………………………………… 207
## ◎ 参考文献 ………………………………………………………………… 228
## ◎ さくいん ………………………………………………………………… 229

# 記　号

**アルファベット**　[　]内は単位

| | | |
|---|---|---|
| $A$ | 面積 [m²] | |
| $BWR$ | 後方仕事比 [-] | |
| $c$ | 比熱 [kJ/(kg・K)] | |
| $C$ | 熱容量 [kJ/K] | |
| $e$ | 単位質量あたりの全エネルギー [kJ/kg] | |
| $E$ | 全エネルギー [kJ] | |
| $F$ | 重量 [N] | |
| $g$ | 重力加速度 [m/s²] | |
| $h$ | 高さ，深さ [m]，比エンタルピー [kJ/kg] | |
| $H$ | エンタルピー [kJ] | |
| $k$ | ばね定数 [N/m] | |
| $ke$ | 単位質量あたりの運動エネルギー [kJ/kg] | |
| $KE$ | 運動エネルギー [kJ] | |
| $\ell$ | 単位質量あたりの仕事 [kJ/kg] | |
| $L$ | 仕事 [kJ] | |
| $m$ | 質量 [kg]，抽気割合 [-] | |
| $MEP$ | 平均有効圧力 [Pa] | |
| $p$ | 圧力 [Pa]，動力 [kJ/s, kW] | |
| $pe$ | 単位質量あたりの位置エネルギー [kJ/kg] | |
| $PE$ | 位置エネルギー [kJ] | |
| $q$ | 単位質量あたりの熱量 [kJ/kg] | |
| $Q$ | 熱量 [kJ] | |
| $r$ | 半径 [m] | |
| $R$ | 気体定数 [kJ/(kg・K)] | |
| $s$ | 比エントロピー [kJ/(kg・K)] | |
| $S$ | エントロピー [kJ/K]，距離 [m] | |
| $t$ | 摂氏温度，乾球温度 [℃] | |
| $T$ | 絶対温度 [K]，トルク [N・m] | |
| $u$ | 比内部エネルギー [kJ/kg] | |
| $U$ | 内部エネルギー [kJ] | |
| $v$ | 比体積 [m³/kg] | |
| $V$ | 体積 [m³]，速度 [m/s] | |
| $x$ | 乾き度 [-]，絶対湿度 [kg/kg′] | |
| $z$ | 高さ [m] | |
| $\gamma$ | 圧力比（ブレイトンサイクル）[-] | |
| $\varepsilon$ | 圧縮比 [-]，成績係数 [-] | |
| $\eta$ | 熱効率 [-] | |
| $\kappa$ | 比熱比 [-] | |

| | | |
|---|---|---|
| $\xi$ | 圧力比（オットーサイクル，サバテサイクル）[-] | |
| $\rho$ | 密度 [kg/m³] | |
| $\sigma$ | 締切比 [-] | |
| $\varphi$ | 相対湿度 [%] | |
| $\omega$ | 速度 [m/s] | |

**上付き添字**

| | |
|---|---|
| ′ | 開いた系，飽和水 |
| ″ | 飽和蒸気，露点 |
| ・ | 単位時間あたり |

**下付き添字**

| | |
|---|---|
| 12 | 状態点1から状態点2に変化したとき |
| a | 湿り空気 |
| abs | 絶対 |
| atm | 大気 |
| c | すきま，凝縮 |
| carnot | カルノーサイクル，理論最大 |
| d | 乾き空気 |
| final | 変化後 |
| H | 高温熱源，ヒートポンプ |
| in | 系に流入する |
| initial | 変化前 |
| gage | ゲージ |
| L | 低温熱源 |
| max | 最大 |
| min | 最小 |
| net | 正味 |
| o | 全体 |
| otto | オットーサイクル |
| out | 系から流出する |
| $p, \mathrm{p}$ | 定圧，推進・ポンプ |
| R | 冷凍機の |
| rev | 可逆 |
| s | 行程 |
| sv | 飽和湿り空気 |
| system | 系 |
| t | 湿り蒸気全体，タービン |
| th | 理論 |
| $v, \mathrm{v}$ | 定積，飽和蒸気・蒸発・水蒸気 |
| w | 飽和水 |

# 第1章 熱力学を学ぶための準備

**学習の目標**
- ☑ 熱力学を学ぶのに必要な物理量について説明できる．
- ☑ 技術計算に必要な単位の換算，有効数字の計算ができる．

## 1.1 熱力学とは

**熱力学**は，エネルギーが熱や仕事にどのように変化するかを解き明かす学問です．**エネルギー**については，省エネ(ルギー)や太陽エネルギーのように日常でよく使われていますが，**熱力学におけるエネルギーとは，物体に仕事をさせる能力**と定義されています．熱と仕事がどのようなものかについては，後で説明します．ここでは，熱と仕事はエネルギーの一つの形態であると考えてください．私たちの身のまわりにある自動車のエンジンや冷蔵庫，エアコンなどの機械・機器は，このエネルギーによって仕事をしているのです．

## 1.2 系

熱力学では，自動車のエンジンなど熱を仕事に変える機関の効率などについて考えます．図 1.1 のように，エンジンなど考える対象を**系**(system)といい，その系の外部を**周囲**(surroundings)といいます．系と周囲の接するところは，**境界**(boundary)と

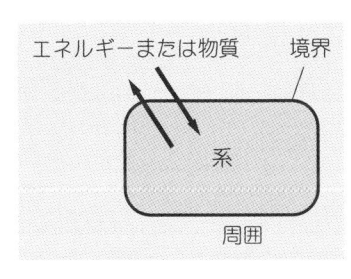

図 1.1　系の概念　　　　図 1.2　具体的な系－自動車

いいます．系と周囲は，境界を通してエネルギー(熱や仕事)または物質をやりとりします．図 1.2 の自動車の例ではエンジンを系としました．ただ，エンジンのみの効率を考えるというのであれば，これでよいですが，たとえば自動車としての燃費を考えるとなると，自動車全体を系として考えます．このように，何を考えるかによって系の範囲を決めます．

### 1.2.1 系の種類

系は，境界を通して**エネルギー**または**物質**(すなわち**質量**)の流入・流出が可能かどうかで，図 1.3 のように，三つの系に分類できます．エネルギー，物質ともに流入・流出の可能な系を**開いた系**(図(a))，エネルギーのみ流入・流出が可能な系を**閉じた系**(図(b))，どちらも流入・流出ができない系を**孤立系**(図(c))といいます．

(a) 開いた系 　　(b) 閉じた系 　　(c) 孤立系

┄┄▶ : エネルギー 　　━━▶ : 物質

図 1.3　系の種類

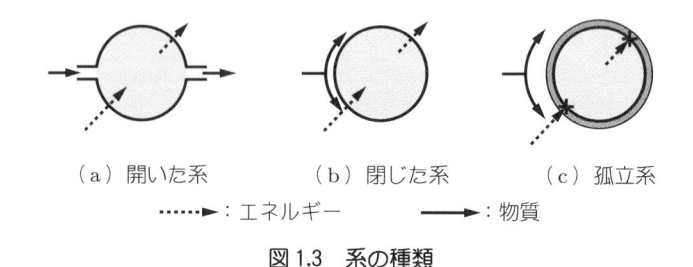

---

**例題 1.1**　次の系を開いた系，閉じた系，孤立系に分類せよ．
(a) 扉の閉まった冷蔵庫　　(b) ポンプ　　(c) 火力発電所
(d) (完全に)密閉された魔法瓶

**解答**　開いた系：(b)(c)　　閉じた系：(a)　　孤立系：(d)

---

## 1.3　熱力学で扱う物理量

**物理量**とは，客観的に測定可能であり，測定器などによる測定方法が定められている量のことです．たとえば，長さ，体積，圧力，温度，仕事などがあります．本節では，熱力学で扱う物理量について説明します．

### 1.3.1　質量，重量，密度

熱力学で考える系は，質量，重量，密度をもっています．

**A 質量と重量**　質量(mass)は，物体がもつ固有の量であって不変の量です．重量(weight)は，物体の質量に**重力加速度**(gravitational acceleration)$g$が作用する場合の重力の大きさです．重量$F$は，物体の質量$m$と重力加速度$g$を使って，次のように表せます．

$$F\,[\mathrm{N}] = m\,[\mathrm{kg}] \cdot g\,[\mathrm{m/s^2}] \tag{1.1}$$

式(1.1)を**ニュートンの運動方程式**といいます．**SI**(国際単位系：The International System of Units)において重量の単位は[N](ニュートン)です．式(1.1)からわかるように[N] = [kg·m/s²]です．

重力加速度$g$の値は，場所によって変化しますが，とくに指示がなければ，地球上では$9.81\,\mathrm{m/s^2}$を使います．

図1.4のように，地球と月で体重が変わるという話を聞いたことがあると思いますが，これは重力加速度の違いによります．このことからわかることは，体重とは質量でなく，重量です．質量は，場所によらず不変です．体重を表すとき，慣例で単位はキログラム(kg)を使いますが，正確には[kgf]です．

熱力学では，重量ではなく，どこにあっても不変な質量を使用します．

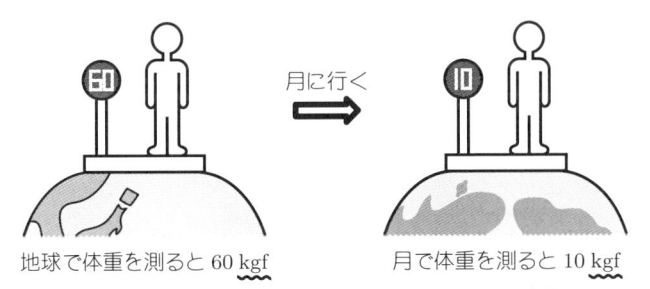

地球で体重を測ると 60 kgf　　月で体重を測ると 10 kgf

**体重は質量でなく重量なので，重力加速度によって変化する**

図1.4　重量 ≠ 不変の量

---

**例題 1.2**　質量 500 kg の物体の重量を SI で表せ．

**解答**　質量 500 kg なので，式(1.1)から SI の重量$F$は，次式のように求まります．

$$\begin{aligned}F &= 500\,[\mathrm{kg}] \times 9.81\,[\mathrm{m/s^2}] \\ &= 4905\,[\mathrm{kg \cdot m/s^2}] \\ &= 4.91 \times 10^3\,[\mathrm{N}] = 4.91\,[\mathrm{kN}]\end{aligned}$$

## COLUMN　kg と kgf の違い

工学単位系と SI の両方を学ぶと，わからなくなってしまうのが [kg] と [kgf] の違いです．重量を [kgf] で表せばよいのですが，日常では慣例で，SI の質量と同じ [kg] を使うので混乱してしまいます．そこで，混乱しないように，次のことをしっかり理解しておいてください．

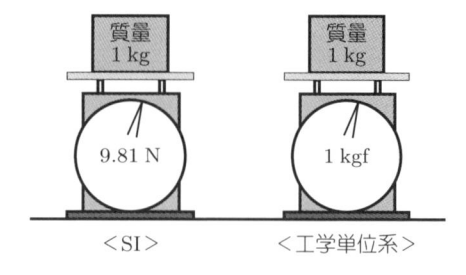

図 1.5　質量 1 kg の SI と工学単位系での表し方

地球上で重力加速度が $g = 9.81\,[\text{m/s}^2]$ の場合，図 1.5 に示すように，SI で表される質量 1 kg の物体の重量は SI では 9.81 N，工学単位系では 1 kgf と決められています．すなわち，次のようになります．

SI の質量の値＝工学単位系の重量の値

**B 密度**　単位体積 $V$ あたりの質量 $m$ を**密度**（density）$\rho$ といい，単位は [kg/m³] で表します．

$$\rho = \frac{m\,[\text{kg}]}{V\,[\text{m}^3]} \tag{1.2}$$

密度，質量，体積のうち二つがわかっていれば，他の一つは式 (1.2) より求めることができます．密度の小さな材料を使用すると，ものを軽く作ることができます．

表 1.1 にさまざまな物質の密度を示します．空気の密度が他に比べて極端に小さいことがわかります．

表 1.1　各種物質の密度（約 300 K）
（日本機械学会編「伝熱工学資料 改訂第 4 版」日本機械学会 (1986) より）

| 物質名 | 密度 [kg/m³] | 物質名 | 密度 [kg/m³] |
|---|---|---|---|
| 空気 | 1.176 | 超ジュラルミン | 2770 |
| 酸素 | 1.301 | 軟鋼 | 7860 |
| 杉 | 300 | ステンレス鋼 | 7920 |
| ガソリン | 746 | 銅 | 8880 |
| 水 | 1000 | 銀 | 10490 |
| エポキシ樹脂 | 1850 | 水銀 | 13528 |
| 石英ガラス | 2190 | 金 | 19300 |

> **例題 1.3** 体積 $V = 0.5\,[\mathrm{m^3}]$ の容器に密度 $\rho = 1000\,[\mathrm{kg/m^3}]$ の水が満たされている．この水の質量 $m$ を求めよ．
>
> **解答** 式(1.2)から $m = \rho V$ なので，$m = 1000\,[\mathrm{kg/m^3}] \times 0.5\,[\mathrm{m^3}] = 500\,[\mathrm{kg}]$ と求まります．

### 1.3.2 温度と熱

「熱を下げる」や「熱を測る」という表現が日常で使われているため，温度と熱はほとんど同じ意味でとらえている人が多いと思います．しかし，温度と熱は，実際は同じものではありません．

**A 温度** 「暑い」「寒い」「熱い」「冷たい」などの人間が感覚としてとらえている冷温寒暖の度合いを数量で表した物理量を**温度**(temperature)といいます．

**B 熱** 温度差があるために移動する(内部)エネルギーを**熱**(heat)といいます．

図 1.6 のように，熱は同じ内部エネルギーなのに呼称が違うのは，雨が同じ水なのに呼称が違うのと同じです．

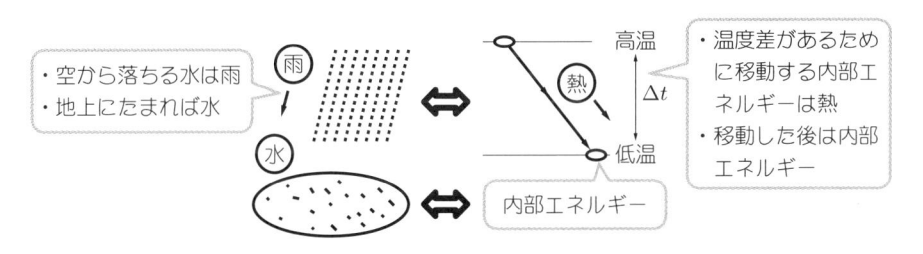

図1.6 雨 vs 水 ＝ 熱 vs 内部エネルギー

### 1.3.3 温度

たとえば，気温が 25°C だったとします．このとき，暑いという人もいれば，このくらい暑くないという人もいるでしょう．このように，寒暖は，人によって感じ方が異なる感覚的なものなので，熱力学を考えるときには使えません．また，「高い」「低い」というのも二つ以上のものを比べてみての判断なので，お風呂の水が，30°C を超えた(気温だったら真夏日)から高いとはなりません．熱力学で出てくる温度を，日常の感覚でとらえようとするのには注意が必要です．熱力学で扱う温度とは，客観的な物理量だからです．その温度の尺度として，日常使われている摂氏温度と絶対温度があります．

**A 摂氏温度** 氷の融点 0 から水の沸点までの温度差を 100 等分して 1 単位を定義するのが，**摂氏温度** (celsius scale) です．単位はセルシウス度[°C]を使います．摂氏温度は世界でもっとも広く使われています．

**B 絶対温度**　日常生活では摂氏温度が使われますが，熱力学で使用する温度は絶対温度です．希薄な気体を体積一定の容器に入れて温度を下げると，圧力が小さくなっていきます．温度を下げ続けると，図1.7のように圧力と温度との関係が得られ，やがてもうこれ以上温度が下げられない限界の温度になります．この間に得られた測定値から，圧力が0になる温度が推定でき，そこが0Kです．どのような気体においてもこの圧力と温度との関係は同じ値を示します．このように，圧力が0になるときの温度は理論的な最低温度です．したがって，これ以下の温度は絶対あり得ないので，**−273.15°C**を**絶対零度**と定め，この温度を0とした温度が**絶対温度**(absolute temperature)です．単位は**ケルビン[K]**を使います．図1.8のように，絶対温度の目盛りの幅は摂氏温度と同じになっています．この絶対温度は熱力学的に規定されたものなので，**熱力学的温度**ともいいます．

摂氏温度 $t\,[°\mathrm{C}]$，絶対温度 $T\,[\mathrm{K}]$ の間には次の関係があります．

$$T\,[\mathrm{K}] = (273 + t\,[°\mathrm{C}]) \tag{1.3}$$

本書では，簡略化のため273.15の代わりに273を使用します．

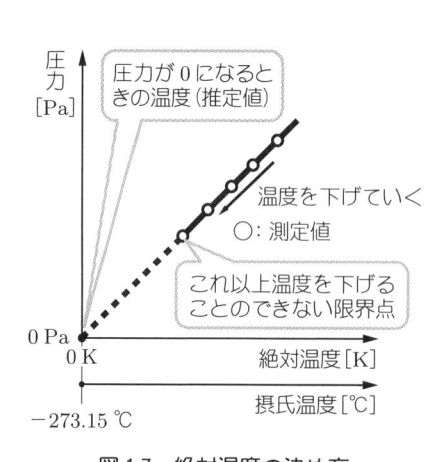

**図1.7　絶対温度の決め方**

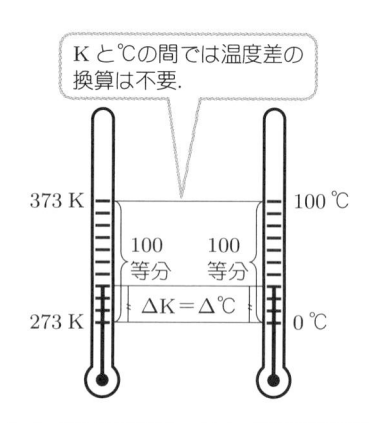

**図1.8　絶対温度の目盛と摂氏温度の目盛**

### 1.3.4　熱量，熱容量，比熱

夏の暑い日に海水浴に行くと，砂浜の砂は触れないほど熱いのに，海水は冷たいということがあります．これは熱力学の観点から熱量，熱容量，比熱の概念を使えば説明できます．

**A 熱量**　温度差があるために移動する内部エネルギーは，熱なので(1.3.2項参照)，熱を量として考える場合を**熱量**(quantity of heat)と定義し，記号 $Q$ で表しま

す. 単位は[J]です. ただし, 通常[kJ]が使われます.

図1.9(a)に示す, 300 K と 400 K にあらかじめ熱せられた質量 $m$ の同じ物質の物体 A と B を考えます. この A と B を図(b)のように, 孤立系の中で接触させて時間が経つと, A と B の温度はいずれも 350 K に落ち着きます. これは B の内部エネルギーが A に移動し, A の熱量が増加したことを示します.

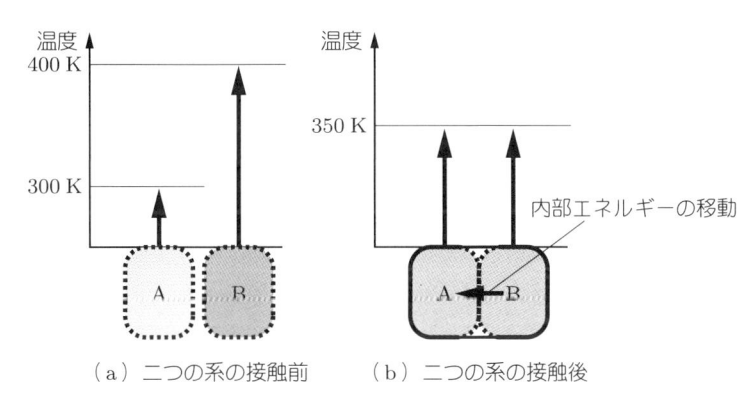

（a）二つの系の接触前　　（b）二つの系の接触後

図1.9　熱量の移動

**B 熱容量**　系に熱を加えると, 系の温度が上昇します. このとき, 系の温度を 1 K 上げるのに要する熱量を系の**熱容量**(heat capacity)と定義し, 記号 $C$ で表します. 熱容量 $C$ は, 与えた熱量 $Q$ と, それによって上昇した温度 $\Delta T$ の関係から次式のように表せます.

$$C = \frac{Q}{\Delta T} \quad [\text{J/K}] \tag{1.4}$$

式(1.4)からわかるように, 熱容量の単位は[J/K]です.

**C 比熱**　質量 $m$ [g] の物質の単位質量あたりの熱容量, すなわち物質 1 g の温度を 1 K 上昇させるのに必要な熱量 $Q$ を, 同じ質量の熱容量を比較できるという意味で**比熱**(specific heat)と定義し, 記号 $c$ を使って次式のように表します.

$$c = \frac{Q}{m \cdot \Delta T} \quad [\text{J/(g·K)}] \tag{1.5}$$

熱容量は物質ごとに異なり, また質量 $m$ に比例して増減するので, 単位質量あたりの熱容量, すなわち比熱を使わなければ比較できません.

比熱の単位は, 式(1.5)からわかるように, [J/(g·K)]です. ただし, 熱量は通常使う[kJ]を, 質量は SI の基本単位[kg]を使って, [kJ/(kg·K)]と表します.

**D 定積比熱, 定圧比熱, 比熱比**　比熱は物質の温度によって変化し, 物質の体

積，圧力の影響を受けます．そこで，下記の2種類の比熱が定義されています．ここで，$q$は単位質量あたりの熱量です．

体積が一定の条件下での**定積比熱**　　$c_v = \left(\dfrac{\partial q}{\partial T}\right)_v$ 　　(1.6)

圧力が一定の条件下での**定圧比熱**　　$c_p = \left(\dfrac{\partial q}{\partial T}\right)_p$ 　　(1.7)

この両比熱の比は**比熱比**(specific heat ratio)といい，記号 $\kappa$ を使って

$$\kappa = \dfrac{c_p}{c_v} \tag{1.8}$$

と定義し，比熱と比熱比は，気体，液体，固体のすべてで次の関係が成り立ちます．

$$\kappa > 1, \quad c_p > c_v \tag{1.9}$$

気体は，比熱比が 1.33～1.67 であり，$c_p$ と $c_v$ の差は比較的大きいです．ところが，固体や液体では，温度上昇による体積変化が小さいため両者の差は小さく，通常 $c_p = c_v$ となり，単に比熱 $c$ で表示されます．

表1.2　身のまわりにある物質の比熱（約 300 K のときの値）
(日本機械学会編「伝熱工学資料 改訂第4版」日本機械学会(1986)より)

| 物質名 | 比熱 [kJ/(kg·K)] | 物質名 | 比熱 [kJ/(kg·K)] |
|---|---|---|---|
| 水 | 4.179 | 超ジュラルミン | 0.88 |
| シリコンゴム | 1.6 | 石英ガラス | 0.74 |
| 杉 | 1.3 | ステンレス鋼 | 0.499 |
| 砂 | 1.1 | 軟鋼 | 0.473 |
| エポキシ樹脂 | 1.1 | 銅 | 0.386 |
| 空気 | 1.007 | 銀 | 0.237 |
| コンクリート | 0.95 | 金 | 0.129 |
| アスファルト | 0.92 | | |

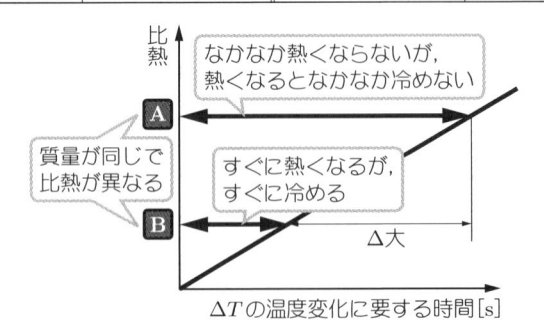

図1.10　比熱の違いによる温度変化に要する時間の違い

比熱は物質固有の性質を表す**物性値**です．表 1.2 に私たちの身のまわりにある物質の比熱を示します．図 1.10 のように，比熱の小さいものは「熱しやすく冷めやすく」，比熱の大きいものは「熱しにくく，冷めにくく」なります．表から，水の比熱が他のものに比べて際立って大きいことがわかります．水の比熱は空気の比熱の約 4 倍です．これがはじめに話した熱い砂浜と冷たい海水の理由です．海や湖の近くに住むと，水の比熱が大きいので，暑い日には水が熱を吸収し，寒い日には水が熱を放出します．このため日々の気温の変化が緩やかで，住みやすい環境になっています．

### COLUMN　式(1.6), (1.7)の数式の意味

$q$, $v$, $T$ が $q = f(v, T)$ の関係にあるとき，$v$ または $T$ が微小変化すると $q$ も微小変化します．したがって，$q$ は $v$ でも $T$ でも微分できます．この場合，$v$ を定数と考えて $T$ が微小変化するときの微分は $(\partial q/\partial T)_v$ で表します．逆に，$T$ を定数と考えて，$v$ が微小変化するときの微分は $(\partial q/\partial v)_T$ で表します．このように，複数の変数があるとき，特定の一つの変数で微分することを**偏微分**といいます．

**E　熱量の変化**　式 (1.5) から質量 $m$ [kg]，比熱 $c$ [kJ/(kg·K)] の物質を温度 $T_1$ [K] から温度 $T_2$ [K] に変化させるために必要な熱量 $Q$ [kJ] は，次式で求めることができます．

$$Q = mc(T_2 - T_1) = mc\Delta T \tag{1.10}$$

物質の温度が上昇する ($T_2 > T_1$) ときは $Q > 0$ となり，物質は熱量を吸収します．また，物質の温度が下がる ($T_2 < T_1$) ときは $Q < 0$ となり，物質は熱量を放出します．

**例題 1.4**　水 2 kg を 300 K から 360 K まで温度を上げるのに必要な熱量を求めよ．ただし，水の比熱は $c = 4.179$ [kJ/(kg·K)] とする．

**解答**　必要な熱量 $Q$ は，式 (1.10) から次式のように求めることができます．
$$Q = 2\,[\text{kg}] \times 4.179\,[\text{kJ/(kg·K)}] \times (360 - 300)[\text{K}] = 501\,[\text{kJ}]$$

### 1.3.5　熱力学的平衡

図 1.11 のように，上皿天秤を使って物体と分銅（錘）とがつり合ったとき，この状態を**平衡**といいます．すなわち，平衡とは，系外の条件が変化しない限り，系の状態が変化しない状態をいいます．熱力学における平衡はとくに，**熱力学的平衡**(thermodynamic equilibrium) といい，次の四つの平衡が成り立っています．

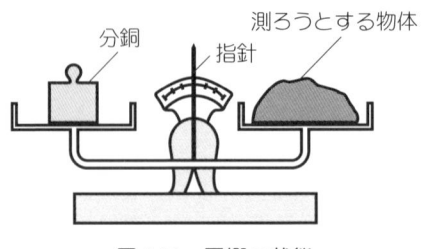

図 1.11 平衡の状態

**熱平衡** ：系内の温度が一様で，系内部の熱移動がない状態
**力学平衡**：系内外の力がつり合っている状態
**化学平衡**：系内の物質の化学組成が変化せず安定状態にあり，系内の濃度などの化学成分分布も一様である状態
**相平衡** ：固体や液体などの異なった相が共存する場合で，それぞれの相の割合が一定に保たれている状態

### ▶ 1.3.6　熱力学第 0 法則

　1.3.4 項 **A** で述べたように，孤立系の中で温度の異なる孤立系でない高温の系と低温の系を接触させると，高温の系の温度は低くなるとともに，低温の系の温度は高くなり，最終的にはどちらも同じ温度の**熱平衡**の状態になります．二つの系が接触していなくても，両者の温度が等しければ熱平衡といいます．この熱平衡について，次の熱力学第 0 法則が成り立ちます．

> **熱力学第 0 法則 (図 1.12)**：系 1 と系 3 が熱平衡にあり，系 2 と系 3 が熱平衡にあれば，系 1 と系 2 は熱平衡の状態にある．

　この法則を利用したものが，最近では見かけなくなりましたが，水銀体温計などの温度計です．体温計を脇にはさむと，体温(エネルギー)がガラス管，水銀の順に伝わり，時間が経つと体と水銀が熱平衡状態になります．これが熱力学第 0 法則を利用

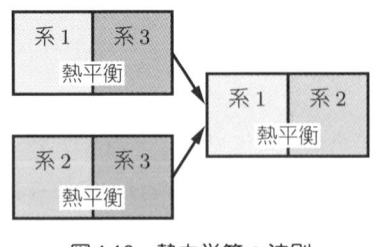

図 1.12　熱力学第 0 法則　　　　図 1.13　二つの系の混合

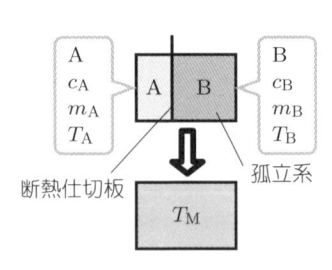

したしくみです.

　この法則は，熱力学第 1 〜 3 法則が確立された後に提唱されましたが，その内容がきわめて基礎的なことから熱力学第 0 法則とよばれています.

　ここで，熱平衡になった状態での平衡温度 $T_M$ を求めてみます．図 1.13 に示す孤立系の中に，断熱仕切板で仕切られた二つの系 A と B があります．それぞれ，比熱は $c_A$，$c_B$，質量は $m_A$，$m_B$，温度は $T_A$，$T_B$ ($T_A > T_B$) です．断熱仕切板を外すと，孤立系なので熱損失がないため，熱平衡状態では式 (1.10) から次式が成り立ちます．

$$\underset{m_A c_A (T_A - T_M)}{\text{系 A の失った熱量}} = \underset{m_B c_B (T_M - T_B)}{\text{系 B の得た熱量}} \tag{1.11}$$

式 (1.11) から $T_M$ を求めると次式が得られます．

$$T_M = \frac{m_A c_A T_A + m_B c_B T_B}{m_A c_A + m_B c_B} \tag{1.12}$$

---

**例題 1.5** 図 1.14 のように，質量 $m_f = 2\,[\text{kg}]$，温度 $T_f = 800\,[\text{K}]$ の鉄の塊を，質量 $m_w = 50\,[\text{kg}]$，温度 $T_w = 300\,[\text{K}]$ の水中に入れた場合の温度平衡後の温度 $T_M$ を求めよ．ただし，この系は熱損失がない孤立系であり，鉄の比熱を $c_f = 0.473\,[\text{kJ}/(\text{kg} \cdot \text{K})]$，水の比熱を $c_w = 4.179\,[\text{kJ}/(\text{kg} \cdot \text{K})]$ とする．

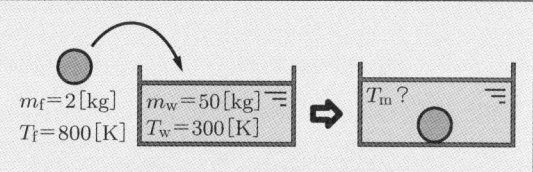

**図 1.14** 二つの物体の混合

**解答** $T_M$ は式 (1.12) から，次式のように求めることができます．

$$\begin{aligned} T_M &= \frac{m_f c_f T_f + m_w c_w T_w}{m_f c_f + m_w c_w} \\ &= \frac{2\,[\text{kg}] \times 0.473\,[\text{kJ}/(\text{kg} \cdot \text{K})] \times 800\,[\text{K}] + 50\,[\text{kg}] \times 4.179\,[\text{kJ}/(\text{kg} \cdot \text{K})] \times 300\,[\text{K}]}{2\,[\text{kg}] \times 0.473\,[\text{kJ}/(\text{kg} \cdot \text{K})] + 50\,[\text{kg}] \times 4.179\,[\text{kJ}/(\text{kg} \cdot \text{K})]} \\ &= 302\,[\text{K}] \end{aligned}$$

---

**COLUMN　体温計に体温を奪われる？**

　水銀体温計は，水銀と体温が熱平衡状態になることで体温を測ると説明しました．体温によって水銀の温度が高くなるということは，逆に水銀によって体温が低くなるということにもなりますが，熱量の差が大きいため，水銀によって奪われる熱は実用上無視しても問題ありません．

## 1.3.7 圧力

系の状態は温度とともに**圧力**(pressure)によって大きく変化します．熱力学の学習を始める前に，この圧力についてしっかり理解しましょう．

**A 圧力** 圧力とは，面が垂直に押される力の面積$1\,\mathrm{m}^2$あたりの大きさです．図1.15のように，面積$A$に垂直な力$F$が加わるときの圧力$p$は次式で表すことができます．

$$p = \frac{F\,[\mathrm{N}]}{A\,[\mathrm{m}^2]} \tag{1.13}$$

図1.16のように，削った鉛筆を親指と人指し指ではさむと，どちらの指も鉛筆から受ける力$F$は同じです．ところが，とがった鉛筆の芯を押さえている親指のほうが痛くなりますが，人差し指のほうは痛くなりません．なぜ，同じ大きさの力$F$でも指の痛さが違うのでしょうか．これは，力が受ける面積が違うために指に作用する**圧力**が違うからです．

式(1.13)からわかるように，圧力の単位は$[\mathrm{N/m^2}]$ですが，SIではパスカル$[\mathrm{Pa}]$で表します．$[\mathrm{N}] = [\mathrm{kg \cdot m/s^2}]$なので，それぞれの圧力の単位には次の関係が成り立ちます．

$$[\mathrm{Pa}] = \left[\frac{\mathrm{N}}{\mathrm{m}^2}\right] = \left[\frac{\mathrm{kg}}{\mathrm{m \cdot s^2}}\right] \tag{1.14}$$

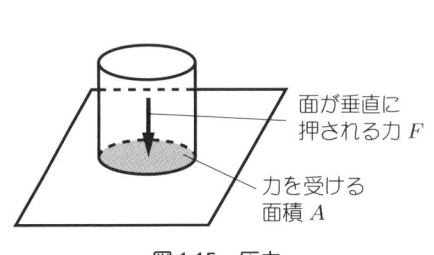

図1.15 圧力

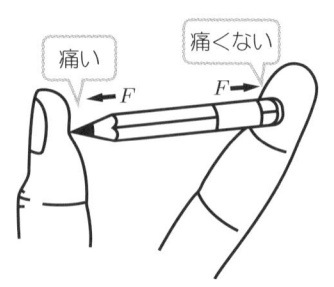

図1.16 削った鉛筆を2本の指で挟む

**B 水圧** **水圧**とは，水にもぐるとからだ全体が水から受ける圧力のことです．図1.17(a)のように，小さな穴をあけた容器に水を入れると下の穴ほど勢いよく水が噴出します．また，この容器を空にして水中に沈めると，下の穴ほど水が勢いよく入ってきます（図(b)）．噴出する水の勢いは，穴の付近の圧力すなわち水圧に比例します．これは，水の深さが深くなるほど，水圧が大きくなるからです．

ここで，水圧を計算してみましょう．図1.18のように，水深$1\,\mathrm{m}$のところに$1\,\mathrm{m}^2$の板Aがあるとします．その板に乗っている水の体積は$1\,\mathrm{m}^3$で，水の密度は表1.1

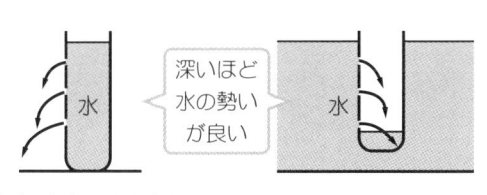

図 1.17　深さによる水圧の違い　　図 1.18　水圧と水深の関係

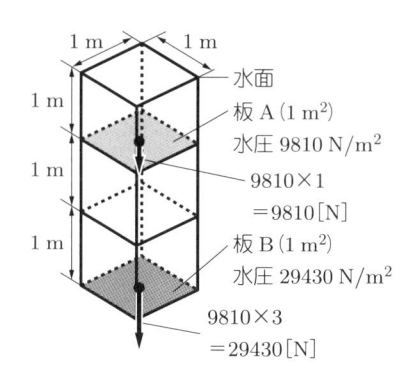

から$1000\,\text{kg/m}^3$なので質量$m$は$1000\,\text{kg}$になります．したがって，板Aに加わる力$F$は式(1.1)から，

$$F = mg = 1000\,[\text{kg}] \times 9.81\,[\text{m/s}^2] = 9810\,[\text{N}]$$

となり，水圧は$9810\,\text{N/m}^2$となります．深さが$1\,\text{m}$増すごとに水圧は$9810\,\text{N/m}^2$ずつ増えるので，水深$3\,\text{m}$にある板Bでは，$9810\,[\text{N/m}^2] \times 3 = 29430\,[\text{N/m}^2]$となります．

　水が静止している場合，同じ深さの点では，どの方向から受ける水圧も同じ力です．これは，**図 1.19**のような水の塊（球）に作用する圧力（$p_1$, $p_2$, $p_3$, $\cdots$）が等しくないと，この水の塊は圧力の低い方向に動くことになり，水が静止していることと矛盾することからわかります．

　**図 1.20**に示す深さ$h\,[\text{m}]$，断面積$A\,[\text{m}^2]$，密度$\rho\,[\text{kg/m}^3]$の水圧を求める式を誘導してみましょう．水の体積を$V\,[\text{m}^3]$，質量を$m\,[\text{kg}]$とすると，

$$\rho = \frac{m}{V}\,[\text{kg/m}^3],\ \ V = Ah\,[\text{m}^3],\ \ m = \rho V = \rho Ah\,[\text{kg}]$$

となり，断面積$A$の面に作用する力$F$は，式(1.1)から次のように求められます．

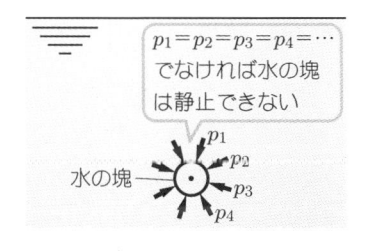

図 1.19　水中の1点における圧力 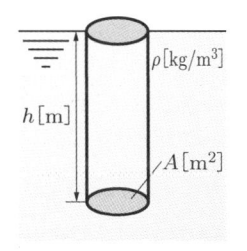　　図 1.20　任意の深さの水圧

$$F = m\,[\text{kg}]\,g\,[\text{m/s}^2] = \rho A h g\,[(\text{kg}\cdot\text{m})/\text{s}^2] = \rho g h A\,[\text{N}]$$

水圧 $p$ は式(1.13)から，

$$p = \frac{F}{A} = \frac{\rho g h A}{A}\,[\text{N/m}^2] = \rho g h\,[\text{N/m}^2] \tag{1.15}$$

となります．これから深さ $h$ がわかれば水圧が求まります．

一般の**液体の圧力**も式(1.15)から求めることができます．式(1.15)から同じ深さであればいずれの点でも同じ圧力です．ただし，それらの点は同じ液体でつながっている必要があります．なぜならば，式(1.15)からわかるとおり，同じ液体でつながっていない場合は密度 $\rho$ が違いますので，それぞれ密度ごとに式(1.15)で圧力を計算し，それらを加算したのが求める圧力になるからです．したがって，図1.21 の点 A と点 B の圧力は等しいですが，点 C と点 D のように，深さは同じでも，同じ液体でつながっていなければ，圧力は同じではありません．

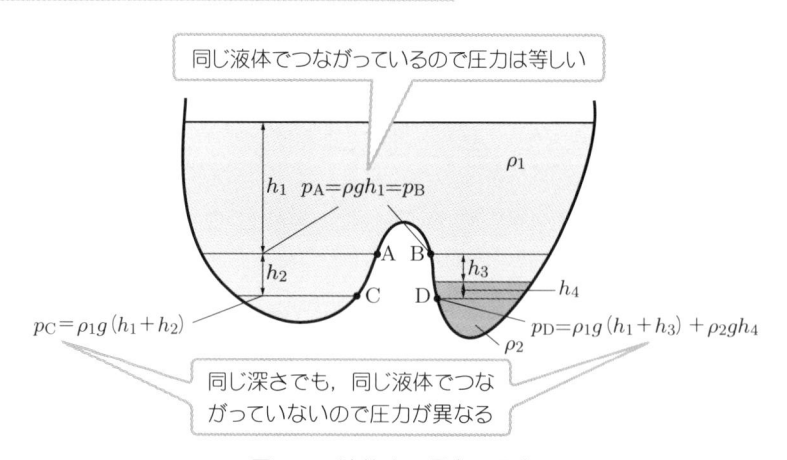

**図1.21 液体内の各点の圧力**

---

**例題 1.6** 図1.22 のように，深さ $12.0\,\text{m}$ の点 A の水圧 $p$ を求めよ．ただし，水の密度 $\rho = 1000\,[\text{kg/m}^3]$，重力加速度を $g = 9.81\,[\text{m/s}^2]$ とする．

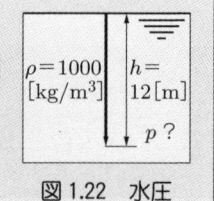

**図1.22 水圧**

**解答** 圧力 $p$ は式(1.15)から求めることができます．

$$p = \rho g h = 1000\,[\mathrm{kg/m^3}] \times 9.81\,[\mathrm{m/s^2}] \times 12\,[\mathrm{m}] = 117720\,[\mathrm{kg/(m \cdot s^2)}]$$
$$= 117720\,[\mathrm{N/m^2}] = 118\,[\mathrm{kPa}] \quad 式(1.14)$$

**C 大気圧** 図 1.23 のように，地上から約 1000 km の範囲は大気とよばれる気体の層であり，人間はその底で生活しています．通常，その圧力を意識していませんが，空気にも質量があり，本項Bで述べた水圧と同じように，人間は大気の圧力を受けています．この圧力を**大気圧**(atmospheric pressure) $p_\mathrm{atm}$ といいます．標準的な大気圧は，海面近くでは

$$1013\,[\mathrm{hPa}] = 101300\,[\mathrm{N/m^2}]$$

です．大気圧も圧力なので，単位は [Pa] ですが，分野によっていろいろな単位が使われています．よく使われる大気圧の単位の関係は次のとおりです．

$$1\,気圧 = 1\,[\mathrm{atm}] = 1013\,[\mathrm{hPa}] = 1.013 \times 10^5\,[\mathrm{Pa}]$$
$$= 101.3\,[\mathrm{kPa}] = 1.013\,[\mathrm{bar}] = 760\,[\mathrm{mmHg}]$$

水圧のような液体の圧力と違い，大気圧のような気体の圧力は，日常で経験する高さ(位置)の違いによる圧力の差は無視できます．なぜなら，表 1.1 からわかるように，気体の密度は液体の密度に比べて小さいからです．

図 1.24 のような部屋の天井と床の圧力の差を計算してみましょう．天井の圧力を 1 atm とすると，床の圧力は式(1.15)から次のように求めることができます．

$$p(床) = p(天井) + \rho g h \quad 表1.1 から \rho = 1.176\,[\mathrm{kg/m^3}]$$
$$= 1\,[\mathrm{atm}] + 1.176\,[\mathrm{kg/m^3}] \times 9.81\,[\mathrm{m/s^2}] \times 2.6\,[\mathrm{m}]$$
$$= 1\,[\mathrm{atm}] + 30\,[\mathrm{kg/(m \cdot s^2)}] = 1\,[\mathrm{atm}] + 30\,[\mathrm{Pa}]$$
$$= 1\,[\mathrm{atm}] + 0.0003\,[\mathrm{atm}]$$
$$= 1.0003\,[\mathrm{atm}]$$

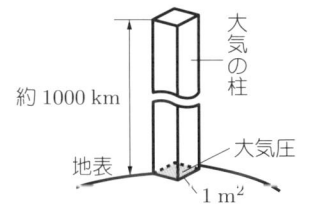

図 1.23 大気圧

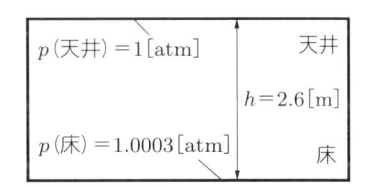

図 1.24 部屋の天井と床の圧力の差

このように，日常で経験する高さ（位置）の違いによる圧力の差は無視できるほど小さいので，部屋の内部の圧力はどこも等しいと考えて問題ないことがわかります．

**D ゲージ圧，絶対圧**　私たちは大気圧の中で生活しているので，計器の圧力は大気圧との差を読んでいます．このように大気圧を基準に測定した圧力を英語の計器 (gage) から**ゲージ圧** $p_\mathrm{gage}$ といいます．大気圧は天気予報からわかるように，時間や場所によって変化します．ゲージ圧はこの大気圧を基準にしているので，科学・技術の世界では，圧力が 0 の**絶対真空** (absolute vacuum) を想定し，それを基準にした**絶対圧力** (absolute pressure) $p_\mathrm{abs}$ を使用します．熱力学では，絶対圧力を使います．

絶対圧力とゲージ圧力には，図 1.25 のように，次の関係があります．

$$p_\mathrm{abs} = p_\mathrm{gage} + p_\mathrm{atm} \tag{1.16}$$

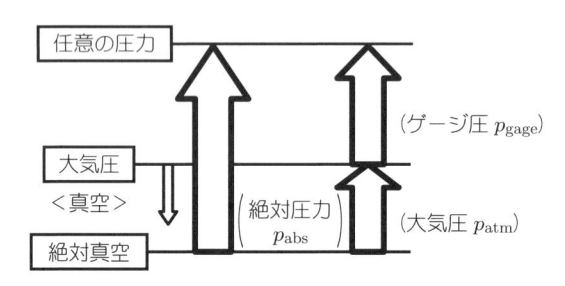

**図 1.25　ゲージ圧と絶対圧力の関係**

**例題 1.7**　U 字型のガラス管に水銀や蒸気圧の低い油を入れ，一方を圧力を測定する円管などに接続し，もう一所を大気に開放し，同じ液体でつながっている深さの同じ高さの圧力が等しいことを利用して圧力を計るマノメーターがある．図 1.26 のように，そのU字管マノメーターを使って管内の水圧を測定する．$h_1 = 0.60\,[\mathrm{m}]$，$h_2 = 0.50\,[\mathrm{m}]$ のときの管内中心の水の圧力を求めよ．ただし，水銀は水より 13.6 倍重いとする．

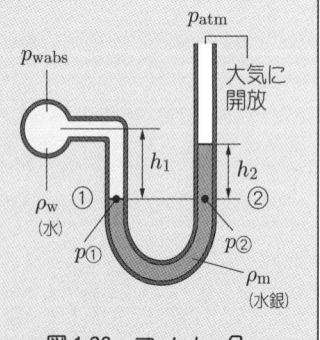

**図 1.26　マノメーター**

**解答**　図中の①と②は水銀でつながっており，同じ深さなので圧力は等しいから $p_① = p_②$ です．$p_①$ の圧力は水の管内の絶対圧力 $p_\mathrm{wabs}$ と水の 0.60 m による圧力を加えたもので，$p_②$ の圧力は 0.50 m の水銀による圧力と大気圧を加えたものとなります．そこで，$p_\mathrm{wabs} + \rho_\mathrm{w} g h_1 = \rho_\mathrm{m} g h_2 + p_\mathrm{atm}$ を導くことができます．したがって，管内のゲー

ジ圧は次式から求めることができます.

$$p_{\text{wabs}} - p_{\text{atm}} = \rho_{\text{m}} g h_2 - \rho_{\text{w}} g h_1$$
$$= 13.6 \times 1000\,[\text{kg/m}^3] \times 9.81\,[\text{m/s}^2] \times 0.50\,[\text{m}]$$
$$-1000\,[\text{kg/m}^3] \times 9.81\,[\text{m/s}^2] \times 0.60\,[\text{m}]$$
$$= 60822\,[\text{kg/(m·s}^2)] = 60.8\,[\text{kPa}]\,(\text{ゲージ圧})$$

式(1.14)

管内の流体が空気のような気体(gas)の場合,本項**C**で説明したように,$h_1$による圧力 $\rho_{\text{gas}} g h_1$ は無視できます.

---

**例題 1.8** 図 1.27 のように,大きなチャンバー(室)が二つに分割(Ⅰ,Ⅱ)されている. A, B の圧力計の指示は,それぞれ $p_A = 350\,[\text{kPa}]$, $p_B = 150\,[\text{kPa}]$ である. このチャンバーの周囲の気圧計の指示が $p_{\text{atm}} = 99\,[\text{kPa}]$ とすると,それぞれチャンバーⅠ,Ⅱの絶対圧力 $p_①$, $p_②$ と C の圧力 $p_C$ を求めよ

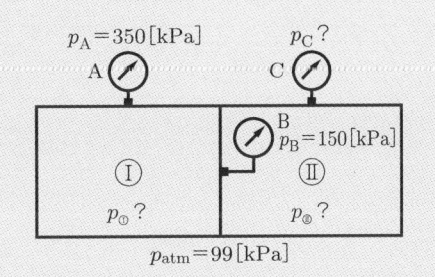

**図 1.27** 2 分割されたチャンバー内の圧力

**解答** 式(1.16)をこの問題に適用すると,次式が成り立ちます.

$$p_① = p_A + p_{\text{atm}} = (350 + 99)\,[\text{kPa}] = 449\,[\text{kPa}]$$
$$p_① = p_B + p_② \;\rightarrow\; p_② = p_① - p_B = (449 - 150)\,[\text{kPa}] = 299\,[\text{kPa}]$$
$$p_② = p_C + p_{\text{atm}} \;\rightarrow\; p_C = p_② - p_{\text{atm}} = (299 - 99)\,[\text{kPa}] = 200\,[\text{kPa}]$$

### ▶ 1.3.8 仕事

仕事という言葉は,「仕事を始める」などといったように,日常よく使われます. しかし,科学の世界では,**仕事(work)** は,「物体に加えた力 $F$ とそれによって力の方向に動いた距離 $S$ との積」と定義され, $L$ を使って表し,数式にすると次式となります.

$$L\,[\text{J}] = F\,[\text{N}] \times S\,[\text{m}] \tag{1.17}$$

仕事の単位は, SI では熱量と同じジュール $[\text{J}] = [\text{N·m}]$ です. ここで,注意すべき点は力が動いた方向です. 力の方向に動かない場合は仕事をしたことにはなりません. 仕事をしていない三つの例を**図 1.28** に示します.

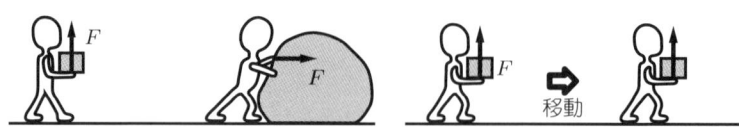

(a) 物を持っているが動かないとき　(b) 力を加えたが動かないとき　(c) 力を加えた方向と垂直な方向に移動したとき

図 1.28　力を加えても仕事をしていない三例

**例題 1.9**　図 1.29 のように，質量 $m = 2000\,[\text{kg}]$ の物体を 10 m の高さ $h$ に上げる場合の仕事 $L$ を求めよ．

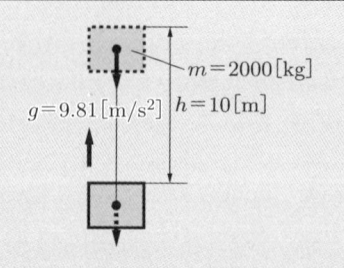

図 1.29　物体を上げる場合の仕事

**解答**　物体を持ち上げるのに要する力 $F$ は，式 (1.1) から求めることができます．

$$F = mg = 2000\,[\text{kg}] \times 9.81\,[\text{m/s}^2]$$
$$= 19.6 \times 10^3\,[(\text{kg}\cdot\text{m})/\text{s}^2] = 19.6 \times 10^3\,[\text{N}] = 19.6\,[\text{kN}]$$

よって，仕事 $L$ は式 (1.17) から次式のように求めることができます．

$$L = F \cdot h = 19.6 \times 10^3\,[\text{N}] \times 10\,[\text{m}]$$
$$= 196 \times 10^3\,[\text{N}\cdot\text{m}] = 196 \times 10^3\,[\text{J}] = 196\,[\text{kJ}]$$

**例題 1.10**　図 1.30 のように，地面と 30°の角度の方向に石を $F = 400\,[\text{kN}]$ の力で引っ張った．このとき石は $d = 10\,[\text{m}]$ だけ動いた．この場合の仕事 $L$ を求めよ．

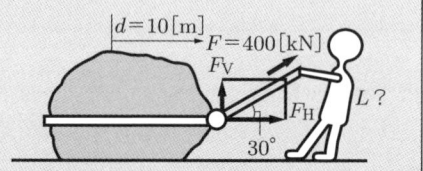

図 1.30　石を引っ張る場合の仕事

**解答**　石が動く方向の力 $F_\text{H}$ は，力を分解することにより求めることができます．

$$F_\text{H} = F \cdot \cos\theta = 400\,[\text{kN}] \times \cos 30° = 346\,[\text{kN}]$$

よって，仕事 $L$ は式 (1.17) から次式のように求めることができます．

$$L = F_\text{H} \cdot d = 346\,[\text{kN}] \times 10\,[\text{m}] = 3460\,[\text{kN}\cdot\text{m}] = 3.46 \times 10^3\,[\text{kJ}]$$

垂直方向の力 $F_V$ は仕事をするのに使われるのではなく，石を持ち上げようとするのに使われたことになります．

### 1.3.9 動力

毎秒どれだけの仕事をするか，すなわち単位時間あたりの仕事 $L$ を**動力**(power) $P$ といい，機械が仕事をする性能を表します．仕事をした時間を $t$ とすると，動力は次式で表すことができます．

$$P\,[\text{W}] = \frac{L\,[\text{J}]}{t\,[\text{s}]} \tag{1.18}$$

**例題 1.11** 例題 1.9 の仕事を 2 分間かけて行ったときの動力を求めよ．

**解答** 動力 $P$ は，式 (1.18) から次式のように求めることができます．

$$P = \frac{196\,[\text{kJ}]}{2\,[\text{min}]} = \frac{196\,[\text{kJ}]}{120\,[\text{s}]} = 1.63\,[\text{kJ/s}] = 1.63\,[\text{kW}]$$

### 1.3.10 熱量と仕事の符号

ここで，熱量と仕事の二つの符号を決めておきましょう．熱力学では通常，熱機関のように系に熱を加えて仕事を外部にします．したがって，図 1.31 のように，正(プラス(+))符号は，

(1) 熱量 $Q$ が周囲から系に加わる場合
(2) 仕事 $L$ が系から周囲にする場合

を示し，それらの逆の場合は負(マイナス(-))となります．

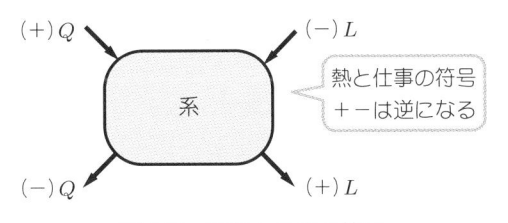

図 1.31 熱量と仕事の符号

### 1.3.11 状態量

これまで熱力学で扱う物理量を説明してきました．これらの物理量は状態量と状態量でないものの二つに分けられます．

質量，体積，圧力，温度のような熱力学平衡状態において，現在の状態のみで決まる系の特性を示す物理量を**状態量**(property)といいます．どのような過程を経て現在の状態になったかを問いません．状態量としては，温度，圧力，体積，密度，内部エネルギー，エンタルピー，エントロピーなどがあります．

一方，熱と仕事は，どのような変化を辿って現在の状態に至ったかによって決まり，現在の状態の物理量だけで表せないので，状態量ではありません．

状態量と非状態量の違いは，図 1.32 の大学入試の違いにたとえれば理解できるでしょう．

状態量は表 1.3 に示すように，**示量性状態量**(extensive property)と**示強性状態量**(intensive property)に分けることができます．同じ系を二つ合わせたとき，状態量が2倍になる状態量は示量性で，変わらない状態量は示強性です．示量性状態量は，比体積のように，**単位質量あたりの状態量**を考えることができます．この場合，その状態量の前に「比(specific)」をつけ，変数は小文字を用います．たとえば，比体積(specific volume) $v\,[\mathrm{m^3/kg}]$ および比内部エネルギー(specific internal energy) $u\,[\mathrm{kJ/kg}]$ などです．

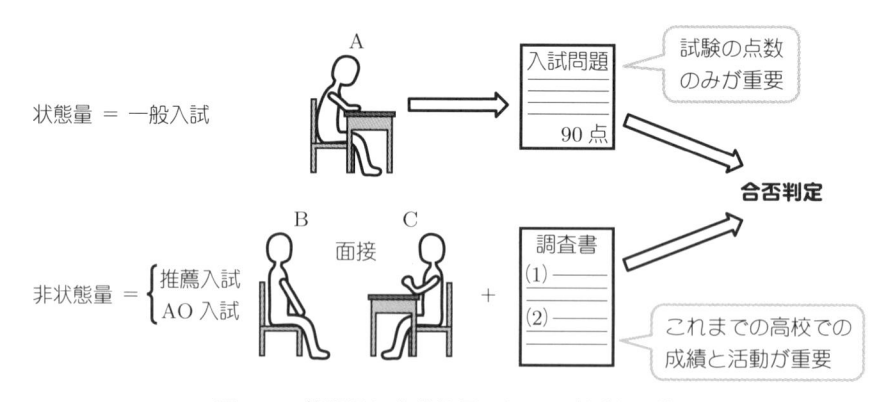

図 1.32 状態量と非状態量のたとえ（大学入試）

表 1.3 状態量の分類

| 状態量 | 特徴 | 例 |
|---|---|---|
| 示量性状態量 | 系の質量の大きさによって増減する | 体積，内部エネルギー，エンタルピー，エントロピー |
| 示強性状態量 | 系の質量に依存しない | 温度，圧力，密度 |

## 1.4 その他の諸準備事項

本節では，前節の物理量以外に，熱力学を学習するためによく理解しておいたほうがよい事項について説明します．

### 1.4.1 SI

これまで説明してきたように，**量は数値だけでなく，数値と単位の積の形で表されます**．たとえば，質量 5 kg の場合 5 が数値で，kg が単位です．すなわち，

$$（量）＝（数値）×（単位）$$

です．単位とは長さ，質量，時間などのある量を数値で表すとき，**比較の基準となるように大きさを定めた量**です．

従来は世界において種々の単位系が使用されてきましたが，現在は世界的に SI の使用に移行しています．そこで，熱力学の学習に必要な事項に限定して，本書で使用する SI の要点を説明します．

(1) すべての物理量は単位をもち，これらの物理量は法則や定義で関係付けられています．たとえば，速度は長さと時間の単位で表すことができます．このように，いくつかの基本となる**基本単位**を定めると，その基本単位をもとにして多くの単位を組み立てることができます．このようにして，組み立てられた単位を**組立単位**といいます．

　　熱力学で使用される基本単位を**表 1.4**，組立単位を**表 1.5** に示します．

(2) 大阪と東京の直線距離は，約 400 km です．これを長さの基本単位の [m] で表すと 400000 m となり，0 が多くて扱いにくいです．そこで 1000 倍を意味する [k] を基本単位の前につけ，400 km のように表します．この [k] が**接頭語**

表 1.4 基本単位

| 量 | 名　称 | 記号 |
|---|---|---|
| 長さ | メートル | m |
| 質量 | キログラム | kg |
| 時間 | 秒 | s |
| 温度 | ケルビン | K |

表 1.5 組立単位

| 量 | 名　称 | 記号 | 定　義 |
|---|---|---|---|
| 力 | ニュートン | N | $(kg \cdot m)/s^2$ |
| 圧力，応力 | パスカル | Pa | $N/m^2 = kg/(m \cdot s^2)$ |
| エネルギー，仕事，熱量 | ジュール | J | $N \cdot m$<br>$= [(kg \cdot m)/s^2]m$<br>$= (kg \cdot m^2)/s^2$ |
| 動力，仕事率 | ワット | W | $J/s = (kg \cdot m^2)/s^3$ |
| セルシウス温度 | セルシウス度 | °C | $K - 273$ |

表 1.6 接頭語

| 倍数 | 接頭語 | 記号 | 倍数 | 接頭語 | 記号 |
|---|---|---|---|---|---|
| $10^{18}$ | エクサ | E | $10^{-1}$ | デシ | d |
| $10^{15}$ | ペタ | P | $10^{-2}$ | センチ | c |
| $10^{12}$ | テラ | T | $10^{-3}$ | ミリ | m |
| $10^{9}$ | ギガ | G | $10^{-6}$ | マイクロ | μ |
| $10^{6}$ | メガ | M | $10^{-9}$ | ナノ | n |
| $10^{3}$ | キロ | k | $10^{-12}$ | ピコ | p |
| $10^{2}$ | ヘクト | h | $10^{-15}$ | フェムト | f |
| $10^{1}$ | デカ | da | $10^{-18}$ | アト | a |

です. SI で使われる接頭語を**表 1.6** に示します.

### ▶ 1.4.2 単位の換算

SI は合理的な一貫性のある単位系であるため，従来の単位系から SI への移行が進められています．しかし，産業界では慣れ親しまれてきた従来の単位系が使われることも多く，その単位系で書かれた文献もまだ多くあります．そこで，熱力学で使用されてきた従来の単位から SI への換算表を**表 1.7** に示します．

単位の換算を間違うと，折角長い時間をかけて計算した結果が台なしです．また，場合によっては桁違いの結果になります．次のコラムに**換算の確実な方法**を示しま

表 1.7 単位換算表

| 量 | SI への換算 | 量 | SI への換算 |
|---|---|---|---|
| 長さ | 1 [in] = 0.0254 [m]<br>1 [ft] = 0.3048 [m] | 力 | 1 [dyne] = 1.00 × $10^{-5}$ [N]<br>1 [kgf] = 9.80665 [N]<br>1 [lbf] = 4.44822 [N] |
| 面積 | 1 [in$^2$] = 6.4516 × $10^{-4}$ [m$^2$]<br>1 [ft$^2$] = 0.09290 [m$^2$] | 圧力 | 1 [bar] = $10^5$ [Pa]<br>1 [kgf/m$^2$] = 9.80665 [Pa]<br>1 [atm] = 1.013 × $10^5$ [Pa]<br>1 [mmHg] = 133.322 [Pa]<br>1 [mH$_2$O] = 9806.65 [Pa]<br>1 [psia][lbf/in$^2$] = 6894.8 [Pa] |
| 体積 | 1 [ℓ] = 1.000 × $10^{-3}$ [m$^3$]<br>1 [in$^3$] = 1.639 × $10^{-5}$ [m$^3$]<br>1 [ft$^3$] = 0.028317 [m$^3$]<br>1 [gal] (米) = 3.7854 × $10^{-3}$ [m$^3$] | | |
| 速度 | 1 [in/s] = 0.0254 [m/s]<br>1 [ft/s] = 0.3048 [m/s]<br>1 [knot] = 0.5144 [m/s] | エネルギー | 1 [kcal] = 4.1868 [kJ]<br>1 [Btu] = 1.0551 [kJ]<br>1 [kgf·m] = 9.80665 [kJ]<br>1 [kW·h] = 3.6 × $10^3$ [kJ] |
| 密度 | 1 [lbm/ft$^3$] = 16.018 [kg/m$^3$] | | |
| 質量 | 1 [lbm] = 0.4536 [kg]<br>1 [ton] = 1000 [kg] | 動力 | 1 [HP] (英馬力) = 745.7 [W]<br>1 [kgf·m/s] = 9.80665 [W] |

す．この方法は筆者が，企業に入社して間もなく，換算を間違ったときに上司から教わったものです．それ以降，換算で間違うことはなくなりました．皆さんもぜひ試してみてください．

---

**例題 1.12** 熱伝達率 $15\,\mathrm{kcal/(m^2h°C)}$ をコラムの方法を使用して SI に換算せよ．

**解答** 熱伝達率の温度は温度差のことなので，$\Delta°C = \Delta K$ である．

$$15\,[\mathrm{kcal/(m^2h°C)}] = 15\left[\frac{\mathrm{kcal}\left(\dfrac{\mathrm{kJ}\cdot 4.1868}{\mathrm{kcal}\cdot 1}\right)}{\mathrm{m^2 h}\left(\dfrac{\mathrm{s}\cdot 3600}{\mathrm{h}\cdot 1}\right)\mathrm{K}}\right]$$

表 1.7 から $1\,[\mathrm{kcal}] = 4.1868\,[\mathrm{kJ}]$

$$= \frac{15\times 4.1868\times 10^3}{3.6\times 10^3}\times\left[\frac{\mathrm{J}}{\mathrm{s\cdot m^2\cdot K}}\right] = 17.4\,[\mathrm{W/(m^2\cdot K)}]$$

表 1.5 から $[\mathrm{J/s}] = [\mathrm{W}]$

---

### COLUMN　換算の確実な方法

$770\,\mathrm{mmHg}$ を $[\mathrm{Pa}]$ に換算してみましょう．

① 換算前の単位の後ろに $\left(-\right)$ を記入します．

$$770\,\mathrm{mmHg}\left(-\right)$$

② 換算前の単位 $[\mathrm{mmHg}]$ を $\left(-\right)$ の分母に書き込みます．

$$770\,\mathrm{mmHg}\left(\frac{}{\mathrm{mmHg}}\right)$$

③ 換算後の単位 $[\mathrm{Pa}]$ を $\left(-\right)$ の分子に書き込みます．

$$770\,\mathrm{mmHg}\left(\frac{\mathrm{Pa}}{\mathrm{mmHg}}\right)$$

④ 表 1.7 などの換算表より，換算前の単位と換算後の単位の**等数値関係**を $\left(-\right)$ の分子と分母の横に記入します．

$$770\,\mathrm{mmHg}\left(\frac{\mathrm{Pa}\cdot 133.322}{\mathrm{mmHg}\cdot 1}\right)$$

⑤ 数値と単位を区分し，数値と単位をそれぞれ計算します．すると，換算後の単位のみ残り換算は終了します．

$$1.03\times 10^5\,\mathrm{Pa}$$

### 1.4.3 有効数字とその計算法

技術計算で取り扱う数量は多くの場合，測定値です．測定結果を表す数字のうちで位どりを示すだけのゼロを除いた意味のある数字のことを**有効数字**といいます．0でない数字より前にある0は有効ではありません．たとえば下記のようになります．

 0.0085  ：有効数字2桁
 0.00005：有効数字1桁

少数点より右にある0は有効です．たとえば下記のようになります．

 28.500   ：有効数字5桁
 3.000000：有効数字7桁

**A 有効数字の加減算** そのまま加減算を行い，小数点以下の桁数の一番小さいものに合わせて四捨五入します．

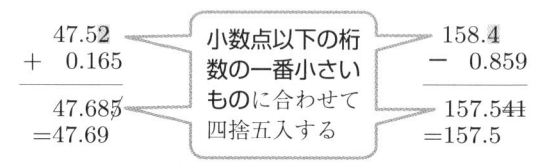

$$\begin{array}{r} 47.52 \\ +\ 0.165 \\ \hline 47.685 \\ =47.69 \end{array} \qquad \begin{array}{r} 158.4 \\ -\ 0.859 \\ \hline 157.541 \\ =157.5 \end{array}$$

（小数点以下の桁数の一番小さいものに合わせて四捨五入する）

**B 有効数字の乗除算** そのまま乗除算を行い，四捨五入して**有効数字の小さい桁数**に合わせます．

$$\begin{array}{r} 45.6 \\ \times\ 1.2367 \\ \hline 56.39352 \\ =56.4 \end{array}$$

（有効数字の小さい桁数に合わせる）

**C 有効数字の表し方** 有効数字をはっきりさせるために $a \times 10^m$ で表します．たとえば，39000の有効数字が3桁の場合 $3.90 \times 10^4$ で表します．

**D 確定した量と仮定した量** これらの量は誤差をもたないと考え，有効数字の桁数は考えません．たとえば，53.5 g が5個(確定した量)あるときの総重量は，$53.5\,[\mathrm{g}] \times 5 = 267.5\,[\mathrm{g}]$ です．5個の有効数字は1桁ですが，$3 \times 10^2\,\mathrm{g}$ ではなく 53.5 g の有効桁数の3桁を適用し，268 g となります．
技術計算の最終結果は，計算の過程では桁を丸めずにそのまま計算し，最終結果が出たら，最終結果の4桁目を四捨五入して有効数字3桁で表すのが一般的です．

---

**例題 1.13**
(1) 次の測定値の有効桁数を求めよ．
 ① 3.41 cm ② 0.0027 cm ③ 1.230 cm ④ 0.0980 cm

(2) 有効桁数を考えて，次の計算をせよ．
① $46.5 - 1.234$　② $56.7 - 0.045$　③ $5.61 \times 3.235$
④ $48.967 \times 3.23$　⑤ $98.256 \div 1.56$　⑥ $0.893 \div 9.74$

解答
(1) ① 3桁　② 2桁　③ 4桁　④ 3桁
(2) 

①　$\phantom{-}46.5$　　②　$\phantom{-}56.7$　　③　$\phantom{\times}5.61$　　④　$\phantom{\times}48.967$
　　$-\,1.234$　　　　$-\,0.045$　　　　$\times\,3.235$　　　$\times\,3.23$
　　$\overline{\phantom{-}45.266}$　　　$\overline{\phantom{-}56.655}$　　　$\overline{18.14835}$　　　$\overline{158.16341}$
　　$=45.3$　　　　$=56.7$　　　　$=18.1$　　　　$=158$

⑤ $\dfrac{98.256}{1.56} = 62.985 = 63.0$　　　⑥ $\dfrac{0.893}{9.74} = 0.091684 = 0.0917$

### ▶ 1.4.4　技術計算についての注意事項

**技術計算**は，数値を扱うのではなく**量**を扱っています．したがって，技術計算を行うときは，次のことを必ず守らなければなりません．

**A　式は量で立てる**　数値には，必ず単位をつけた量で式を立ててください．

$$(\times) \quad 時間 = \frac{距離}{歩く速さ} = \frac{1000}{100} = 10\,[\mathrm{min}] \tag{1.19}$$

$$(\bigcirc) \quad 時間 = \frac{距離\,[\mathrm{m}]}{歩く速さ\,[\mathrm{m/min}]} = \frac{1000\,[\mathrm{m}]}{100\,[\mathrm{m/min}]} = 10\,[\mathrm{min}] \tag{1.20}$$

式(1.19)の場合，距離が1000 mなのか1000 kmなのかがわかりません．歩く速さが100 km/minということはないことは，経験でわかるので，答えを間違うことはないですが，技術計算においてすべての量が経験でわかるわけではありません．

**B　単位も計算する**　技術計算では，数値だけを計算するのではなく，必ず**単位も計算してください**．式(1.20)で計算式の単位を計算すると，

$$\frac{[\mathrm{m}]}{[\mathrm{m/min}]} = [\mathrm{min}]$$

になり，求める時間の単位になります．この式のように，身近な量の場合は意識して単位を計算しなくてもminということはわかります．しかし，複雑な計算の場合単位を計算しないと，求める答えの単位は容易にはわかりません．計算した答えの単位が求める答えの単位になっていないときは，立てた式が間違っているか，または計算の過程が間違っています．したがって，式に単位をつけてその単位も計算すると自分

の計算の検算にもなります．検算するという意味では，数値だけでなく変数にも単位をつけて計算することが望ましいです[1]．

式の中で，数値を足したり，引いたり，掛けたり，割ったりできるのは，単位が同じ場合だけです．式 (1.20) の分子の 1000 [m] が，もし 1000 [km] であれば，分母の 100 [m] で割ることはできません．1000 [km] を $1000 \times 10^3$ [m] に換算してから割らなければ，間違った結果になります．

### ▶ 1.4.5 問題をいかにして解くか

これから学習した内容を確実に理解するために演習問題をたくさん解いてもらいます．そこで問題をいかにして解くかを図 1.33 に示します．ここでは，問題をいかにして解くかの考え方を説明し，それを例題 1.4 を例として，どのように具体的に適用するかを [　　　] の中に記述してあります．

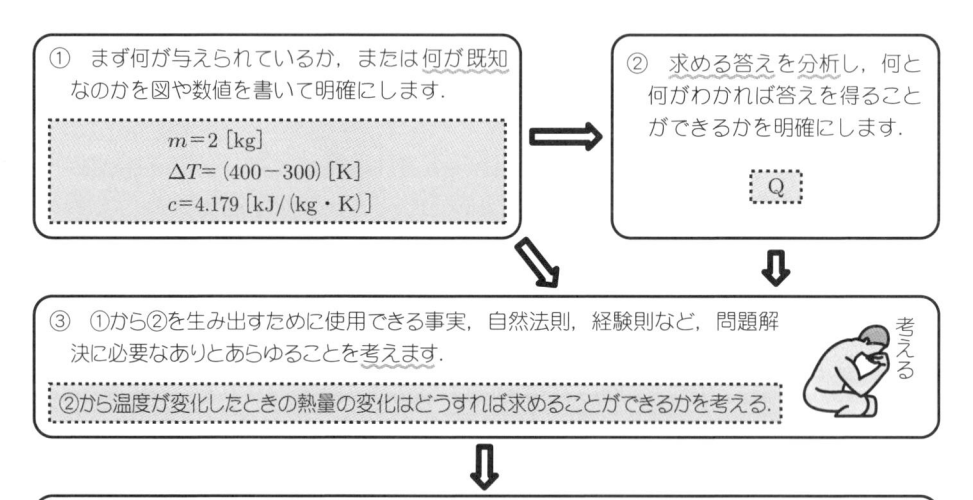

① まず何が与えられているか，または何が既知なのかを図や数値を書いて明確にします．

$m = 2$ [kg]
$\Delta T = (400 - 300)$ [K]
$c = 4.179$ [kJ/(kg・K)]

② 求める答えを分析し，何と何がわかれば答えを得ることができるかを明確にします．

$Q$

③ ①から②を生み出すために使用できる事実，自然法則，経験則など，問題解決に必要なありとあらゆることを考えます．

②から温度が変化したときの熱量の変化はどうすれば求めることができるかを考える．

④ 問題を解くことは，何 ($X$) と何 ($Y$) とが等しいかを問題の既知の事項から読み解き，等式を作ります．

$$X = Y$$

技術計算の 99% は 等式 を導き，その等式を数学の知識を使って答えを得ることです．

1.3.4 項 E の式 (1.10) の熱量変化の式が使えることがわかり，①の既知量を用いて $Q$ を計算できることがわかる．

図 1.33　問題の解き方

---

[1] 変数すべてに単位をつけると，数式全体がわかりにくくなる場合があるので，本書では省略している場合もあります．

### 演習問題

**1.1** 次の各系が作動中のとき，開いた系，閉じた系，孤立系のどれに該当するか分類せよ．
　A．扇風機　　　　　　B．ジェットエンジン　　C．作動中の調理用ミキサー
　D．理想的な魔法瓶　　E．閉じた圧力鍋　　　　F．ポンプ
　G．ピストンエンジン　H．水力発電所　　　　　I．閉じた冷蔵庫

**1.2** 次の記述が正しいか誤っているか判断せよ．また，誤っている場合には，正しい表現に修正せよ．
　・今日は風邪を引いたようなので，熱があります．

**1.3** 質量 10 kg で体積 $1.126 \times 10^{-3} \mathrm{m}^3$ の金属がある．表 1.1 からこの金属は何かを推定せよ．

**1.4** 質量 50.0 kg の物体の月面上での重量を求めよ．ただし，月面上の重力加速度は地球上のそれの 1/6 とする．

**1.5** 次の問いに答えよ．
(1) 450°C を絶対温度で表せ．
(2) 700 K を摂氏温度で表せ．

**1.6** 10.0 kg のステンレス鋼の温度を 400 K から 600 K まで上げる．このとき必要な熱量を求めよ．ただし，比熱は $0.499 \, \mathrm{kJ/(kg \cdot K)}$ とする．

**1.7** 孤立系のなかで，5 kg, 290 K の水に 360 K の水を何 kg 入れたら 340 K の水になるかを求めよ．

**1.8** 孤立系のなかで，70 kg, 283 K のスピンドル油に 7 kg, 800 K の軟鋼を入れたときの最終平衡温度を求めよ．ただし，スピンドル油と軟鋼の比熱は，それぞれ $1.88 \, \mathrm{kJ/(kg \cdot K)}$, $0.473 \, \mathrm{kJ/(kg \cdot K)}$ とする．

**1.9** 図 1.34 のように容器に液体が入っている．深さ 0.9 m に位置する点 A の絶対圧力を求めよ．

**1.10** 図 1.35 のようにマノメーターがある．空気管の中の絶対圧力が 80 kPa，大気圧が 100 kPa のとき $\rho$ の値を求めよ．ただし，$\rho_\mathrm{m} = 13528 \, [\mathrm{kg/m^3}]$ とする．

**1.11** 大気圧 $p_\mathrm{atm} = 100 \, [\mathrm{kPa}]$ のとき，表 1.8 の空欄を埋めよ．

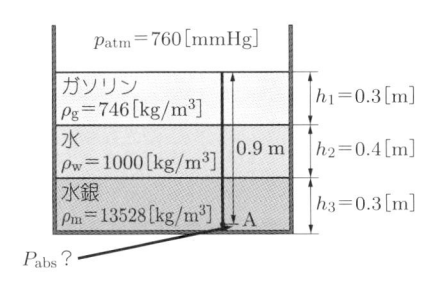

図 1.34　液体圧

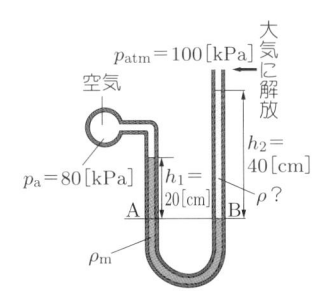

図 1.35　マノメーター

表 1.8

| ゲージ圧<br>[kPa] | ゲージ圧<br>[mH₂O] | 絶対圧力<br>[kPa] | 絶対圧力<br>[mmHg] |
|---|---|---|---|
| 10 | ( ① ) | ( ② ) | ( ③ ) |
| ( ④ ) | ( ⑤ ) | 200 | ( ⑥ ) |
| ( ⑦ ) | ( ⑧ ) | ( ⑨ ) | 30 |
| ( ⑩ ) | 40 | ( ⑪ ) | ( ⑫ ) |

**1.12** 図 1.36 の系において，質量 200 kg のおもりが 4 m 落下して羽根車を回転させた．シリンダーにはガスが入っており，羽根車の回転によって容積が 0.003 m³ 増加した．この系は 150 kPa（ゲージ圧）に保持されているとして，この系が周囲に対してする仕事を計算せよ．ただし，摩擦はすべて無視でき，大気圧は 101 kPa とする．

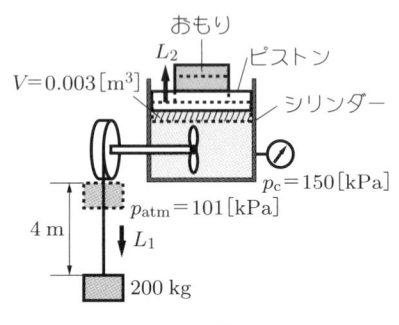

図 1.36 羽根車

# 第2章 熱力学第1法則

**学習の目標**
- [ ] 熱力学第1法則，内部エネルギー，エンタルピーの概念を説明できる．

## 2.1 エネルギーの形態

第1章で，エネルギーは仕事をする能力と定義しました．エネルギーには**運動**エネルギーおよび**位置**エネルギー，**電磁気**エネルギー，**化学**エネルギー，**核**エネルギーなどがあります．系の中のこれらのエネルギーをすべて合わせて，系の**全エネルギー** (total energy) $E$ [kJ] といいます．また，単位質量あたりの全エネルギーは，$e = E/m$ [kJ/kg] で表します[1]．

ここで注意してほしいのは，エネルギーの絶対値を知ることはできないし，また知る必要もないということです．その理由は，たとえば，ある系の位置エネルギーは，高さに比例して大きくなりますが，その高さは相対的なものであり，どこに基準点（高さ）をとるかによって系までの高さは変わり，位置エネルギーも変わるからです．エネルギーの絶対値はわからないので，「変化前の状態」から「変化後の状態」のエネルギーの増減は，図 2.1 のように，基準点を決め，そこからエネルギーの変化量を

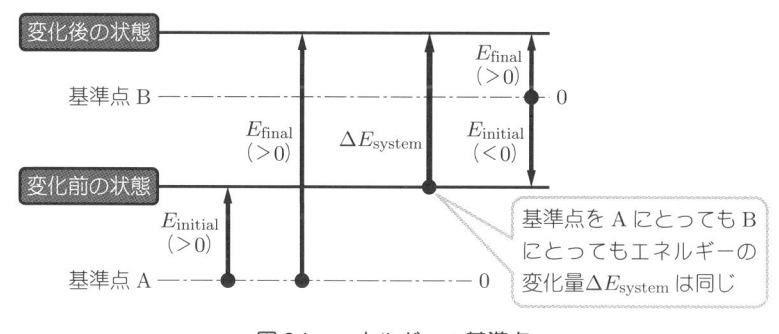

**図 2.1 エネルギーの基準点**

---

[1] 本書では，単位質量あたりの物理量を小文字で表記します．

$\Delta E_{\text{system}} = E_{\text{final}} - E_{\text{initial}}$ の式を用いて計算して求めます．ある基準点におけるエネルギーの量をゼロ($E = 0$)とおいて，それからの変化量で表します．どこに基準点をとっても(基準点をAとしてもBとしても)，系のエネルギーの変化量は変わりません．

熱力学の問題を考える場合，この全エネルギーを構成する各種のエネルギーを次の二つのグループに分けると，理解しやすくなります．

(1) **巨視的形態のエネルギー**(macroscopic forms of energy)
(2) **微視的形態のエネルギー**(microscopic forms of energy)

本書で取り扱う範囲の巨視的形態のエネルギーは，系の周囲の基準点からみた**運動エネルギー**と**位置エネルギー**のことです(図2.2)．すなわち，系の周囲にいる人が見てその存在が容易にわかるエネルギーです．図に示すように，基準点からみて速度$V$と高さ$h$の系がもっている運動エネルギーと位置エネルギーが巨視的形態のエネルギー(破線の楕円)です．微視的形態のエネルギーは巨視的形態のエネルギーと違って，その存在がわからない系の内部エネルギー(実線の楕円)です．

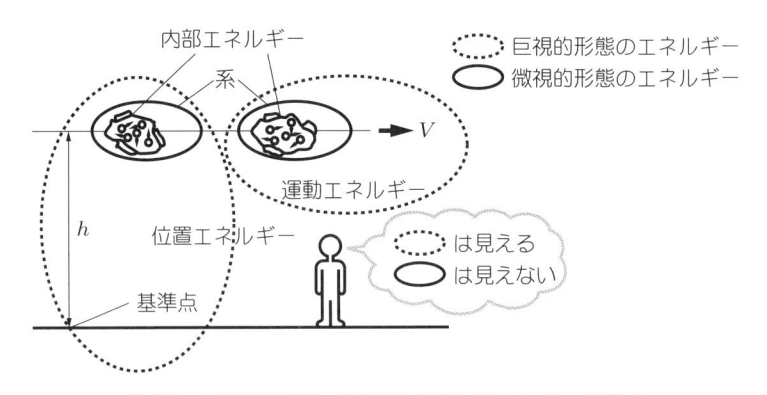

**図2.2 巨視的形態と微視的形態のエネルギーの違い**

**運動エネルギー**(kinetic energy)$KE$は，ある基準点からの相対速度があることによって，系に発生する巨視的形態のエネルギーです．質量$m$の系がある基準点からみて速度$V$で運動するとき，その運動エネルギーは次式で求めることができます．

$$KE = \frac{1}{2}mV^2 \, [\text{kJ}] \tag{2.1}$$

単位質量あたりの運動エネルギーは，次式で求めることができます．

$$ke = \frac{KE}{m} = \frac{1}{2}V^2 \, [\text{kJ/kg}] \tag{2.2}$$

**位置エネルギー**(potential energy) $PE$ は，重力加速度が $g$ のところで，基準点から高さ $h$ のある質量 $m$ の系がもつ巨視的形態のエネルギーであり，次式で求めることができます．

$$PE = mgh \, [\text{kJ}] \tag{2.3}$$

単位質量あたりの位置エネルギーは，次式で求めることができます．

$$pe = \frac{PE}{m} = gh \, [\text{kJ/kg}] \tag{2.4}$$

系に及ぼす外部の影響としては，重力加速度に関係ない電磁波などがありますが，本書では扱いません．したがって，位置エネルギーは重力加速度によるもののみとなります．

全エネルギーから巨視的形態のエネルギーである系の運動エネルギー $KE$ と位置エネルギー $PE$ を差し引いたものが，微視的形態のエネルギーである**内部エネルギー** (internal energy) です．内部エネルギーは系の分子の挙動によるもので，巨視的形態のエネルギーと違い，系の外部の基準点に依存しません．その名のとおり，「系の内部にあるエネルギー」という意味であり，$U$ で表します．図 2.3 のように，内部エネルギーには，本書で扱う**熱エネルギー** (thermal energy) のほか，化学エネルギー，核エネルギーなどがあります．

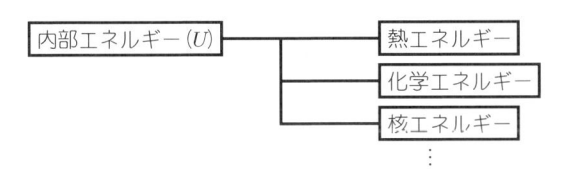

図 2.3　内部エネルギー

以上から，系の全エネルギー ($E, e$) は，内部エネルギー ($U, u$) と運動エネルギー ($KE, ke$) と位置エネルギー ($PE, pe$) から成り立っていることがわかるので，次式で表せます．

$$E = U + KE + PE = U + \frac{1}{2}mV^2 + mgh \quad [\text{kJ}] \tag{2.5}$$

$$e = u + ke + pe = u + \frac{1}{2}V^2 + gh \quad [\text{kJ/kg}] \tag{2.6}$$

熱エネルギーは，顕熱と潜熱の二つに分けることができます．

(1) **顕熱**(sensible heat)：物質を構成している分子の運動エネルギーとして物質内部に蓄えられる熱エネルギーです．温度が上昇すると，図 2.4 のように，分子が並進，回転，振動の運動をします．この運動による熱エネルギーを顕熱といいます．

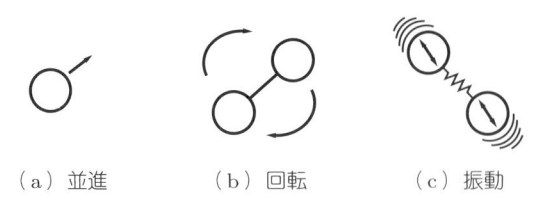

（a）並進　　（b）回転　　（c）振動

図 2.4　分子の運動エネルギー

(2) **潜熱**(latent heat)：固体，液体，気体のように，明確な境界により周囲と区別された物質の集まりで，どの部分をとっても均一な状態となっている相が変化するとき，吸収または放出される熱エネルギーです．固体は，図 2.5（a）に示すように，分子が整然と並んでいて，その結合力はたいへん大きいものです．したがって，固体から液体へ変化させるために，この分子と分子の結合を引き離すエネルギー（これを**融解熱**という）が必要になります．図（b）の液体から図（c）の気体に変化させるためには，固体から液体へ変化するために必要なエネルギーより，さらに多くのエネルギー（これを**気化熱**という）が必要になります．

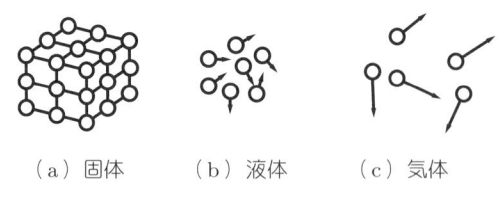

（a）固体　　（b）液体　　（c）気体

図 2.5　相の違いによる分子の配列

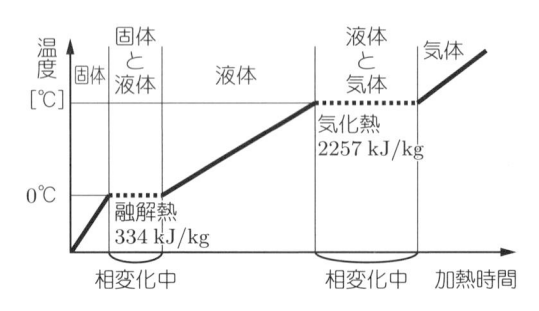

図 2.6　水の相変化と温度変化

1気圧における水の相変化と温度変化を図2.6に示します．図からわかるように，相変化中は熱量を物質に与えても温度は上昇しないため，熱量が物質の中に潜っているようにみえるので，潜熱と名づけられました．その反意語として顕熱が使われています．第1章で説明した式(1.10)は，相変化のない温度範囲(図の実線部分)でのみ適用できます．

> **例題 2.1** 図2.7のような断熱された(熱量 $Q$ の出入りがない)部屋で，石油ストーブが使用されている．この部屋を系と考えた場合，この系の内部エネルギーは変化するかを答えよ．
>
> 図2.7 内部エネルギーの変化の有無

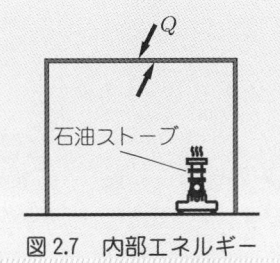

**解答** 系全体の内部エネルギーは，変化しません．石油の燃焼により，物質が化学変化するときに熱の形で外部に仕事をする化学エネルギーが熱エネルギーである顕熱に変わっただけです．

## 2.2 各種仕事の計算式

ここで，種々の形態の仕事に関する計算式を導き，その単位がすべて[J]になることを説明します．図2.8に各形態の仕事を示します．

**A 重力仕事** 図(a)は重力に逆らってなされる**重力仕事**(gravitational work)で，次式で計算できます．これは2.1節で説明した位置エネルギーと同じものです．

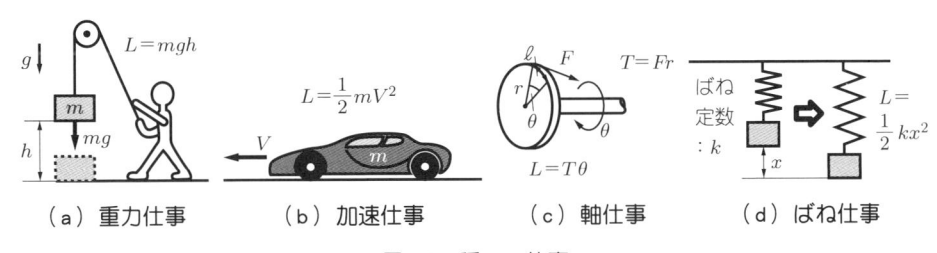

(a) 重力仕事 $L = mgh$
(b) 加速仕事 $L = \frac{1}{2}mV^2$
(c) 軸仕事 $T = Fr$, $L = T\theta$
(d) ばね仕事 ばね定数: $k$, $L = \frac{1}{2}kx^2$

図2.8 種々の仕事

$$L = mgh = \left[\text{kg} \times \frac{\text{m}}{\text{s}^2} \times \text{m}\right] = \left[\left(\frac{\text{kg} \cdot \text{m}}{\text{s}^2}\right)\text{m}\right] = [\text{N} \cdot \text{m}] = [\text{J}] \quad (2.7)$$

$$[\text{N}] = \left[\frac{\text{kg} \cdot \text{m}}{\text{s}^2}\right]$$

**B 加速仕事**　図(b)は系の速度を変化させる**加速仕事**(accelerational work)で，次式で計算できます．これは2.1節で説明した運動エネルギーと同じものです．

$$L = \frac{1}{2}mV^2 = \left[\text{kg} \times \left(\frac{\text{m}}{\text{s}}\right)^2\right] = \left[\left(\frac{\text{kg} \cdot \text{m}}{\text{s}^2}\right)\text{m}\right] = [\text{N} \cdot \text{m}] = [\text{J}] \quad (2.8)$$

**C 軸仕事**　図(c)は軸のトルクに抗して回転させる**軸仕事**(shaft work)で，次式で計算できます．

$$L = F\ell = Fr\theta = T\theta = [\text{N} \cdot \text{m}] = [\text{J}] \quad (2.9)$$

$\ell = r\theta$　　$\ell$：弧の長さ　　$r$：半径　　$\theta$：回転角(rad)　　$\theta = \pi\left(\dfrac{\theta°}{180°}\right)$

**D ばね仕事**　図(d)はばねを変形させてエネルギーを蓄える**ばね仕事**(spring work)で，次式で計算できます．

$$L = \frac{1}{2}kx^2 = \left[\frac{\text{N}}{\text{m}} \times \text{m}^2\right] = [\text{N} \cdot \text{m}] = [\text{J}] \quad (2.10)$$

---

**例題 2.2**　図 2.9 のように，8 kg の荷物を 3 m 持ち上げたときの重力仕事を求めよ．

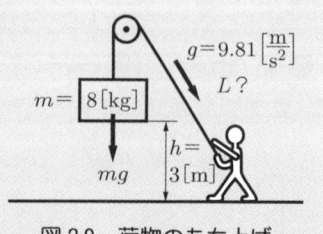

**図 2.9** 荷物のもち上げ

**解答**　$L$ は式(2.7)から求めることができます．

$$L = mgh = 8\,[\text{kg}] \times 9.81\,[\text{m/s}^2] \times 3\,[\text{m}] = 235\left[\frac{\text{kg} \cdot \text{m}}{\text{s}^2} \cdot \text{m}\right] = 235\,[\text{J}]$$

表 1.5 から $\left[\dfrac{\text{kg} \cdot \text{m}^2}{\text{s}^2}\right] = [\text{J}]$

## 2.2 各種仕事の計算式

**例題 2.3** 図 2.10 のように，質量 120 kg のオートバイが 60 km/h の速度で走行しているときの加速仕事を求めよ．

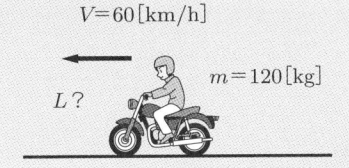

図 2.10 オートバイの加速仕事

**解答** $L$ は式 (2.8) から求めることができます．

$$L = \frac{1}{2}mV^2 = \frac{1}{2} \times 120\,[\text{kg}] \times \left(60\left[\frac{\text{km}}{\text{h}}\right]\right)^2$$

$$= 2.16 \times 10^5 \left[\text{kg} \cdot \left(\frac{\text{km}}{\text{h}}\right)^2\right]$$

$$= 2.16 \times 10^5 \left[\text{kg} \cdot \left(\frac{\text{km}}{\text{h}\left(\frac{\text{s} \cdot 3600}{\text{h} \cdot 1}\right)}\right)^2\right]$$

（p.23 コラム参照）

$$= 2.16 \times 10^5 \times \left(\frac{10^3}{3600}\right)^2 \left[\frac{\text{kg} \cdot \text{m}^2}{\text{s}^2}\right]$$

（表 1.5 から $\left[\frac{\text{kg} \cdot \text{m}^2}{\text{s}^2}\right] = [\text{J}]$）

$$= 16.7 \times 10^3\,[\text{J}] = 16.7\,[\text{kJ}]$$

---

**例題 2.4** ばね仕事の定義式 $L = \frac{1}{2}kx^2$ を導け．

**解答** ばねを $x\,[\text{m}]$ 伸ばすのに必要な力 $F\,[\text{N}]$ は，ばね定数を $k\,[\text{N/m}]$ とすると，次式から求めることができます．

$$F = k\,[\text{N/m}] \times x\,[\text{m}] = kx\,[\text{N}]$$

$x\,[\text{m}]$ 伸ばすのに加える力は，図 2.11 のように，伸びが 0 m のときは 0 N で，$x\,[\text{m}]$ 伸びたときは $kx\,[\text{N}]$ なので，加えられる平均の力 $F'$ から求めることができます．

図 2.11 ばね仕事

$$F' = \frac{(0 + kx)\,[\text{N}]}{2} = \frac{1}{2}kx\,[\text{N}]$$

移動した距離 $s = x\,[\text{m}]$ なので，ばね仕事 $L$ は式 (1.17) から求めることができます．

$$L = F' \times s = \frac{1}{2}kx\,[\text{N}] \times x\,[\text{m}] = \frac{1}{2}kx^2\,[\text{J}]$$

これは図の長方形の面積(斜線部分)を表していますが，力と伸びとの関係を表す直線と横軸との間に囲まれた面積と等しく，ばね仕事を表します．

## 2.3 熱力学第1法則

これまでに熱，仕事，エネルギーについて説明してきました．これらを関係づけるものがエネルギーの保存則として知られる熱力学第1法則です．

### 2.3.1 熱力学第1法則

エネルギーは創り出されたり，消滅したりするのではなく，その形態を変えるだけであるという法則を**エネルギーの保存則**といい，またこれは**熱力学第1法則**といいます．

図 2.12 に，質量 $m = 5\,[\mathrm{kg}]$ の鋼球が高さ $h_1$ から落下する場合のエネルギーの形態の変化について示します．落下時の空気抵抗などは無視します．$h_1 = 20\,[\mathrm{m}]$ の状態1では速度 $V_1 = 0$ ですから運動エネルギーは $KE_1 = 0$ で，位置エネルギーは $PE_1 = mgh_1 = 981\,[\mathrm{J}]$ です．そこから鋼球が落下していくと，位置エネルギーが減少し，運動エネルギーが増加し，$h_2 = 10\,[\mathrm{m}]$ の状態2では運動エネルギーは $KE_2 = 490.5\,[\mathrm{J}]$ とな

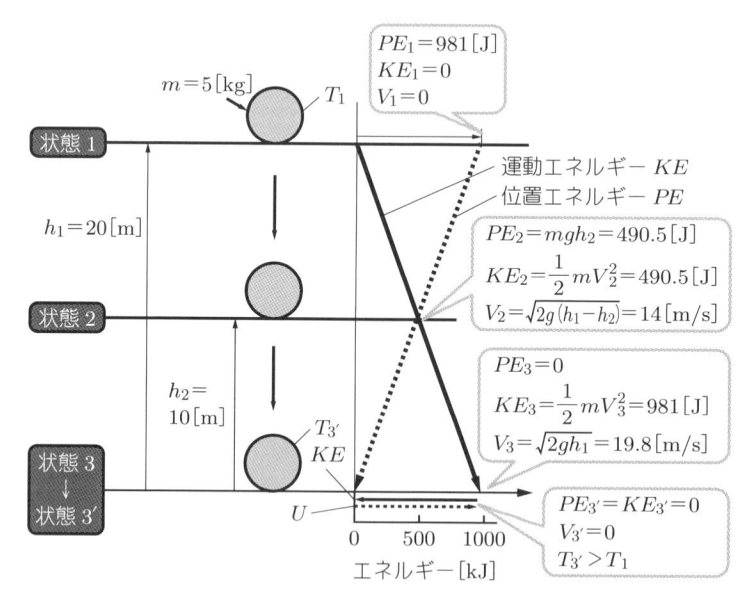

**図2.12　各種のエネルギーの形態の変換**

り，位置エネルギーは $PE_2 = 490.5$ [J] となります．さらに落下して $h = 0$ [m] の状態 3 では $PE_3 = 0$ となり，$KE_3 = \frac{1}{2}mV_3^2 = 981$ [J] となります．鋼球が床にぶつかって停止する状態 3′ では $PE_{3'} = KE_{3'} = 0$ となり，$KE_3 = 981$ [J] は鋼球の内部エネルギー $U$ に変化し，鋼球の温度が上昇 ($T_{3'} > T_1$) します．

熱力学第 1 法則は，次のように表すこともできます．

(1) 熱と仕事は，本質的に同じエネルギーの一つの形態であり，仕事を熱に変えることもできるし，その逆も可能である．
(2) 系の保有するエネルギーの総和は，系と周囲との間にエネルギーの交換のない限り不変であり，周囲との間に交換のある場合には授受したエネルギー量だけ減少または増加する．

$$\Delta E_\text{system} = E_\text{in} - E_\text{out} \tag{2.11}$$
$$\begin{pmatrix}\text{系の全エネル}\\\text{ギーの変化}\end{pmatrix} \quad \begin{pmatrix}\text{系に流入する}\\\text{エネルギー}\end{pmatrix} \quad \begin{pmatrix}\text{系から流出する}\\\text{エネルギー}\end{pmatrix}$$

(3) 孤立系の保有するエネルギーは保存される．

### 2.3.2 系のエネルギー変化

系が外的条件が変化しない限り変わらないある平衡状態から他の平衡状態に変化することを**過程**(process)といいます．2.1 節で述べたように，ある過程において系のエネルギーの変化 $\Delta E_\text{system}$ は，系の最初の状態でのエネルギー $E_\text{inital}$ と変化後の系のエネルギー $E_\text{final}$ がわかれば，次式で求めることができます．

$$\Delta E_\text{system} = E_\text{final} - E_\text{initial} \tag{2.12}$$

ある過程における系の全エネルギーの変化は，式(2.5)から内部エネルギーおよび運動エネルギー，位置エネルギーの変化になります．

$$\Delta E_\text{system} = \Delta U + \Delta KE + \Delta PE \tag{2.13}$$

ここで，変化前の状態点を 1 また変化後の状態点を 2 とすると，式(2.13)右辺の各項は次のように表すことができます．

$$\Delta U = m(u_2 - u_1), \quad \Delta KE = \frac{1}{2}m(V_2^2 - V_1^2), \quad \Delta PE = mg(h_2 - h_1)$$

航空機や自動車などの系は式(2.13)が適用されます．ところが，多くの機器・機械などの系は，速度や位置の変化のない静的な系です．この静的な系においては，運動

および位置エネルギーの変化がゼロです $(\Delta KE = \Delta PE = 0)$. したがって, 式(2.13)は次のように簡単な式になります.

$$\Delta E_{\text{system}} = \Delta U \tag{2.14}$$

静的な系において, 全エネルギーの変化は内部エネルギーの変化と等しくなります.

**例題 2.5** 図 2.13 のように, 羽根車により撹拌されている熱い液体の入った容器が冷却されている. 最初はこの液体の内部エネルギーが 500 kJ であり, 冷却の過程で 200 kJ のエネルギーが失われ, 羽根車で 100 kJ の仕事がなされた. 変化後の内部エネルギーを求めよ.

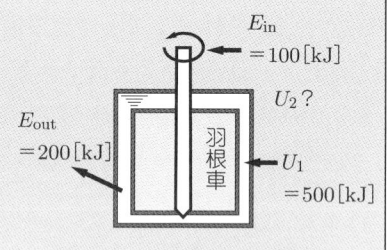

**図 2.13** 羽根車による撹拌

**解答** この容器は静止しており, 運動エネルギーと位置エネルギーの変化はないので, この系の全エネルギーの変化は内部エネルギーの変化と等しくなります. 式 (2.11) と (2.14) から次式が得られ, 変化後の内部エネルギー $U_2$ を求めることができます.

$$\begin{aligned} E_{\text{in}} - E_{\text{out}} &= \Delta E_{\text{system}} \\ &= \Delta U \\ &= U_2 - U_1 \\ 100 - 200 &= U_2 - 500 \\ U_2 &= 400\,[\text{kJ}] \end{aligned}$$

最初の状態から内部エネルギーが 100 kJ 減少したことがわかる.

**例題 2.6** 図 2.14 のように, 質量 $m$ [kg] の軟鋼でできた軟鋼球の温度を 5 K 上昇させる熱量と等価な仕事をするとき, 次の値を求めよ.
(1) この軟鋼球を加速した場合の速度 $V$ [km/h]
(2) この軟鋼球を持ち上げることができる高さ $h$ [m]

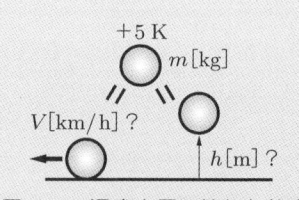

**図 2.14** 温度上昇と等価な仕事

**解答** 軟鋼球を 5 K 上昇させる熱量 $Q$ は, 式 (1.10) と表 1.2 から求まります.

$$Q = mc\Delta T = m\,[\text{kg}] \times 0.473\,[\text{kJ/(kg·K)}] \times 5\,[\text{K}] = 2.365\,m\,[\text{kJ}]$$

(1) この熱量と等しい加速仕事は, 式 (2.8) から求まります.

$$\frac{1}{2}mV^2 = Q$$

$$V = \sqrt{\frac{2Q}{m}} = \sqrt{\frac{4.73 \times 10^3 m\,[\mathrm{kg \cdot m^2/s^2}]}{m\,[\mathrm{kg}]}}$$

$$= 69 \left[\frac{\mathrm{m}}{\mathrm{s}}\right] = 69 \left[\frac{\mathrm{m}\left(\frac{\mathrm{km} \cdot 1}{\mathrm{m} \cdot 1000}\right)}{\mathrm{s}\left(\frac{\mathrm{h} \cdot 1}{\mathrm{s} \cdot 3600}\right)}\right] = 248\,[\mathrm{km/h}]$$

p.23 コラム参照

(2) 同様にして，式(2.7)から $h$ は求まります．

表1.5 から $[\mathrm{J}] = \left[\frac{\mathrm{kg \cdot m^2}}{\mathrm{s^2}}\right]$

$$h = \frac{Q}{mg} = \frac{2.365\,m\,[\mathrm{kJ}]}{m\,[\mathrm{kg}] \times 9.81\,[\mathrm{m/s^2}]} = 0.241 \times 10^3 \left[\frac{\mathrm{kg \cdot m^2/s^2}}{\mathrm{kg \cdot m/s^2}}\right] = 241\,[\mathrm{m}]$$

この例題から「単位」も計算する必要性を実感してください．また，+5 K のエネルギーの大きさも実感してください．

---

**例題 2.7** 図 2.15 のように，質量 $m\,[\mathrm{kg}]$ のステンレス鋼球を 200 m の高さから落としたとき，この位置エネルギーのすべてが内部エネルギーになるとする．このときの鋼球の温度は何度上昇するかを求めよ．ただし，重力加速度は $g = 9.81\,[\mathrm{m/s^2}]$ とする．

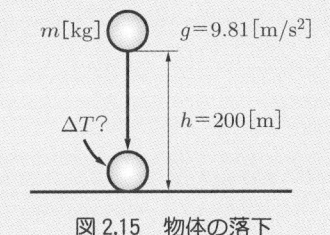

図 2.15 物体の落下

**解答** 位置エネルギーは式(2.3)より求まります．

$$PE = mgh = m\,[\mathrm{kg}] \times 9.81\,[\mathrm{m/s^2}] \times 200\,[\mathrm{m}]$$

$$= 1962m\left[\frac{\mathrm{kg \cdot m}}{\mathrm{s^2}} \times \mathrm{m}\right] = 1962m\,[\mathrm{J}]$$

表1.5 から $\left[\frac{\mathrm{kg \cdot m^2}}{\mathrm{s^2}}\right] = [\mathrm{J}]$

この位置エネルギーがすべて内部エネルギーになり，鋼球の温度の上昇は式(1.10)と表1.2 から求まります．

$$mc\Delta T = 1962\,m\,[\mathrm{J}]$$

$$\Delta T = \frac{1960\,m\,[\mathrm{J}]}{m\,[\mathrm{kg}] \times 0.499\,[\mathrm{kJ/(kg \cdot K)}]} = 3.93\,[\mathrm{K}]$$

## 2.4 閉じた系の熱力学第 1 法則

本節では，前節で説明した熱力学第 1 法則を閉じた系に適用してみます．

図 2.16 に閉じた系を示します．系の境界を出入りする熱量 $Q$，系が周囲にする仕事 $L$，系の全エネルギーの変化 $\Delta E_\text{system}$ とします．閉じた系と周囲の間のエネルギーの移動は，**熱**か**仕事**のいずれかによって行われます．この二つ以外でエネルギーが移動することはありません．したがって，もし，閉じた系のエネルギーの移動が熱でなければ，仕事ということになります．エネルギーの保存則の式 (2.11) と 1.3.10 項「熱量と仕事の符号」を用いると，次式が成立します．

$$\begin{aligned}
\Delta E_\text{system} &= E_\text{in} - E_\text{out} \\
&= (Q_\text{in} - L_\text{in}) - (L_\text{out} - Q_\text{out}) = (Q_\text{in} + Q_\text{out}) - (L_\text{out} + L_\text{in}) \\
&= Q_\text{net} - L_\text{net}
\end{aligned} \tag{2.15}$$

式 (2.15) の熱量 $Q_\text{net}$ と仕事 $L_\text{net}$ は，系に出入りした熱量と仕事を足し引きした後の量を示す**正味熱量**と**正味仕事**です．この系を静止した系とすると，式 (2.14) を式 (2.15) に代入し，正味熱量 $Q_\text{net}$ と正味仕事 $L_\text{net}$ をそれぞれ $Q$，$L$ で表すと，静止した閉じた系の熱力学第 1 法則を表す次式が得られます．

$$\Delta U = Q - L \tag{2.16}$$

式 (2.16) を日常生活の事象で表すと，図 2.17 のようになります．

式 (2.16) を単位質量あたりで表すと次式になります．

$$\Delta u = q - \ell \tag{2.17}$$

系の微小変化に対しては，式 (2.16), (2.17) は次式のようになります．

$$dU = \delta Q - \delta L \tag{2.18}$$
$$du = \delta q - \delta \ell \tag{2.19}$$

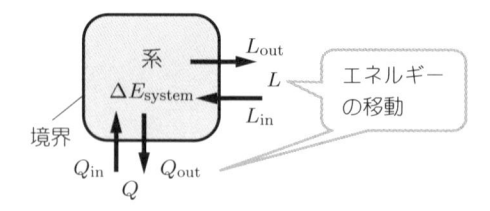

図 2.16 閉じた系の熱力学第 1 法則

## 2.4 閉じた系の熱力学第1法則

| 系の内部エネルギーの変化 | = | 流入した熱量 | − | 周囲にした仕事 |
|---|---|---|---|---|
| (体重の増減) | | (食べた食事の量) | | (運動量) |

図 2.17　式(2.16)と同様な日常生活の事象

ここで，状態量の微小変化は $dU$ で表し，状態量でない熱量と仕事の微小変化は，その経路に依存するため区別して $\delta Q$，$\delta L$ で区別して表します．

図 2.18 に示す蒸気原動所で使われる水を系として考えてみましょう．

系の状態が途中さまざまに変化し，再び元の状態に戻るとき，この全過程を**サイクル**(cycle)といいます．ポンプで仕事 $\ell_2$ を受けて昇圧された水は，ボイラに入り熱量 $q_1$ を受けて高温高圧の蒸気になります．この蒸気はタービンで断熱膨張して仕事 $\ell_1$ をして低温低圧の蒸気となり，復水器で熱量 $q_2$ を冷却水に排出して水となり，再びポンプに入ります．この過程で系である水は正味熱量 $q = q_1 - q_2$ を受け，周囲に対して正味の仕事 $\ell = \ell_1 - \ell_2$ をします．しかし，1サイクル終了時には元の状態に戻るので，内部エネルギーの変化はなく，式(2.20)が成立します．

$$\Delta u = 0, \quad \text{または} \quad \Delta U = 0 \tag{2.20}$$

式(2.20)と(2.16)，(2.17)より，1サイクルでは次の関係式が成立します．

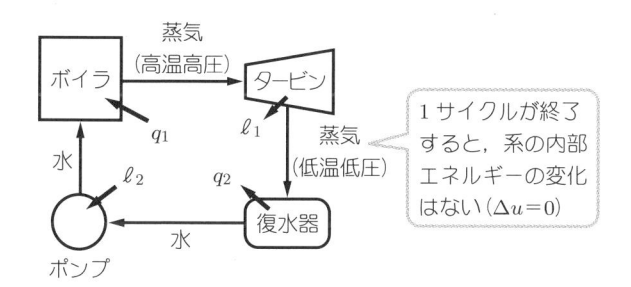

$$q = \ell, \quad \text{または} \quad Q = L \tag{2.21}$$

図 2.18　蒸気原動所

**例題 2.8** ある閉じた系が**表 2.1** に示す三つの過程からなるサイクルで作動している．表の A, B, C, D を求めよ．

表 2.1　　　　単位 [kJ]

| 過程 | $Q$ | $L$ | $\Delta U$ |
|---|---|---|---|
| $1 \to 2$ | 150 | ( A ) | 100 |
| $2 \to 3$ | ( B ) | 50 | ( C ) |
| $3 \to 1$ | 100 | ( D ) | $-250$ |

**解答**　静止した系なので過程 $1 \to 2$ に式(2.16)を適用すると，次式から A が求まります．

$$100\,[\text{kJ}] = 150\,[\text{kJ}] - A$$
$$A = (150 - 100)\,[\text{kJ}] = 50\,[\text{kJ}]$$

同様に，過程 $3 \to 1$ に式(2.16)を適用すると，D が求まります．

$$-250\,[\text{kJ}] = 100\,[\text{kJ}] - D$$
$$D = (100 + 250)\,[\text{kJ}] = 350\,[\text{kJ}]$$

この系はサイクルで作動しているので，式(2.20)が成立し，次式から B が求まります．

$$Q = L$$
$$(150 + B + 100)\,[\text{kJ}] = (50 + 50 + 350)\,[\text{kJ}]$$
$$B = 200\,[\text{kJ}]$$

1 サイクルでは式(2.20)から $\Delta U = 0$ なので，C が求まります．

$$\Delta U = (100 + C - 250)\,[\text{kJ}] = 0$$
$$C = 150\,[\text{kJ}]$$

---

**例題 2.9**　一定の外力 $F = 2500\,[\text{N}]$ で**図 2.19** のピストンをシリンダーの最左端から最右端の位置まで動かしたとする．このとき，$Q = 2\,[\text{kJ}]$ の熱をこの装置に供給する．この装置の内部エネルギーの変化を求めよ．

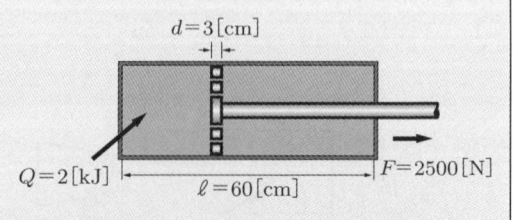

図 2.19　ピストンシリンダー装置

**解答**　ピストンが動く間にこの系にされる仕事 $L$ は，式(1.17)から次のように求まります．その符号は 1.3.10 項からマイナス($-$)になります．

$$L = -F \times \{(0.6 - 0.03)\,[\text{m}]\} = -2500\,[\text{N}] \times 0.57\,[\text{m}] = -1.425\,[\text{kJ}]$$

内部エネルギーの変化は，式(2.16)から求まります．

（表 1.5 から $[\text{N} \cdot \text{m}] = [\text{J}]$）

$$\Delta U = Q - L = 2\,[\text{kJ}] - (-1.425\,[\text{kJ}]) = 3.43\,[\text{kJ}]$$

この系に熱が加えられて，仕事が周囲からされるので，内部エネルギーは増加します．

## 2.5 準静的過程

　熱力学をわかりにくくしている原因の一つに，準静的過程という概念があります．

　熱力学は，熱力学的平衡状態にある系を対象とします．しかし，本当の熱力学的平衡状態の系はいかなる変化も起こらないため，系がある平衡状態から他の平衡状態に変化する過程を取り扱えないことになります．

　なぜ，そのような矛盾する過程を考える必要があるのでしょうか．この理由は，熱力学的平衡状態の変化を動的過程で考えると，熱力学の現象が複雑になりすぎて，スーパーコンピュータを用いても解けないためです．準静的過程を考えると現象が簡単になり，熱力学の現象を簡単に取り扱うことができます．しかも，準静的過程は仮想の過程ですが，実際の熱力学的現象を近似的にとらえることができるので，熱力学の工学への応用を可能にしました．なお，本書で以後扱う過程は，準静的過程です．

　図 2.20 のように，自転車の空気入れで，空気を圧縮すると空気が仕事を受けて温度が上昇しますが，きわめてゆっくり空気入れを操作すれば温度上昇もきわめて小さくなります．この極限状態を**準静的過程**(quasi-static process)といいます．こうすると，空気入れ内の空気の温度は上昇せずに，体積の変化した新しい熱力学的平衡状態を作り出すことができるのです．きわめてゆっくりというのはあいまいな表現ですが，感覚的には図 2.21 のように，表面張力のはたらきによりこぼれない程度にお茶を入れた湯呑み茶碗をこぼれないようにきわめてゆっくり移動させる変化と理解してください．

　熱力学的には変化がない静的過程といいたいのですが，それでは過程を取り扱うことができなくなるので，その次に位する「準」をつけたわけです．

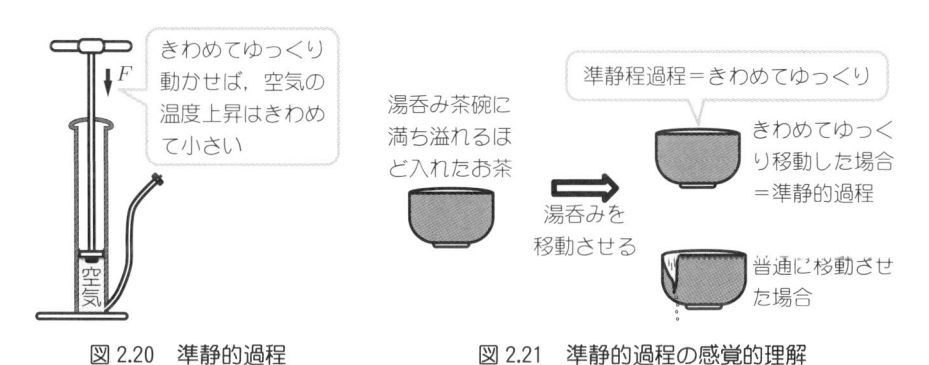

図 2.20　準静的過程

図 2.21　準静的過程の感覚的理解

## 2.6 移動境界仕事

熱力学第1法則によると,「熱と仕事は,本質的に同じエネルギーの一つの形態であり,仕事を熱に変えることもできるし,その逆も可能」です.それでは,どうすれば熱を仕事に変換できるのでしょうか.

自動車に熱を加えても自動車は動きません(仕事をしません).もちろん単にエンジンに熱を加えても同じく仕事をしません.熱を仕事に変えるためには,作動流体が必要です.**作動流体**(working fluid)は,仕事を生み出す装置の内部で熱の授受や体積膨張により仕事を発生する媒体となる流体のことです.ガソリンエンジンやガスタービンの場合の燃焼ガス,蒸気機関や蒸気タービンの場合の水と水蒸気,冷蔵庫や空調装置の場合の冷媒などが作動流体です.

詳しくは第5章で説明しますが,ガソリンエンジンは作動流体の圧縮,膨張によりピストンを動かして仕事をします.この過程では系の境界の一部(この場合はピストン部)が移動して仕事をするので,これを**移動境界仕事**(moving boundary work)といいます.

図2.22は,内部に気体の入っているピストンシリンダー装置です.最初の状態の気体の圧力を$p$,体積を$V$,ピストンの断面積を$A$とします.もし,ピストンが距離$\mathrm{d}x$動いたとすると,この過程でなされた仕事$L$は,式(1.17)から求めることができます.

$$\delta L = F\mathrm{d}x = pA\mathrm{d}x = p\,\mathrm{d}V \tag{2.22}$$

式(2.22)からわかるように,移動境界仕事は絶対圧力$p$と体積の変化分$\mathrm{d}V$との積になり,これは$p\,\mathrm{d}V$**仕事**ともいわれます.もちろん,$p\,\mathrm{d}V$の単位は次式に示すように[J]となります.

$$p\,[\mathrm{N/m^2}] \times \mathrm{d}V\,[\mathrm{m^3}] = p\,\mathrm{d}V\,[\mathrm{N\cdot m}] = p\,\mathrm{d}V\,[\mathrm{J}]$$

熱力学第1法則の式(2.18)と(2.22)から次式が得られます.

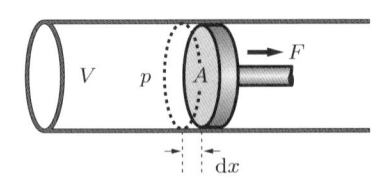

図2.22 ピストンシリンダー装置

$$dU = \delta Q - p\,dV \tag{2.23}$$

式(2.23)は，移動境界仕事の微小変化に対する熱力学第 1 法則を表しています．系が図 2.23 で状態点 1 から状態点 2 に変化するときの熱量を $Q_{12}$ とすると，内部エネルギーは状態量なので，式(2.23)の両辺を積分し，次式のようになります．

$$U_2 - U_1 = Q_{12} - \int_1^2 p\,dV \tag{2.24}$$

式(2.24)の右辺第 2 項は，図の圧力 - 体積線図（通常これを $p$ - $V$ 線図という）の $V_1$-1 - 2 - $V_2$ で囲まれる面積 $A$（グレーの部分）で，状態点 1 から状態点 2 への過程で閉じた系が周囲にした仕事です．

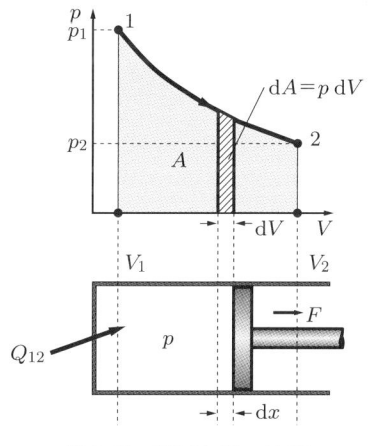

**図 2.23　閉じた系の仕事**

$$L_{12} = \int_1^2 p\,dV \tag{2.25}$$

この仕事は移動境界仕事または**絶対仕事**ともいいます．

式(2.23)は，単位質量あたりでは次式になります．

$$du = \delta q - p\,dv \tag{2.26}$$

図 2.24 に示すように，気体が膨張するとき，いろいろな**経路**（path）をとることができます．移動境界仕事は始めの状態点 1 と終りの状態点 2 が同じでも，経路が違うと $p$ - $V$ 線図の過程線の下の面積が異なり，仕事の量が違います．これから 1.3.11 項で説明したように，仕事は熱と同様に状態量でないことがわかります．

図 2.25 に示す移動境界仕事をしている系が，状態点 1 から状態点 2 の間をサイクルで作動する場合の，**正味仕事**（net work）$L_\text{net}$ を求めてみましょう．

1-A-2 は膨張過程なので，系が周囲にする仕事です．

$$\int_1^2 p_\text{A} \, dV$$

2-B-1 は圧縮過程なので，周囲から系へする仕事です．

$$\int_2^1 p_\text{B} \, dV = -\int_1^2 p_\text{B} \, dV$$

したがって，1 サイクルの間に系が周囲にする正味仕事は次式で表せます．

$$L_\text{net} = \oint p \, dV = \int_1^2 p_\text{A} \, dV - \int_1^2 p_\text{B} \, dV = \int_1^2 (p_\text{A} - p_\text{B}) \, dV \tag{2.27}$$

式 (2.27) は図 2.25 のグレーの部分を示していて，この面積が大きいほど正味仕事が大きいことになります．移動境界仕事では，膨張過程の仕事量が大きく，圧縮過程に必要な仕事量が少ないほど正味仕事が大きくなります．

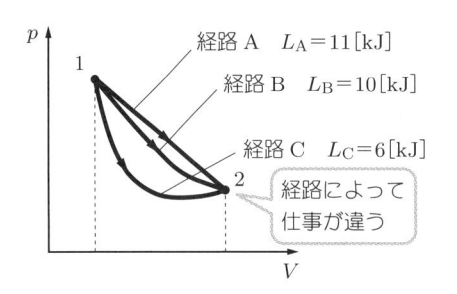

**図 2.24** 経路により変化する移動境界仕事

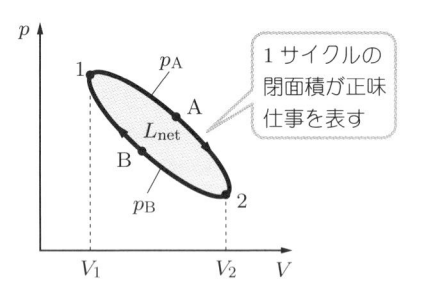

**図 2.25** 1 サイクルの正味仕事

---

**例題 2.10** 図 2.26 の装置において，$Q = 400 \, [\text{J}]$ の熱を加えたら，ピストンが 5 cm 上昇した．熱を加えてピストンが上昇すると同時にばねに荷重が加わる場合，気体の内部エネルギーの変化を求めよ．ただし，大気圧は $p_\text{atm} = 101.3 \, [\text{kPa}]$ とする．

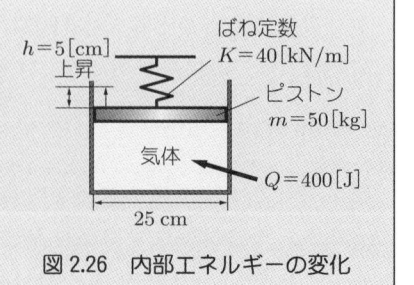

**図 2.26** 内部エネルギーの変化

**解答** ピストンを 5 cm 上昇させるのに必要な仕事 $L$ は，ピストン断面積を $A$ とすると，式(1.17), (2.7), (2.10)を使って次式より求めることができます．

$$L = (重力仕事) + (ばね仕事) + (大気圧に抗する仕事)$$

$$= mgh + \frac{1}{2}kh^2 + p_{\text{atm}}Ah$$

$$= 50\,[\text{kg}] \times 9.81\,[\text{m/s}^2] \times 0.05\,[\text{m}] + \frac{1}{2} \times 40\,[\text{kN/m}] \times (0.05\,[\text{m}])^2$$

$$+ 101.3 \times 10^3\,[\text{N/m}^2] \times \frac{\pi}{4} \times (0.25\,[\text{m}])^2 \times 0.05\,[\text{m}]$$

$$= 24.5\left[\frac{\text{kg} \cdot \text{m}}{\text{s}^2} \times \text{m}\right] + 50.0\,[\text{N} \cdot \text{m}] + 248.6\,[\text{N} \cdot \text{m}] = 323\,[\text{J}]$$

> 表 1.5 から $\left[\dfrac{\text{kg} \cdot \text{m}}{\text{s}^2} \cdot \text{m}\right] = [\text{J}]$　$[\text{N} \cdot \text{m}] = [\text{J}]$

内部エネルギーの変化 $\Delta U$ は，式(2.16)から求めることができます．

$$\Delta U = Q - L = (400 - 323)\,[\text{J}] = 77.0\,[\text{J}]$$

---

**例題 2.11** 図 2.27 のピストンシリンダー装置に $0.5\,\text{m}^3$，150 kPa の空気が $pV = $ (一定) の下に圧縮され，圧縮後の体積は $0.2\,\text{m}^2$ になった．この間，周囲がこの系にした仕事を求めよ．

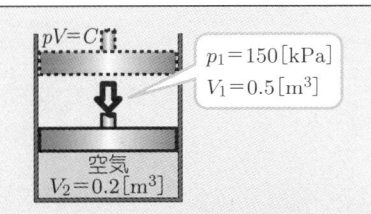

図 2.27　圧縮による仕事

($pV = C$，$p_1 = 150\,[\text{kPa}]$，$V_1 = 0.5\,[\text{m}^3]$，空気，$V_2 = 0.2\,[\text{m}^3]$)

**解答** $pV = C = p_1V_1 = p_2V_2$ なので，仕事 $L_{12}$ は式(2.25)から次のように求めることができます．

$$L_{12} = \int_1^2 p\,dV = \int_1^2 \frac{C}{V}\,dV = C\int_1^2 \frac{dV}{V}$$

$$= C\ln\frac{V_2}{V_1} = p_1V_1\ln\frac{V_2}{V_1} = 150\,[\text{kPa}] \times 0.5\,[\text{m}^3] \times \ln\frac{0.2\,[\text{m}^3]}{0.5\,[\text{m}^3]}$$

$$= -68.7 \times 10^3\left[\frac{\text{N}}{\text{m}^2} \cdot \text{m}^3\right] = -68.7\,[\text{kJ}]$$

> 表 1.5 から $[\text{Pa}] = [\text{N/m}^2]$
> 表 1.5 から $[\text{N} \cdot \text{m}] = [\text{J}]$

この過程は圧縮で周囲がこの系に仕事をしており，$L_{12}$ が負になります．

> 人名に由来する単位 Pa, W, J, などが計算式にあるときは，それを表 1.5 の定義に置き換えると，求める単位が得られる場合が多いです．

## 2.7 エンタルピー

開いた系の熱力学第 1 法則の説明の前に，ここで熱力学の重要な概念である**エンタルピー**(enthalpy) $H$ [kJ] と**比エンタルピー**(specific enthalpy) $h$ [kJ/kg] について説明します．

エンタルピー $H$ [kJ] と比エンタルピー $h$ [kJ/kg] は，内部エネルギーと，圧力と体積の積との和で，次式のように定義します．

$$H = U + pV \tag{2.28}$$

$$h = \frac{H}{m} = u + pv \tag{2.29}$$

エンタルピーは状態量である $U$, $p$, $V$ で定義されるので，エンタルピーも状態量です．

ここで，エンタルピーの意味を考えてみましょう．エンタルピー $H$ の単位は 2.6 節で $pV$ の単位は [J] なので [J] です．これはエネルギーおよび仕事，熱量の単位と同じです．

熱力学で扱う関係式には，$U + pV$ という項が頻繁に現れます．そこで，これを，エンタルピーとして一括して扱うと解析を進めるうえでも，計算を行うにも便利になるという利点があることがわかりました．これが，このエンタルピーの概念が導入された理由です．エンタルピーは，流体のもつエネルギーと考えることができます．2.9 節で述べるようにタービンなどの開いた系の機器の仕事は，このエンタルピーの変化によって決まります．

## 2.8 比熱と，内部エネルギー，エンタルピーの関係

2.1 および 2.7 節で内部エネルギーとエンタルピーを説明しましたので，1.3.4 項 **D** で説明した定積比熱および定圧比熱の関係について説明します．あわせて，熱力学の第 1 および第 2 基礎式についても説明します．

式 (2.26) を書き直すと，次式が得られます．

$$\delta q = \mathrm{d}u + p\,\mathrm{d}v \tag{2.30}$$

式(2.30)は，熱力学第1法則を数式で表した**熱力学の第1基礎式**です．
　**体積一定の変化の場合**は$\mathrm{d}v = 0$なので，式(2.30)は，

$$\delta q = \mathrm{d}u \qquad (v = (一定)) \tag{2.31}$$

となります．式(1.6)の定積比熱の定義から$c_v = (\partial q/\partial T)_v$なので，式(2.31)から定積比熱は次式のように表すことができます．

$$c_v = \left(\frac{\partial u}{\partial T}\right)_v \tag{2.32}$$

これから，定積比熱は定積条件での単位温度あたりの内部エネルギーの変化に等しい，ということがわかります．
　式(2.29)において，それぞれの微小量について次の関係が成り立ちます．

$$\mathrm{d}h = \mathrm{d}u + \mathrm{d}(pv) = \mathrm{d}u + p\,\mathrm{d}v + v\,\mathrm{d}p \tag{2.33}$$

　定圧変化は$\mathrm{d}p = 0$なので，式(2.30)から次式のように圧力一定条件での熱量はエンタルピーと等しくなります．

$$\delta q = \mathrm{d}u + p\,\mathrm{d}v = \mathrm{d}h \tag{2.34}$$

　式(1.7)の定圧比熱の定義から$c_p = (\partial q/\partial T)_p$なので，式(2.34)から定圧比熱は次式のようになります．

$$c_p = \left(\frac{\partial h}{\partial T}\right)_p \tag{2.35}$$

これから，定圧比熱は定圧条件での単位温度あたりの比エンタルピーの変化に等しい，ということがわかります．
　式(2.32), (2.35)からそれぞれ$v$と$p$を一定とすると，比内部エネルギーと比エンタルピーの変化を求める次式が得られます．

$$\mathrm{d}u = c_v \mathrm{d}T \qquad u_2 - u_1 = \int_1^2 c_v \mathrm{d}T = c_v (T_2 - T_1) \quad \text{比熱が一定の場合} \tag{2.36}$$

$$\mathrm{d}h = c_p \mathrm{d}T \qquad h_2 - h_1 = \int_1^2 c_p \mathrm{d}T = c_p (T_2 - T_1) \quad \text{比熱が一定の場合} \tag{2.37}$$

熱力学の第 1 基礎式 (2.30) と式 (2.33) から次式が得られます．

$$\delta q = \mathrm{d}h - v\,\mathrm{d}p \tag{2.38}$$

式 (2.38) は**熱力学の第 2 基礎式**です．

## 2.9 開いた系の熱力学第 1 法則

2.4 節では，閉じた系の熱力学第 1 法則について説明しました．本節では開いた系の熱力学第 1 法則について考えてみましょう．

### 2.9.1 検査体積

開いた系には，エネルギーと物質 (すなわち質量) が流入し，流出します．ガスタービンやポンプなど，実用化されている多くの機器がこの系に含まれます．閉じた系と違って，開いた系では系が周囲との間で物質が流入したり流出したりするため，系と周囲がつながっています．そこで開いた系の場合，一般に**図 2.28** のように，系の実際の境界と質量が流入・流出する箇所では，仮想の境界から形成される**検査体積** (control volume) $A$ を系と考えます．しかし，仮想の境界のみで形成される検査体積 $B$ を考えることも可能です．この検査体積をどのように選択するかは，その解析の目的を考えて決めます．その選択を適切にすると，その後の解析が容易になります．

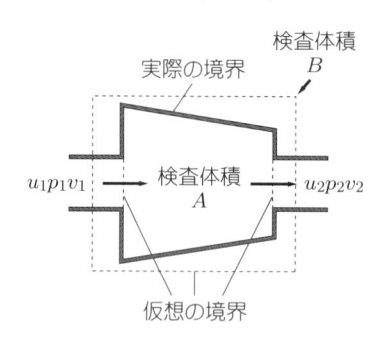

図 2.28 検査体積の概念

### 2.9.2 定常流動系

開いた系は，ピストンエンジンのように検査体積が時間によって変化する系と，図 2.29 に示す**ジェットエンジン**のように，検査体積が時間によって変化しない系とに分けられます．検査体積が変化しない定常状態の系を**定常流動系** (steady flow system) といいます．**定常**とは，時間が経過しても状態量が変化しないことをいいます．

## 2.9 開いた系の熱力学第1法則

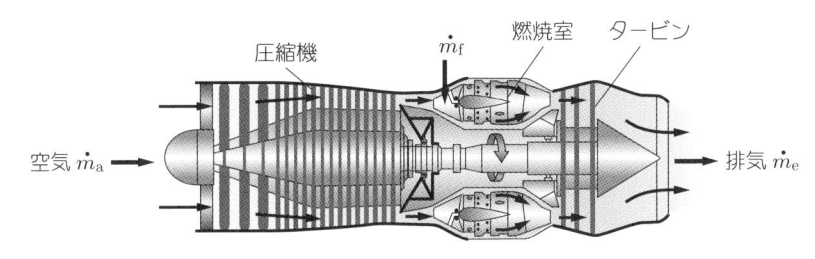

**図 2.29** 定常流動系の例（ジェットエンジン）

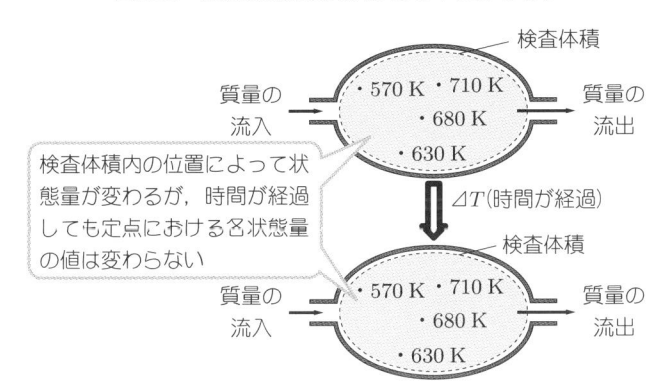

**図 2.30** 定常流動系の定義

この定常流動系においては，図 2.30 のように，温度や圧力などの状態量は，検査体積内の位置によって変わります．しかし，時間が経過しても，定点における状態量の値は同じです．したがって，定常流動系においては，この検査体積内の状態量の質量および全エネルギーも時間が経過しても変化はなく一定です．

ジェットエンジンや圧縮機など，多く実用されている機械は，その始動，遷移，停止時を除くと，定常流動系として作動しています．

定常流動系では，物理量の流入流出が継続するので時間軸を考慮する必要があり，**単位時間あたりの物理量**を用います．たとえば，質量，熱量，仕事の代わりに，それぞれ**質量流量** $\dot{m}$ ([kg/s])，**熱流量** $\dot{Q}$ ([J/s] または [W])，**動力** $\dot{L}$ ([J/s] または [W]) を用います．本書では，以後単位時間あたりの物理量は □̇ で表します．

図 2.29 のジェットエンジンを例に考えてみましょう．質量流量 $\dot{m}_a$ [kg/s] の空気や質量流量 $\dot{m}_f$ [kg/s] の燃料が系に流入し，質量流量 $\dot{m}_e$ [kg/s] の排気ガスが系の外に排出されます．定常流動系では，前述のように検査体積内の質量は変化しないので，系へ流入する質量流量と系から流出する質量流量は等しくなり，次式が成立します．

$$\dot{m}_a + \dot{m}_f = \dot{m}_e \tag{2.39}$$

一般に $\dot{m}_{\mathrm{in},i}$, $\dot{m}_{\mathrm{out},j}$ をそれぞれ系に流入,流出する質量流量とすると,次式が成立します.

$$\sum_i \dot{m}_{\mathrm{in},i} = \sum_j \dot{m}_{\mathrm{out},j} \tag{2.40}$$

### 2.9.3 流動仕事

まず,検査体積の境界に流入,流出する作動流体を考えます.作動流体が検査体積の系に流入するためには,この系の入口の圧力に抗して流体を押し込む仕事が必要です.図 2.31 で体積 $V$ の作動流体が系に流入する場合を考えます.実際,この体積 $V$ の作動流体は,その上流の作動流体によって押し込まれますが,ここでは,摩擦のない断面積 $A$ の仮想ピストンにより押し込まれると考えます.作動流体は,このピストンに $F$ で押され距離 $s$ だけ移動して体積 $V$ の作動流体を押し込みます.このとき,**周囲が系にした仕事**は式 (1.17) から求めることができます.

$$L_{\mathrm{f}} = Fs = pAs = pV \; [\mathrm{kJ}] \tag{2.41}$$

ここで,$L_{\mathrm{f}}$ は作動流体が開いた系に流入するために必要な仕事なので,**流動仕事** (flow work) といいます.流体の単位質量あたりの流動仕事は,次式となります.

$$\ell_{\mathrm{f}} = pv \; [\mathrm{kJ/kg}] \tag{2.42}$$

系に流入する作動流体は,流動仕事以外に式 (2.5) からわかるように,内部エネルギー $U$ および運動エネルギー $KE$,位置エネルギー $PE$ をもっています.したがって,この作動流体が系内に流入すると,系内に流入する全エネルギー $E_{\mathrm{f}}$ は次式のようになります.

$$E_{\mathrm{f}} = pV + U + \frac{1}{2}m\omega^2 + mgz \; [\mathrm{kJ}] \tag{2.43}$$

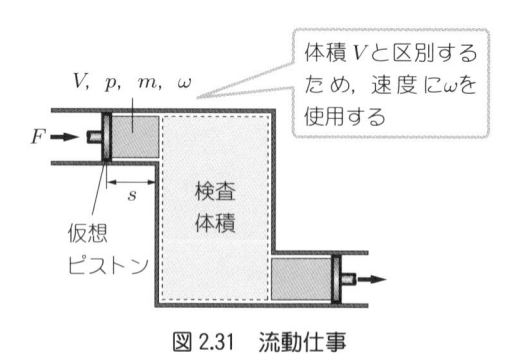

図 2.31 流動仕事

ここで，式(2.28)で定義したエンタルピーを用いると，式(2.43)は次式になります．

$$E_\mathrm{f} = H + \frac{1}{2}m\omega^2 + mgh \quad [\mathrm{kJ}] \tag{2.44}$$

逆に，作動流体が系から流出する場合も，同様な仕事を系が周囲に対してすることになります．

式(2.44)は，定常流動系における流体が流入，流出する全エネルギーを表しています．

### 2.9.4 開いた(定常流動)系の熱力学第1法則

定常流動系では系内のエネルギーは一定です．図2.32に熱力学第1法則を適用してみます．系に流入する全エネルギーを$E_\mathrm{in}$，また熱量を$Q_{12}$，系から流出するエネルギーを$E_\mathrm{out}$，周囲にする仕事を$L'_{12}$とすると，定常流動系では式(2.11)の$\Delta E_\mathrm{system} = 0$となり，$E_\mathrm{in} = E_\mathrm{out}$なので次式で表されます．

$$E_{f1} + Q_{12} = E_{f2} + L'_{12} \tag{2.45}$$

式(2.44)を式(2.45)に代入します[2]．

$$\left(H_2 + \frac{m\omega_2^2}{2} + mgz_2\right) - \left(H_1 + \frac{m\omega_1^2}{2} + mgz_1\right) = Q_{12} - L'_{12} [\mathrm{kJ}] \tag{2.46}$$

作動流体の単位質量あたりでは次式のようになります．

$$(h_2 - h_1) + \frac{\omega_2^2 - \omega_1^2}{2} + g(z_2 - z_1) = q_{12} - \ell'_{12} \quad [\mathrm{kJ/kg}] \tag{2.47}$$

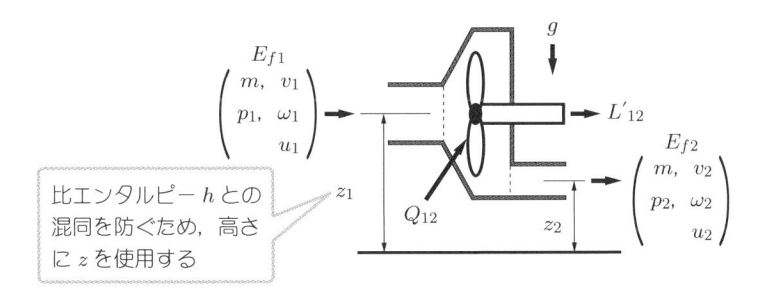

図 2.32 定常流動系の熱力学第1法則

---

[2] 閉じた系の仕事と区別する必要がある場合は，開いた系の仕事を$L'$または$\ell'$のように "'" をつけて表します．

いままでは系に作動流体が流入・流出するのに要する時間を考慮してきませんでしたが，式(2.46)を実際の機械に適用するためには，時間を考慮する必要があります．そこで単位時間あたりの質量流量 $\dot{m}$[kg/s]の作動流体が流入・流出すると考えると，式(2.46)は次式になります．

$$\dot{m}\left\{(h_2 - h_1) + \frac{\omega_2^2 - \omega_1^2}{2} + g(z_2 - z_1)\right\} = \dot{Q}_{12} - \dot{L}'_{12} \quad [\text{W}] \qquad (2.48)$$

作動流体が系を通過するときの運動エネルギーと位置エネルギーの変化は，小さいので無視してもよい場合が多いです(例題2.12の注記参照)．その場合，式(2.48)は次式のように簡単な式になります．

$$h_2 - h_1 = q_{12} - \ell'_{12} \quad [\text{kJ/kg}] \qquad (2.49)$$

これから，<u>開いた系の仕事と熱量は比エンタルピーの変化で表される</u>ことがわかります．

式(2.49)から微小変化に対する定常流動系の熱力学第1法則は，次式で表されます．

$$dh = \delta q - \delta \ell' \qquad (2.50)$$

## 2.10 定常流動系の各種機械・機器

定常流動系の機械・機器には，タービン，圧縮機，ポンプなどがあります．定常流動系の各種機械・機器に式(2.48)を適用してみましょう．

### 2.10.1 タービン

多くのタービン(図2.33)では，周囲の放熱が比較的少ないため断熱変化($\dot{Q}_{12} = 0$)と考えてよく，また，流入口と流出口の位置の高さが小さいため位置エネルギーの変

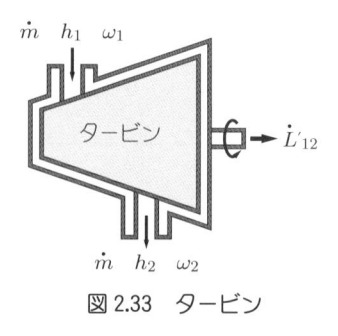

**図2.33 タービン**

化も無視できます．作動流体の質量流量を$\dot{m}$，流入時の比エンタルピー，流速をそれぞれ$h_1$，$\omega_1$，流出時の比エンタルピー，流速をそれぞれ$h_2$，$\omega_2$とすると，式(2.48)は次式のようになります．

$$\dot{m}\left\{(h_2-h_1)+\frac{\omega_2^2-\omega_1^2}{2}\right\}=-\dot{L}'_{12} \qquad (2.51)$$

さらに，作動流体の出入口の速度の差が小さく運動エネルギーの変化も無視できるとき，次式のように簡略化され，タービンが発生する動力$\dot{L}'_{12}$はエンタルピーの変化と質量流量の積に等しくなります．

$$\dot{m}(h_2-h_1)=-\dot{L}'_{12} \qquad (2.52)$$

**例題 2.12** 図 2.34 のように，質量流量$\dot{m}=2.0\,[\text{kg/s}]$，比エンタルピー$h_1=3200\,[\text{kJ/kg}]$，流速$\omega_1=15\,[\text{m/s}]$の蒸気がタービンに入り，タービンで膨張して，比エンタルピー$h_2=2200\,[\text{kJ/kg}]$，流速$\omega_2=40\,[\text{m/s}]$で排出された．熱損失および位置エネルギーの変化が無視できるとして，得られる動力を求めよ．

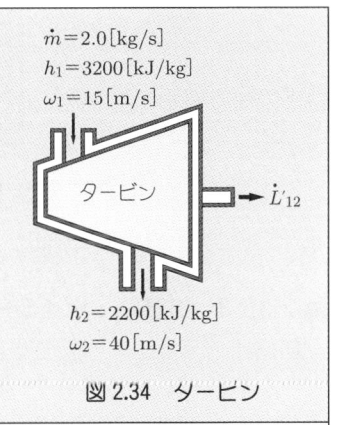

図 2.34 タービン

**解答** 求める動力$\dot{L}'_{12}$は式(2.51)から次式のように求めることができます．

$$\dot{L}'_{12}=-\dot{m}\left\{(h_2-h_1)+\frac{\omega_2^2-\omega_1^2}{2}\right\}$$

$$=-2.0\,[\text{kg/s}]\left\{(2200-3200)\,[\text{kJ/kg}]+\frac{40^2-15^2}{2}\,[(\text{m/s})^2]\right\}$$

$$=2000\left[\frac{\text{kJ}}{\text{s}}\right]-1375\left[\frac{\text{kg}\cdot\text{m}^2}{\text{s}^2\cdot\text{s}}\right]$$

表 1.5 から $\left[\dfrac{\text{kg}\cdot\text{m}^2}{\text{s}^2}\right]=[\text{J}]$

$$= 2000[\text{kW}] - 1375[\text{J/s}]$$
$$= (2000 - 1.4)[\text{kW}] \quad \text{表 1.5 から [J/s] = [W]}$$
$$= 2.00[\text{MW}]$$

この例題から，運動エネルギーが動力に寄与する割合が小さく，無視してもよいことがわかります．

### 2.10.2 圧縮機・ポンプ

圧縮機・ポンプ(図 2.35)はともに，外から仕事を供給して流体の圧力を高くする装置です．この場合も式(2.48)が適用できます．ただし，1.3.10項の熱量と仕事の符号に注意してください．

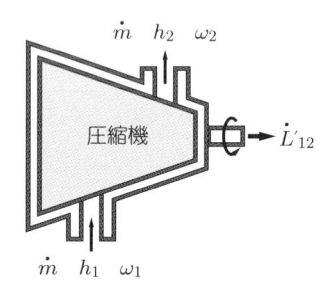

図 2.35 圧縮機など

### 2.10.3 加熱器・ボイラー・蒸発器

加熱器・ボイラー・蒸発器(図 2.36)は，いずれも流体を加熱し，流体のエンタルピーを上昇させる装置です．仕事の授受はないので，位置エネルギーと運動エネルギーの変化は無視できます．そのため，式(2.48)は次式のように簡略化されます．

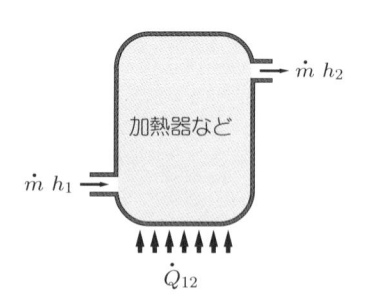

図 2.36 加熱器など

$$\dot{m}(h_2 - h_1) = \dot{Q}_{12} \tag{2.53}$$

### 2.10.4 冷却器・放熱器・凝縮器

冷却器・放熱器・凝縮器(図 2.37)は，高温の流体から熱を奪う装置です．この装置も仕事の授受はないので，位置エネルギーと運動エネルギーの変化は無視できます．したがって，式(2.53)が適用できます．

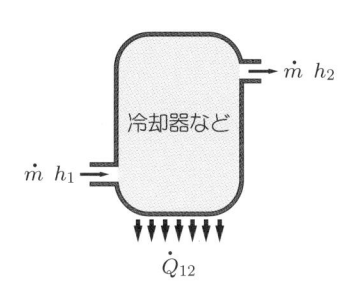

図 2.37 冷却器など

### 2.10.5 熱交換器

熱交換器は，高温の流体を冷却したり，逆に低温の流体を加熱したりする機器です．この機器も仕事の授受はないので，位置エネルギーと運動エネルギーの変化は無視できます．図 2.38 で高温流体の質量流量を $\dot{m}_h$，熱交換器の流入時および流出時の比エンタルピーをそれぞれ $h_{h1}$，$h_{h2}$ とし，また，低温流体の質量流量を $\dot{m}_c$，熱交換器の流入時および流出時の比エンタルピーを $h_{c1}$，$h_{c2}$ とすると，高温流体の失った比エンタルピーが低温流体の比エンタルピーの上昇に使われるので，次式が成立します．

$$\dot{Q}_{12} = \dot{m}_h(h_{h1} - h_{h2}) = \dot{m}_c(h_{c2} - h_{c1}) \tag{2.54}$$

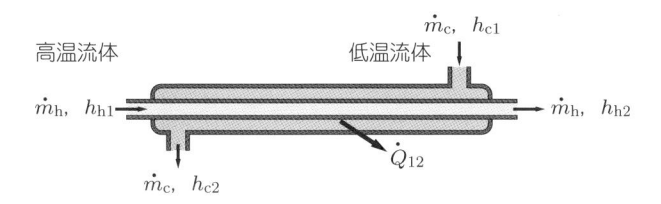

図 2.38 熱交換器

**例題 2.13** 図 2.39 のように，冷凍サイクルの作動流体である冷媒 HFC-134a が水によって冷却されている．冷媒が 1.2 MPa，353 K で 5 kg/min の流量で熱交換器に入り，313 K の温度で出ていく．また，冷却水が 200 kPa，288 K で熱交換器に入り，303 K で出ていく．冷媒と冷却水の入口および出口の比エンタルピーは，次のとおりとする．

$$h_{h1} = 311.39\,[\text{kJ/kg}], \quad h_{h2} = 108.26\,[\text{kJ/kg}]$$
$$h_{c1} = 62.98\,[\text{kJ/kg}], \quad h_{c2} = 125.75\,[\text{kJ/kg}]$$

この流体の圧力損失は無視出できるとして，次の値を求めよ．

(1) 冷却水の質量流量
(2) 冷媒から冷却水への供給熱量

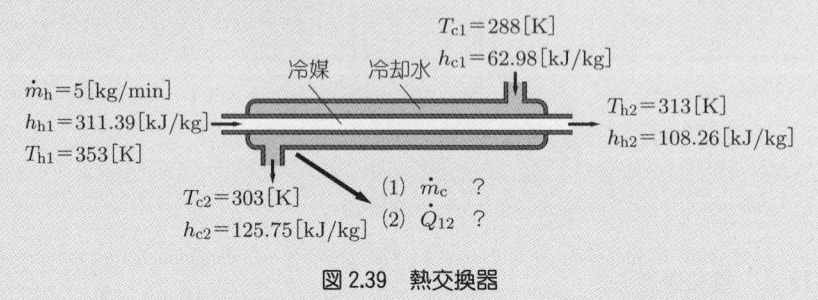

図 2.39 熱交換器

**解答**

(1) 式(2.54)より，次式のように求められます．

$$\dot{m}_c = \frac{\dot{m}_h(h_{h1} - h_{h2})}{(h_{c2} - h_{c1})} = \frac{5\,[\text{kg/min}] \times (311.39 - 108.26)\,[\text{kJ/kg}]}{(125.75 - 62.98)\,[\text{kJ/kg}]}$$
$$= 16.2\,[\text{kg/min}]$$

(2) 同じく，式(2.54)より，次式のように求められます．

$$\dot{Q}_{12} = \dot{m}_c(h_{c2} - h_{c1}) = 16.2\,[\text{kg/min}] \times (125.75 - 62.98)\,[\text{kJ/kg}]$$
$$= 1017\left[\frac{\text{kJ}}{\text{min}}\right] = 1017\left[\frac{\text{kJ}}{\text{min}\left(\frac{\text{s}\cdot 60}{\text{min}\cdot 1}\right)}\right] = 17.0\,[\text{kJ/s}] = 17.0\,[\text{kW}]$$

(p.23 コラム参照)

## 2.11 閉じた系の仕事と開いた系の仕事

2.4, 2.9 節で閉じた系と開いた系の仕事を学びました．ここで，開いた系の仕事を求めて両者の違いについて説明します．

図 2.32 に示した開いた系で，熱の出入りがない断熱変化 $(Q_{12}=0)$ で運動エネルギーと位置エネルギーが無視できるとすると，式 (2.46) および (2.28)，(2.24) から次式を導くことができます．これが，閉じた系の仕事を表す式 (2.25) に対応する**開いた系の仕事**である**工業仕事**を表す式です．開いた系の仕事を工業仕事といい，閉じた系の仕事を絶対仕事といいます．

$$L'_{12} = H_1 - H_2 = U_1 - U_2 - (p_2 V_2 - p_1 V_1)$$

$$= \int_1^2 p\,dV - \int_1^2 d(pV) = \int_1^2 p\,dV - \int_1^2 (p\,dV + V\,dp) = -\int_1^2 V\,dp$$

$$= \int_2^1 V\,dp \tag{2.55}$$

ここで，工業仕事を表す式 (2.55) を導くことができました．2.6 節で説明した絶対仕事は，図 2.23 に具体的にどのようなものであるかを示し，$p$ - $V$ 線図からそれを表す式を導きました．そこで，工業仕事についても同様な説明をします．

図 2.40 に開いた系の仕事をする比較的簡単な蒸気機関とその $p$ - $V$ 線図を示します．蒸気機関のピストンが位置Ⅰにあるとき，吸入弁が開き $H_1$ のエンタルピーをもつ蒸気が一定の圧力 $p_1$ で流入し，ピストンを位置Ⅱまで移動します．この間 $p$ - $V$ 線図上で，$p_1$ - 1 - $V_1$ - 0 の面積で表される仕事Ⓐを周囲にします．ピストンが位置Ⅱにくると，吸入弁も閉じ，位置Ⅲにくるまで蒸気が $p_1$ から $p_2$ まで膨張しピストンを押して 1 - 2 - $V_2$ - $V_1$ の仕事 $L_{12}$ を周囲にします．この仕事は 2.6 節で説明した絶対仕事です．

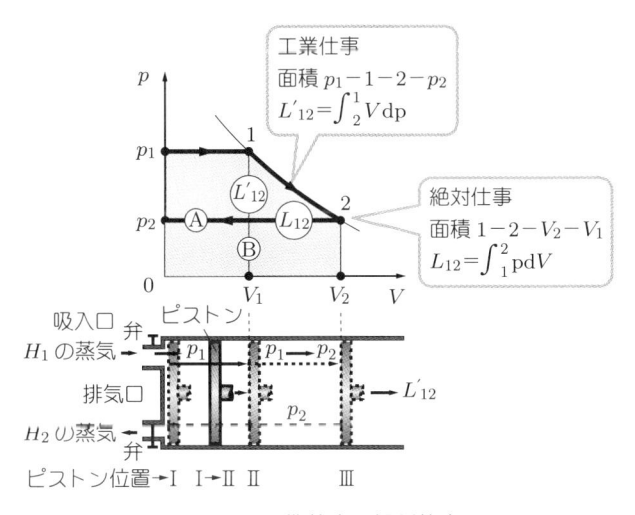

図 2.40　工業仕事と絶対仕事

次に排気弁が開き，一定の圧力 $p_2$ の状態で $p_2$-2-$V_2$-0 の仕事⑧を周囲から受け，ピストンは位置Ⅲから位置Ⅰに戻り，$H_2$ の蒸気が排出され，1 サイクルが終了します．これらから，式(2.56)に示すように，$p$-$V$ 線図上で面積 $p_1$-1-2-$p_2$ で表される工業仕事 $L'_{12}$ を周囲にし，それが式(2.55)で表される工業仕事であることがわかります．

$$L'_{12} = L_{12} + Ⓐ - Ⓑ = L_{12} + p_1 V_1 - p_2 V_2 \tag{2.56}$$

ここで，絶対仕事と工業仕事の違いをまとめておきましょう．

熱の出入りがない断熱変化（$Q_{12} = 0$）で運動エネルギーと位置エネルギーが無視できるとすると，式(2.55)からわかるように，工業仕事は系のエンタルピーの変化であり，次式となります．

$$L'_{12} = H_1 - H_2 \tag{2.57}$$

一方，式(2.24)で示したとおり，$Q_{12} = 0$ のとき絶対仕事は系の内部エネルギーの変化であり，次式となります．

$$L_{12} = U_1 - U_2 \tag{2.58}$$

## 演習問題

**2.1** 質量 800 kg の車がある．この車が停止した状態から 100 km/h まで加速するのに必要なエネルギーを求めよ．

**2.2** 質量 2000 kg のトラックが速度 25 m/s で，停止している 1000 kg の車の後部に衝突した．衝突後衝突した車は 12 m/s，衝突された車は 22 m/s の速度になった．この二つの車を一つの系と考えて，内部エネルギーの変化を求めよ．

**2.3** 10 kg の軟鋼製の球が 80 m/s の速度で壁に当たり停止した．運動エネルギーのすべてが内部エネルギーになるとして，この鋼球の上昇温度を求めよ．

**2.4** 完全に断熱されている部屋の中に冷蔵庫が置かれている．この部屋には外部から電線がつながっており，一つの 2 HP（英馬力）のモータでコンプレッサーが駆動している．1 時間運転したところ，冷蔵部から 9.00 MJ の熱量を奪い，15.0 MJ の熱量を部屋に発散した．この部屋の内部エネルギーの変化を求めよ．

**2.5** 四つの過程で 1 サイクルを構成する系がある．表 2.2 の空欄を埋めよ．

表 2.2　　　　　　　　　　単位 [KJ]

| 過程 | $Q$ | $L$ | $\Delta U$ |
|---|---|---|---|
| 1 → 2 | -100 | ( ① ) | 0 |
| 2 → 3 | 700 | ( ② ) | ( ③ ) |
| 3 → 4 | ( ④ ) | 500 | 300 |
| 4 → 1 | 0 | ( ⑤ ) | -1500 |

**2.6** 図 2.41 の装置に $Q = 400\,[\mathrm{J}]$ の熱を加えたところ，ピストンが $h = 0.15\,[\mathrm{m}]$ 上昇した．内部エネルギーの変化を求めよ．

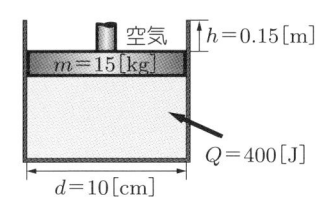

図 2.41　加熱による内部エネルギーの変化

**2.7** 部屋の空気を循環させるために，動力が 4HP（英馬力）のファンが作動している．この部屋は完全に断熱されていると考えて，1 時間後の内部エネルギーの変化を求めよ．

**2.8** 質量流量 $\dot{m} = 3\,[\mathrm{kg/s}]$ の蒸気タービンがあり，入口および出口速度はそれぞれ $\omega_1 = 30\,[\mathrm{m/s}]$，$\omega_2 = 120\,[\mathrm{m/s}]$ である．比エンタルピーは入口で $h_1 = 3000\,[\mathrm{kJ/kg}]$，出口で $h_2 = 2100\,[\mathrm{kJ/kg}]$ である．熱損失と位置エネルギーの変化を無視した場合のタービンの出力を求めよ．

**2.9** 圧力 $p_1 = 100\,[\mathrm{kPa}]$，比エンタルピー $h_1 = 300\,[\mathrm{kJ/kg}]$ の空気が $\omega_1 = 60\,[\mathrm{m/s}]$ の速度で圧縮機に入り，圧力 $p_2 = 359\,[\mathrm{kPa}]$，比エンタルピー $h_2 = 450\,[\mathrm{kJ/kg}]$，$\omega_2 = 110\,[\mathrm{m/s}]$ の速度で出ていく．この圧縮機で，毎時 350 kg/h の質量の空気を圧縮するのに必要な動力を求めよ．ただし，熱損失と位置エネルギーの変化は無視する．

**2.10** 定圧比熱が $2.16\,\mathrm{kJ/(kg \cdot K)}$ の液体が水によって冷却されている．液体が 1.0 MPa，95°C で 56 kg/min の流量で熱交換器に入り，30°C の温度で出ていく．また，冷却水が 200 kPa，15°C で熱交換器に入り，50°C で出ていく．冷却水の入口と出口の比エンタルピーはそれぞれ $h_{c1} = 62.98\,[\mathrm{kJ/kg}]$，$h_{c2} = 209.34\,[\mathrm{kJ/kg}]$ とする．この流体の圧力損失は無視できるとして，次の値を求めよ．
(1) 冷却水の質量流量
(2) 冷媒から冷却水への供給熱量

# 第3章 理想気体

**学習の目標**
- 理想気体が状態変化するとき，圧力，体積，温度がどのように変化し，熱量と仕事がどうなるかを説明できる．

## 3.1 作動流体の種類

第2章で説明したように，熱を仕事に変えるためには作動流体が必要です．熱力学で扱う作動流体である気体は，大きく次の二つに分けることができます．

(1) **実在気体**（real gas）
(2) **理想気体**（ideal gas）

実在気体は文字どおり実在する蒸気のような気体です．これについては第6章以降で説明します．本章では理想気体について説明します．

## 3.2 理想気体

理想気体は，気体を熱力学の観点から考察するときに容易で，しかも実際の気体を用いた場合と比較して，その結果の誤差が許容できる仮想の気体です．理想気体は次の性質をもっています．

(1) ボイル・シャルルの法則を満たす．すなわち次式が成立する．

$$pv = RT, \quad \text{または} \quad pV = mRT \tag{3.1}$$

ここで，$p$ は**絶対圧力**[Pa]，$v$ は比体積[m³/kg]，$R$ は**気体定数**[J/(kg·K)]，$T$ は絶対温度[K]，$V$ は体積[m³]，$m$ は質量[kg]である．

式(3.1)の気体定数は，表3.1に示すように，気体の種類によって異なる値をとります．式(3.1)は**理想気体の状態式**といいます．

式(3.1)の状態式を使えば，系がある状態点1から決められた過程を経て次の状態点2に変化したときの圧力，体積，温度を求められますし，気体の種

表 3.1　気体の分子量と気体定数，比熱（101.3 kPa, 298 K）

| 気体 | 分子量 $M$ | 気体定数 $R$ [J/(kg·K)] | 比体積 $v$ [m³/kg] | 定圧比熱 $c_p$ [kJ/(kg·K)] | 定積比熱 $c_v$ [kJ/(kg·K)] | 比熱比 $\kappa$ |
|---|---|---|---|---|---|---|
| ヘリウム He | 4.0030 | 2076.9 | 6.110 | 5.197 | 3.120 | 1.666 |
| 水素 $H_2$ | 2.0160 | 4124.0 | 12.13 | 14.32 | 10.19 | 1.405 |
| 窒素 $N_2$ | 28.013 | 296.79 | 0.873 | 1.040 | 0.744 | 1.399 |
| 酸素 $O_2$ | 31.999 | 259.82 | 0.764 | 0.915 | 0.655 | 1.397 |
| 空気 | 28.970 | 286.99 | 0.844 | 1.006 | 0.719 | 1.399 |

類がわかっていて，その圧力，体積，温度のうちの二つがわかれば残り一つは求められます．

(2) 定圧比熱 $c_p$ と定積比熱 $c_v$ は，圧力と温度に無関係に一定である（この性質がある気体を「狭義の理想気体」といわれる場合がある）．

理想気体は理論上の気体ですが，高温で低圧の場合の気体（空気や燃焼ガス）は，近似的に理想気体として扱うことができます．

---

**例題 3.1**　規定の圧力（$p_{\text{gage}} = 200\,[\text{kPa}]$）をいれると，タイヤの体積は $V = 0.5\,[\text{m}^3]$ になった．気温が $T = 280\,[\text{K}]$ として，タイヤ内の空気の質量を求めよ．

**解答**　この状態の絶対圧 $p_{\text{abs}}$ は，式 (1.16) から次式のように求まります．

$$p_{\text{abs}} = 200\,[\text{kPa}] + 101.3\,[\text{kPa}] = 301.3\,[\text{kPa}]$$

よって，質量 $m$ は式 (3.1) と表 3.1 から求めることができます．

$$m = \frac{pV}{RT}$$

$$= \frac{301.3\,[\text{kPa}] \times 0.5\,[\text{m}^3]}{286.99\,[\text{J/(kg·K)}] \times 280\,[\text{K}]} = \frac{301.3 \times 10^3 \times 0.5\,[\text{N}\cdot\text{m}^3/\text{m}^2]}{286.99 \times 280\,[\text{J/kg}]}$$

$$= 1.87\,[\text{kg}]$$

人名→定義
（例題 2.11 参照）

---

## 3.3　理想気体の内部エネルギー，エンタルピー，比熱

<u>ジュールの法則</u>は，温度一定で体積が変化しても理想気体の内部エネルギーは変化しないというものです．ジュールは図 3.1 の装置を用いて実験を行い，これを示しました．まず，容器 A に空気を入れ，容器 B を真空にしておきます．次に，バルブを

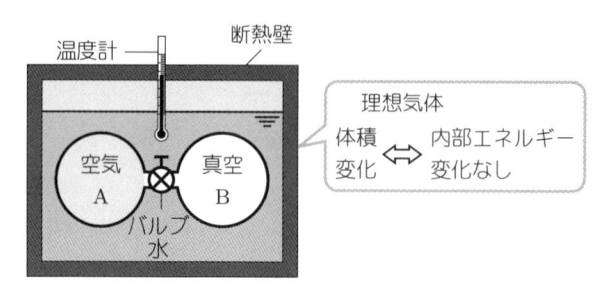

**図 3.1　ジュールの実験装置**

開いて，A にあった空気を B に流入させます．十分に時間が経過して平衡状態になったときに系の温度を測り，実験前と比較します．ジュールはこの実験で，バルブを開く前と後の平衡状態における温度は変化しないことを示しました．この実験のような，仕事も熱の授受も行われない状態での気体の膨張する過程を，**自由膨張**といいます．式(2.19)から $du = \delta q - \delta \ell = 0$ となり，過程の前後で系の内部エネルギーが一定に保たれることがわかります．一方，比内部エネルギーは，温度と比体積の関数を $u = u(T, v)$ として表すことができ，全微分の公式から次式が成立します．

$$du = \left(\frac{\partial u}{\partial T}\right)_v dT + \left(\frac{\partial u}{\partial v}\right)_T dv = 0 \tag{3.2}$$

ここで，温度変化がなかったので，$dT = 0$ となります．気体は膨張したので，$dv \neq 0$ です．したがって，式(3.2)から $(\partial u/\partial v)_T = 0$ となります．よって，$u = u(T, v)$ としましたが，$u$ は $v$ の関数ではなく，温度のみの関数であることになり，次式のように表せます．

$$u = u(T) \tag{3.3}$$

また，比エンタルピーも式(2.29)，(3.3)，(3.1)から，次式のように温度のみの関数になります．

$$h = u + pv = u(T) + pv = u(T) + RT = h(T) \tag{3.4}$$

したがって，理想気体において比内部エネルギーと比エンタルピーは，温度のみの関数になります．

ここで，1.3.4 項Dで導入した定積比熱と定圧比熱の関係を導いてみます．式(2.29)を微分した式に式(3.1)を代入すると，次式が得られます．

$$\mathrm{d}h = \mathrm{d}u + \mathrm{d}(pv) = \mathrm{d}u + R\,\mathrm{d}T \tag{3.5}$$

式(3.5)に式(2.36), (2.37)を代入します.

$$c_p\,\mathrm{d}T = c_v\,\mathrm{d}T + R\,\mathrm{d}T \tag{3.6}$$

式(3.6)の両辺を $\mathrm{d}T$ で割ります.

$$c_p - c_v = R \tag{3.7}$$

式(3.7)と(1.8)から $c_p$ と $c_v$ を $\kappa$ と $R$ で表すと,次式のようになります.

$$c_p = \frac{\kappa}{\kappa - 1} R \tag{3.8}$$

$$c_v = \frac{R}{\kappa - 1} \tag{3.9}$$

## 3.4 理想気体の状態変化

本節では,図 3.2 に示すシリンダーとピストンからなる装置に蓄えられている理想気体の状態変化を考えます. 状態点 1 から状態点 2 に等温および等圧, 等積, 断熱, ポリトロープの過程で変化する場合の $p$, $v$, $T$ の関係および系の仕事 $\ell$, 加熱量 $\delta$ を求めます. 各過程の仕事と加熱量を求めるために, 積分を行いますが, 2.6 節で説明したように, これは状態点 1 から状態点 2 の各過程の経路が一義的に決まっているからできるのです.

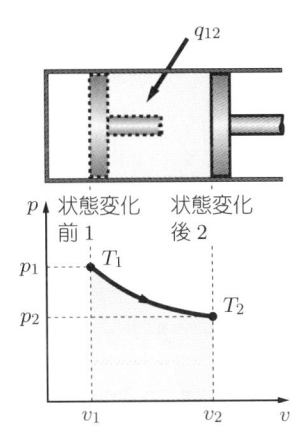

図 3.2 理想気体の状態変化

### 3.4.1 等温過程

図 3.3 のように，理想気体を温度一定で加熱しながら膨張させる**等温過程**(isothermal process)を考えます．この例として，温度を一定に保ちながら圧縮する空気圧縮機があります．

**A** $p, v, T$ の関係　式(3.1)から次式が成り立ちます．

$$pv = RT = p_1 v_1 = p_2 v_2 = (一定) \tag{3.10}$$

**B** 系の仕事　系の仕事は，式(2.25)から次式のように求まります．

$$\ell_{12} = \int_1^2 p\,dv = p_1 v_1 \int_1^2 \frac{dv}{v} = p_1 v_1 \ln\frac{v_2}{v_1} = p_1 v_1 \ln\frac{p_1}{p_2} = RT \ln\frac{p_1}{p_2} \tag{3.11}$$

**C** 加熱量　式(2.30),(2.36),(2.37),(2.38)から次式が求まります．

$$\delta q = c_v dT + p\,dv = c_p dT - v\,dp \tag{3.12}$$

理想気体の内部エネルギーは，等温変化では変化しないので，式(2.30)から $du = 0$ であり，加熱量は次式のように求まります．

$$\delta q = du + p\,dv = p\,dv$$

上式を積分すると，加熱量が求まります．

$$q_{12} = \int_1^2 p\,dv = \ell_{12} = RT \ln\frac{p_1}{p_2} = RT \ln\frac{v_2}{v_1} \tag{3.13}$$

加熱量は仕事量と等しいことがわかります．すなわち，加熱量はすべて外部への仕事になります．

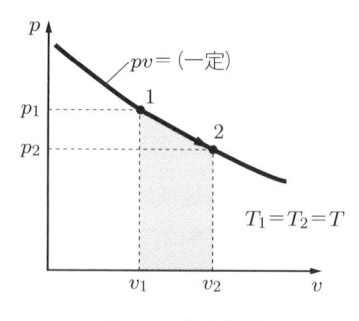

**図 3.3　等温過程**

**例題 3.2** 図 3.2 の装置において，体積 $v_1 = 0.02\,[\mathrm{m^3}]$，圧力 $p_1 = 1.5\,[\mathrm{MPa}]$ の理想気体を温度 30°C の下で 200 kPa まで膨張させたとき，次の値を求めよ．
(1) 外部にした仕事
(2) 加熱量

**解答** (1) 仕事 $L = m\ell$ は式 (3.11) より求まります．
$$L_{12} = m\ell_{12} = mp_1v_1 \ln \frac{p_1}{p_2}$$

$mv_1 = V_1 = 0.02\,[\mathrm{m^3}]$ なので，これを上式に代入します．

$$\begin{aligned}
L_{12} = mp_1v_1 \ln \frac{p_1}{p_2} &= 0.02\,[\mathrm{m^3}] \times 1.5\,[\mathrm{MPa}] \times \ln\frac{1.5\,[\mathrm{MPa}]}{200\,[\mathrm{kPa}]} \\
&= 0.03 \times 10^6 \left[\mathrm{m^3} \times \frac{\mathrm{N}}{\mathrm{m^2}}\right] \times \ln\frac{1.5 \times 10^6\,[\mathrm{Pa}]}{200 \times 10^3\,[\mathrm{Pa}]} \\
&= 0.03 \times 10^6 \times 2.015\,[\mathrm{N \cdot m}] = 60.5\,[\mathrm{kJ}]
\end{aligned}$$

（人名→定義（例題 2.11 参照））

(2) 式 (3.13) から加熱量は仕事と等しいので，加熱量は次式のように求まります．
$$Q_{12} = L_{12} = 60.5\,[\mathrm{kJ}]$$

### 3.4.2 等圧過程

図 3.4 のように，理想気体を圧力一定で加熱する**等圧過程**(isobaric process) について考えます．やかんに水を入れて火にかけると，水が蒸発し，やかんの中の圧力が高まり，蓋が持ち上がります．高まった圧力は蓋が持ち上がってできた隙間から逃げるので，これは，圧力一定の状態といえます．これが等圧過程です．

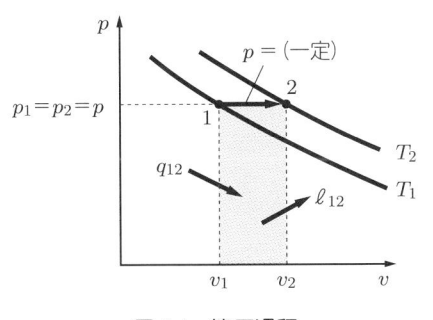

**図 3.4 等圧過程**

**A** $p$, $v$, $T$ の関係　式 (3.1) より次式が得られます．

$$p_1v_1 = RT_1, \quad p_2v_2 = RT_2$$

ここで，$p_1 = p_2 = p$ なので，上式から次式が成り立ちます．

$$\frac{T}{v} = \frac{T_1}{v_1} = \frac{T_2}{v_2} \tag{3.14}$$

**B 系の仕事**　系の仕事は式 (2.25) から次式のように求まります．

$$\ell_{12} = \int_1^2 p\,dv = p\int_1^2 dv = p\,[v]_1^2 = p\,(v_2 - v_1) = R\,(T_2 - T_1)\,[\text{J/kg}] \tag{3.15}$$

式 (3.15) は**図 3.4** の $p\text{-}v$ 線図で長方形 $1\text{-}2\text{-}v_2\text{-}v_1$ の面積を表します．

**C 加熱量**　この過程は定圧変化なので，式 (2.37)，(2.38) から $\delta q$ は次式となります．

$$\delta q = c_p dT - v\,dp = c_p dT \qquad (\because dp = 0)$$

上式を積分すると，次式のように加熱量が求まります．

$$q_{12} = \int_1^2 dq = \int_1^2 c_p dT = c_p\,(T_2 - T_1) \quad [\text{J/kg}] \tag{3.16}$$

また，式 (2.38) の熱力学の第 2 基礎式は次式となります．

$$\delta q = dh - v\,dp = dh \qquad (\because dp = 0)$$

さらに上式を積分すると，次式のようになります．

$$\begin{aligned}
q_{12} &= \int_1^2 dh = h_2 - h_1 \quad [\text{J/kg}] \\
&= c_p\,(T_2 - T_1) \qquad \triangleleft\ \text{式 (2.37)} \\
&= (R + c_v)\,(T_2 - T_1) \qquad \triangleleft\ \text{式 (3.7)} \\
&= \ell_{12} + (u_2 - u_1) \qquad \triangleleft\ \text{式 (2.36), (3.15)}
\end{aligned} \tag{3.17}$$

この系に加えられた熱量は，すべてエンタルピーの増加，すなわち内部エネルギーの増加と周囲にした仕事に使われます．

---

**例題 3.3**　空気を理想気体とみなし，**図 3.2** の装置で圧力を大気圧に保ったまま，$m = 2\,[\text{kg}]$ の空気を $10°\text{C}$ から $80°\text{C}$ まで加熱した場合の次の値を求めよ．
(1) 加熱後の空気の体積
(2) 加熱量

**解答** (1) 表 3.1 より空気の気体定数は $R = 286.99\,[\mathrm{J/(kg \cdot K)}]$ なので，式(3.1)から $v_1$ が求まります．

$$v_1 = \frac{RT_1}{p} = \frac{286.99\,[\mathrm{J/(kg \cdot K)}] \times (273+10)\,[\mathrm{K}]}{1.013 \times 10^5\,[\mathrm{Pa}]}$$

$$= 0.802\left[\frac{\mathrm{J/kg}}{\mathrm{N/m^2}}\right] = 0.802\left[\frac{\mathrm{(N \cdot m)/kg}}{\mathrm{N/m^2}}\right] = 0.802\,[\mathrm{m^3/kg}]$$

人名→定義(例題 2.11 参照)

膨張後の比体積 $v_2$ は，式(3.14)から求まります．

$$v_2 = v_1 \frac{T_2}{T_1} = 0.802\,[\mathrm{m^3/kg}] \times \frac{(273+80)\,[\mathrm{K}]}{(273+10)\,[\mathrm{K}]} = 1.00\,[\mathrm{m^3/kg}]$$

よって，膨張後の体積 $V_2$ は，次式から求まります．

$$V_2 = mv_2 = 2\,[\mathrm{kg}] \times 1.00\,[\mathrm{m^3/kg}] = 2.00\,[\mathrm{m^3}]$$

(2) 表 3.1 より $c_p = 1.006\,[\mathrm{kJ/(kg \cdot K)}]$ なので，加熱量 $Q_{12}$ は式(3.17)から次式のように求まります．

$$Q_{12} = mq_{12} = mc_p(T_2 - T_1)$$
$$= 2\,[\mathrm{kg}] \times 1.006\,[\mathrm{kJ/(kg \cdot K)}] \times ((273+80)-(273+10))\,[\mathrm{K}] = 141\,[\mathrm{kJ}]$$

### 3.4.3 等積過程

図 3.5 のように，理想気体を体積一定で加熱した**等積過程**(isochoric process)について考えます．料理中の圧力鍋や日当たりの良い場所に置いた液体入りの密閉容器は，等積過程です．

**A** $p$, $v$, $T$ の関係　式(3.1)より次式が得られます．

$$p_1 v_1 = RT_1, \quad p_2 v_2 = RT_2$$

ここで $v_1 = v_2 = v$ なので，上式から次式が成り立ちます．

$$\frac{T}{p} = \frac{T_1}{p_1} = \frac{T_2}{p_2} \tag{3.18}$$

**B** 系の仕事　系の仕事は，式(2.25)から次式のように求まります．

$$\ell_{12} = \int_1^2 p\,\mathrm{d}v = 0 \quad (\because \mathrm{d}v = 0) \tag{3.19}$$

**C** 加熱量　この過程は定積変化で，定積比熱が使えるので，式(2.30), (2.36)から $\delta q$ は次式となります．

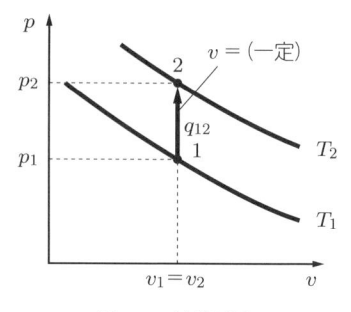

図 3.5　等積過程

$$\delta q = c_v dT + p\, dv = c_v dT \qquad (\because dv = 0)$$

上式を積分すると，次式のように加熱量が求まります．

$$q_{12} = \int_1^2 dq = \int_1^2 c_v dT = c_v \int_1^2 dT = c_v(T_2 - T_1) \quad [\text{J/kg}] \qquad (3.20)$$

また，式(2.30)の熱力学の第1基礎式は次式となります．

$$\delta q = du + pdv = du \qquad (\because dv = 0)$$

さらに上式を積分すると次式のようになります．

$$q_{12} = \int_1^2 du = u_2 - u_1 \quad [\text{J/kg}] \qquad (3.21)$$

加えられた熱量は，すべて内部エネルギーの増加に使われることがわかります．

### ▶ 3.4.4　断熱過程

図 3.6 のように，理想気体を断熱した状態で膨張させた**断熱過程**(adiabatic process)について考えます．ガソリンエンジンの膨張と圧縮過程は断熱過程です．

**A** *p, v, T* **の関係**　　断熱変化は $\delta q = 0$ なので，式(2.30)，(2.36)からは次式が得られます．

$$c_v dT + p\, dv = 0 \qquad (3.22)$$

式(3.1)の理想気体の状態式 $pv = RT$ を全微分すると，次式になります．

$$p\, dv + v\, dp = R\, dT \qquad (3.23)$$

## 3.4 理想気体の状態変化

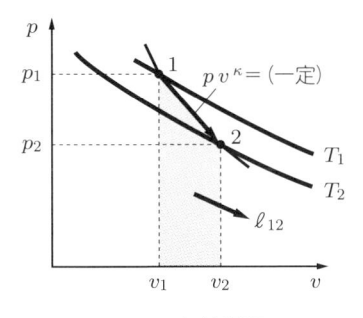

図 3.6 断熱過程

式(3.23)の両辺を $R$ で割ります.

$$dT = \frac{1}{R}(p\,dv + v\,dp) \tag{3.24}$$

式(3.9)と(3.24)を式(3.22)に代入します.

$$v\,dp + \kappa p\,dv = 0$$

上式の両辺を $pv$ で割ります.

$$\frac{dp}{p} + \kappa \frac{dv}{v} = 0 \tag{3.25}$$

式(3.25)を積分します.

$$\ln p + \kappa \ln v = (\text{定数})$$
$$\ln pv^\kappa = C_1$$

$$\int \frac{1}{x}dx = \ln x, \quad n\ln a = \ln a^n, \quad \ln a + \ln b = \ln ab$$

$$pv^\kappa = p_1 v_1^\kappa = p_2 v_2^\kappa = C_1 \,(\text{定数}) \tag{3.26}$$

式(3.26)を変形します.

$$pvv^{\kappa-1} = C_1$$

これに式(3.1)を代入します.

$$Tv^{\kappa-1} = T_1 v_1^{\kappa-1} = T_2 v_2^{\kappa-1} = C_2\,(\text{定数}) \tag{3.27}$$

式(3.26)を次式のように変形させ,

$$pv^\kappa = C_1 \;\rightarrow\; v^\kappa = \frac{C_1}{p} \;\rightarrow\; (v^\kappa)^{1/\kappa} = \left(\frac{C_1}{p}\right)^{1/\kappa} \;\rightarrow\; v = \left(\frac{C_1}{p}\right)^{1/\kappa}$$

式(3.27)に代入すると，次式が得られます．

$$T\left(\frac{C_1}{p}\right)^{\kappa-1/\kappa} = C_2 \rightarrow \frac{T}{p^{\kappa-1/\kappa}} = \frac{T_1}{p_1^{\kappa-1/\kappa}} = \frac{T_2}{p_2^{\kappa-1/\kappa}} = C_3\,(\text{定数}) \quad (3.28)$$

**B 系の仕事**　　系の仕事は，式(2.25)から次式のように求まります．

$$\begin{aligned}
\ell_{12} &= \int_1^2 p\,dv \qquad \boxed{\int x^a dx = \frac{1}{a+1}x^{a+1} + C} \\
&= \int_1^2 C_1 v^{-\kappa} dv \qquad \boxed{a^{-m} = 1/a^m} \\
&= C_1\left[\frac{1}{1-\kappa}v^{1-\kappa}\right]_1^2 = C_1\left[\frac{1}{1-\kappa}\left(\frac{1}{v^{\kappa-1}}\right)\right]_1^2 \\
&= \frac{C_1}{1-\kappa}\left(\frac{1}{v_2^{\kappa-1}} - \frac{1}{v_1^{\kappa-1}}\right) = \frac{C_1}{\kappa-1}\left(\frac{1}{v_1^{\kappa-1}} - \frac{1}{v_2^{\kappa-1}}\right) \quad (3.29)
\end{aligned}$$

$\boxed{-(b-a) = (a-b)}$

式(3.26)の $p_1 v_1^\kappa = C_1$，$p_2 v_2^\kappa = C_1$ を式(3.29)に代入して $C_1$ を消去します．

$$\begin{aligned}
\ell_{12} &= \frac{1}{\kappa-1}(p_1 v_1 - p_2 v_2) = \frac{R}{\kappa-1}(T_1 - T_2) \\
&= c_v(T_1 - T_2) \quad [\text{J/kg}] \qquad \boxed{\text{式}(3.1)} \quad (3.30)
\end{aligned}$$

また，式(2.30)の熱力学の第1基礎式で $\delta q = 0$ とすると，$p\,dv = -du$ となり，これからも次式のように仕事を求めることができます．

$$\ell_{12} = \int_1^2 p\,dv = -\int_1^2 du = u_1 - u_2 \quad [\text{J/kg}] \quad (3.31)$$

断熱過程で閉じた系が周囲に仕事をすると，その分だけ内部エネルギーが減少することがわかります．

**C 加熱量**　　断熱過程なので，熱の授受はなく，$q_{12} = 0$ です．

---

**例題 3.4**　圧力 $p_1 = 0.15\,[\text{MPa}]$，温度 $T_1 = 288\,[\text{K}]$ の質量 $m = 5\,[\text{kg}]$ の空気を，**図 3.2** の装置で断熱変化により $p_2 = 1.5\,[\text{MPa}]$ まで圧縮した．次の値を求めよ．
(1) 圧縮後の温度
(2) 圧縮仕事
(3) 内部エネルギーの変化量

**解答** (1) 表3.1から空気の比熱比は $\kappa = 1.399$ なので，式(3.28)から $T_2$ は次式のように求めることができます．

$$T_2 = T_1 \left(\frac{p_2}{p_1}\right)^{\kappa-1/\kappa} = 288\,[\mathrm{K}] \times \left(\frac{1.5\,[\mathrm{MPa}]}{0.15\,[\mathrm{MPa}]}\right)^{1.399-1/1.399} = 555\,[\mathrm{K}]$$

(2) 表3.1より空気の定積比熱は $c_v = 0.719\,[\mathrm{kJ/(kg \cdot K)}]$ なので，圧縮仕事は，式(3.30)から次式のように求めることができます．

$$L_{12} = m\ell_{12} = mc_v(T_1 - T_2)$$
$$= 5\,[\mathrm{kg}] \times 0.719\,[\mathrm{kJ/(kg \cdot K)}] \times (288 - 555)\,[\mathrm{K}] = -960\,[\mathrm{kJ}]$$

仕事の符号が負なのは，この系に周囲から仕事がされているとを示しています．

(3) 式(3.31)から $U_1 - U_2 = L_{12}$ です．よって，内部エネルギーの変化量は次式のように求まります．

$$U_2 - U_1 = -L_{12} = 960\,[\mathrm{kJ}]$$

内部エネルギーの変化量が正なので，内部エネルギーが増加していることがわかります．

### ▶3.4.5 ポリトロープ過程

実際の機械・機器で生じる気体の状態変化は，必ずしもいままで考えてきた四つの過程で表すことはできません．そこで圧力と体積との間に $pv^n = C$（定数）の関係が成り立ち，$n$ の値を適切にとることにより，実際の状態変化を近似的に表す過程が考えられました．この過程を**ポリトロープ過程**（polytropic process）といい，$n$ を**ポリトロープ指数**といいます．前に説明した四つの過程も，$n$ の値を次のようにすれば，ポリトロープ過程で表現できます（**図 3.7**）．

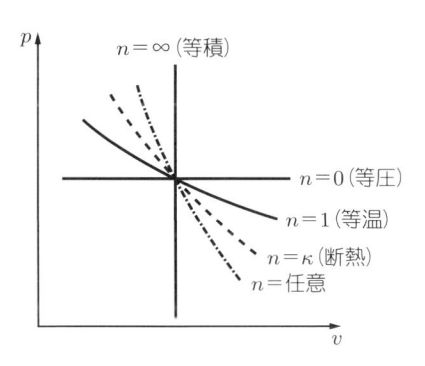

図 3.7　各種過程の比較

(1) $n=1$ のとき $pv^n = C$ → $pv = C = RT$ → 等温過程
(2) $n=0$ のとき $pv^n = C$ → $pv^0 = p = C$ → 等圧過程
(3) $n=\infty$ のとき → $pv^n = C$ の両辺を $1/n$ 乗すると，
$p^{1/n}v = C^{1/n}$ → $n \to \infty$ のとき $p^{1/n} \to p^0 \to 1$ なので
$v = C$ → 等積過程
(4) $n=\kappa$ のとき $pv^n = C$ → $pv^\kappa = C$ → 断熱過程

**A** $p, v, T$ の関係　　断熱変化と同様の計算をすると，式(3.26), (3.27), (3.28)から次式が得られます．

$$pv^n = p_1 v_1^n = p_2 v_2^n = C_1 \,(\text{定数}) \tag{3.32}$$

$$Tv^{n-1} = T_1 v_1^{n-1} = T_2 v_2^{n-1} = C_2 \,(\text{定数}) \tag{3.33}$$

$$\frac{T}{p^{n-1/n}} = \frac{T_1}{p_1^{n-1/n}} = \frac{T_2}{p_2^{n-1/n}} = C_3 \,(\text{定数}) \tag{3.34}$$

**B** 系の仕事　　系の仕事は，式(3.30)と同様に次式で表せます．

$$\ell_{12} = \frac{1}{n-1}(p_1 v_1 - p_2 v_2) = \frac{R}{n-1}(T_1 - T_2) \tag{3.35}$$

**C** 加熱量　　加熱量は，式(2.24)から次式のように求まります．

$$\begin{aligned}
q_{12} &= u_2 - u_1 + \int_1^2 p\,dv \quad \text{式(2.36)，式(3.35)}\\
&= u_2 - u_1 + \ell_{12} = c_v(T_2 - T_1) + \frac{R}{n-1}(T_1 - T_2)\\
&= c_v(T_2 - T_1) + \frac{\kappa - 1}{n-1} c_v (T_1 - T_2) \quad \text{式(3.9)}\\
&= \frac{n - \kappa}{n-1} c_v (T_2 - T_1) \quad [\text{J/kg}] \quad -(b-a) = (a-b)
\end{aligned} \tag{3.36}$$

ここで，

$$\frac{n-\kappa}{n-1} c_v = c_n \tag{3.37}$$

とおくと，式(3.36)は次式となります．

$$q_{12} = c_n (T_2 - T_1)$$

ここで，$c_n$ はポリトロープ変化に対する比熱なので，**ポリトロープ比熱**といいます．

## 演習問題

**3.1** 容量 $V = 3\,[\mathrm{m}^3]$ の頑丈な容器に圧力 $p_1 = 900\,[\mathrm{kPa}]$，温度 $T_1 = 288\,[\mathrm{K}]$ の窒素が入っている．この容器に熱量 $Q_{12} = 800\,[\mathrm{kJ}]$ を加えたとき，次の値を求めよ．
(1) 充填されている窒素の質量
(2) 加熱後の窒素の温度と圧力

**3.2** 体積 $V_1 = 4\,[\mathrm{m}^3]$，温度 $T_1 = 300\,[\mathrm{K}]$ の空気を，ポリトロープ指数 $n = 1.3$ で $p_1 = 800\,[\mathrm{kPa}]$ から $p_2 = 15\,[\mathrm{MPa}]$ まで圧縮した場合の次の値を求めよ．
(1) 圧縮後の体積
(2) 圧縮後の温度

**3.3** 空気を理想気体とした場合に，表 3.2 の空欄を求めよ．ただし，圧力は絶対圧力とする．

表 3.2

| $p\,[\mathrm{kPa}]$ | $T\,[\mathrm{K}]$ | $v\,[\mathrm{m}^3/\mathrm{kg}]$ | $\rho\,[\mathrm{kg}/\mathrm{m}^3]$ |
|---|---|---|---|
| 100 | 290 | ( ① ) | ( ② ) |
| ( ③ ) | 273 | 2 | ( ④ ) |
| 500 | ( ⑤ ) | 0.1 | ( ⑥ ) |
| ( ⑦ ) | 650 | ( ⑧ ) | 3 |
| 200 | ( ⑨ ) | ( ⑩ ) | 2 |

**3.4** シリンダーピストン装置に入った質量 $m = 0.5\,[\mathrm{kg}]$ の空気が各種の状態変化を行うとき，表 3.3 の空欄を求めよ．ただし，比熱比は $\kappa = 1.4$ とし，圧力は絶対圧力とする．また，$\Delta U = m\Delta u = m(u_2 - u_1)$，$\Delta H = m\Delta h = m(h_2 - h_1)$ である．

表 3.3

| 過程 | $Q_{12}[\mathrm{kJ}]$ | $L_{12}[\mathrm{kJ}]$ | $\Delta U[\mathrm{kJ}]$ | $\Delta H[\mathrm{kJ}]$ | $T_1[\mathrm{K}]$ | $T_2[\mathrm{K}]$ | $p_1[\mathrm{kPa}]$ | $p_2[\mathrm{kPa}]$ | $V_1[\mathrm{m}^3]$ | $V_2[\mathrm{m}^3]$ |
|---|---|---|---|---|---|---|---|---|---|---|
| 等温 | 50 | ( ① ) | ( ② ) | ( ③ ) | ( ④ ) | 423 | ( ⑤ ) | 60 | ( ⑥ ) | ( ⑦ ) |
| 等圧 | 150 | ( ⑧ ) | ( ⑨ ) | ( ⑩ ) | 523 | ( ⑪ ) | 600 | ( ⑫ ) | ( ⑬ ) | ( ⑭ ) |
| 等積 | ( ⑮ ) | ( ⑯ ) | ( ⑰ ) | 100 | ( ⑱ ) | 821 | ( ⑲ ) | 200 | ( ⑳ ) | ( ㉑ ) |
| 断熱 | ( ㉒ ) | ( ㉓ ) | ( ㉔ ) | ( ㉕ ) | 373 | ( ㉖ ) | ( ㉗ ) | ( ㉘ ) | 0.50 | 0.1 |

# 第4章 熱力学第2法則

**学習の目標**
☑ 熱力学第2法則とエントロピーの概念を説明できる．

## 4.1 熱力学第2法則

第2章で，熱力学第1法則はエネルギーの保存則であり，エネルギーは創り出されたり，消滅したりするのではなく，その形態を変えるだけであることを学びました．本章では，熱力学第1法則につぐ法則である熱力学第2法則を学びます．

図4.1のように，水の入った容器の中で羽根車を回転させる系があります．羽根車で水を攪拌して仕事をすると，図(a)のように，この水の内部エネルギーが増加して水の温度が上昇します．ところが，図(b)のように，羽根車に同様な熱を与えても羽根車は回転しません．これは，過程に方向性があるためです．過程は逆の方向に進むことはありません．

この方向性について表したのが，熱力学第2法則です．図(b)に示した系の過程が成立しないのは，この熱力学第2法則に従っていないからです．図4.2のように，過程は熱力学第1法則と熱力学第2法則の両方を満足しないと成立しません．図のAからEまでの過程のうち，成立するのは両方の法則を満足する過程Bのみです．

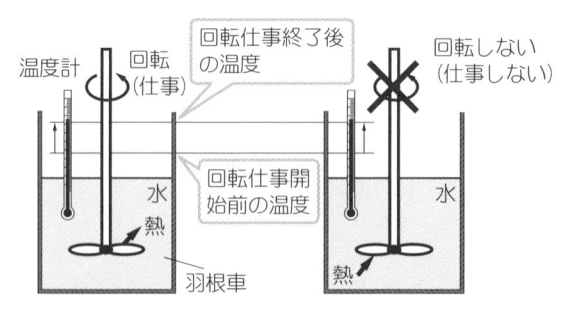

(a) 羽根車を回転させると熱が発生する
(b) 羽根車に熱を与えても回転しない

図4.1 過程の方向性

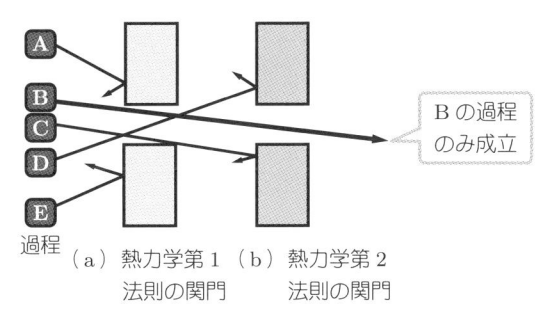

図 4.2　過程が成立する条件

　図 4.1 (b) の過程は熱力学第 1 法則は満足しますが，熱力学第 2 法則を満足しない図 4.2 の過程 C や D に該当します．

　また，熱力学第 2 法則を用いると，熱機関，冷凍機などの理論的に達成できる最大熱効率などを算出することもできるようになります．

　**カルノー**(S. Carnot, 1796-1832)が熱力学第 2 法則の先駆者ですが，このカルノーの考えに触発されてその 25 年後に熱力学第 2 法則が**クラウジウス**(R. Clausius, 1822-1888)や**ケルビン**(L. Kelvin, 1824-1907)によって提示されました．

(1) **クラウジウスによる提示**

　　温度の低いところからそれより温度の高いところへの熱の移動のみを行い，それ以外の影響を与えずに継続して作動する装置を作ることは不可能である．

　法則なので表現が難しいですが，これはいままで学んできた「熱は高温物体から低温物体へ自然に移動するが，その逆は自然には起きない」ということを法則らしく提示したものです．これを図示したのが図 4.3 です．

(2) **ケルビン－プランクによる提示**

　　一つの熱源からのみ熱を供給され，継続して仕事を発生する装置を作動させることは不可能である．

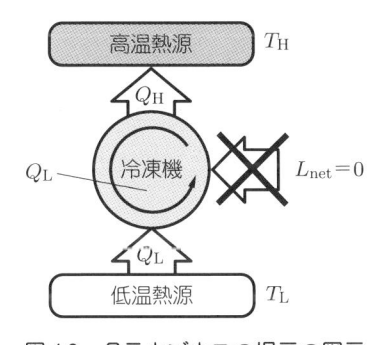

図 4.3　クラウジウスの提示の図示 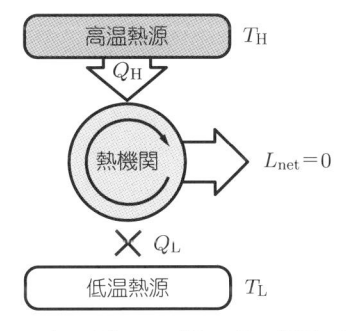　　図 4.4　ケルビン－プランクの提示の図示

ケルビン-プランクの提示を簡単に表現すると，熱を捨てずに仕事に変換できる熱機関(これを**第2種永久機関**といいます)は，実現不可能ということです．または，100%の効率の熱機関はないということです．これを図示したのが**図4.4**です(第1種の永久機関については，p.87のコラムを参照してください)．

## 4.2 熱機関

2.6節で，熱を仕事に変えるためには作動流体が必要なことを説明しました．ここでは，この作動流体を使って，継続的に熱を仕事に変換する熱機関のモデル化と，その検討に必要な可逆過程と不可逆過程について学びます．

### 4.2.1 熱源

熱機関のモデル化には，熱の出入りがあっても温度が一定に保たれる熱容量が無限大の**仮想の系**である**熱源**(thermal reservoir)が必要です．**図4.5**に示す海，湖，川および大気は**低温熱源**の例です．原子力発電所から，冷却に使って高温になった水を海に放出すると，放出した周辺の海の温度は上昇しても，海全体では熱容量が大きいため変化しません．湖，川および大気についても同じことがいえます．**高温熱源**の例としては，熱処理を行う工業炉，ボイラーの高温蒸気などがあります．

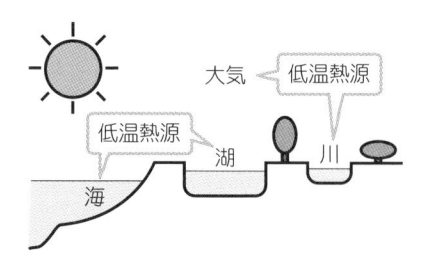

図4.5 低温熱源

### 4.2.2 熱機関のモデル化

仕事は容易に熱に変換できますが，逆に熱を仕事に変換するのはそれほど簡単ではありません．この熱を仕事に変換するために必要な装置が**熱機関**(heat engine)です．**図4.6(a)**にモデル化した熱機関を示します．熱機関にはいろいろな形態がありますが，以下の三つの共通の性質をもっています．

(1) 高温熱源 $T_H$ から熱 $Q_H$ を取り入れる．
(2) 与えられた熱の一部を仕事 $L$ に変換して，周囲に連続して正味仕事 $L_{net}$ を

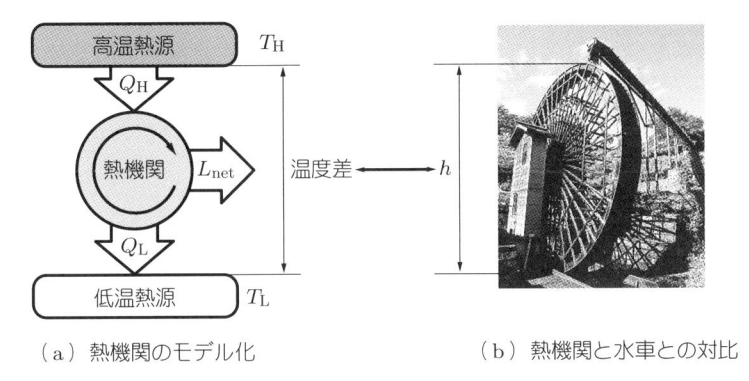

(a) 熱機関のモデル化 　　　　　　(b) 熱機関と水車との対比

図 4.6　熱機関のモデル化

する．

(3) 仕事に変換されなかった熱 $Q_L$ を低温熱源 $T_L$ に放出する．

熱機関は，図(b)の水車との対比で考えるとわかりやすいでしょう．二つの熱源の温度差 $T_H - T_L$ が水車の落差 $h$ に，また熱量 $Q_H$ が水の位置エネルギーに対応します．水車では，水のもつ位置エネルギーにより，水車が回り周囲に仕事をします．

熱機関の仕事が $L_{net}$ になっているのは，**正味仕事**という意味です．熱機関で熱から変換された仕事 $L$ は，そのまま周囲にする仕事になる場合，$L = L_{net}$ になります．蒸気原動所(図 2.19)の場合は，タービンから周囲に仕事 $\ell_1$ をします．一方，水の循環に使用されるポンプに必要な仕事 $\ell_2$ は，周囲から与えられていますから，正味仕事 $L_{net}$ は次式のようになります．

$$L_{net} = m(\ell_1 - \ell_2) \tag{4.1}$$

熱機関の**熱効率**(thermal efficiency) $\eta$ は，供給された熱量に対する周囲に与えた正味仕事の比率で，次式のように表せます．

$$\eta = \frac{L_{net}}{Q_H} \tag{4.2}$$

熱機関はサイクルで仕事をするので，式(2.21)から正味仕事が求まります．

$$L_{net} = Q_H - Q_L \tag{4.3}$$

これを式(4.2)に代入すると，熱効率 $\eta$ は次式のようになります．

$$\eta = \frac{Q_H - Q_L}{Q_H} = 1 - \frac{Q_L}{Q_H} < 1 \tag{4.4}$$

熱機関なので，これらを単位時間あたりとして扱い，$L\,[\mathrm{J}]$ を $\dot{L} = \mathrm{d}L/\mathrm{d}t\,[\mathrm{W}]$ に $Q\,[\mathrm{J}]$ を $\dot{Q} = \mathrm{d}Q/\mathrm{d}t\,[\mathrm{W}]$ に置き換えると，$\eta$ を算出できます．

$$\dot{L}_{\mathrm{net}} = \dot{Q}_{\mathrm{H}} - \dot{Q}_{\mathrm{L}} \tag{4.5}$$

$$\eta = \frac{\dot{L}_{\mathrm{net}}}{\dot{Q}_{\mathrm{H}}} = \frac{\dot{Q}_{\mathrm{H}} - \dot{Q}_{\mathrm{L}}}{\dot{Q}_{\mathrm{H}}} = 1 - \frac{\dot{Q}_{\mathrm{L}}}{\dot{Q}_{\mathrm{H}}} < 1 \tag{4.6}$$

この熱効率の式は，次に示す条件が変わっても成立します．
 (1) サイクルを構成する過程の種類
 (2) サイクルの種類
 (3) 作動流体の種類

---

**例題 4.1** モデル化すると図 4.7 のようになる．毎時 1 t の石炭を消費し，$\dot{L}_{\mathrm{net}} = 500\,[\mathrm{kW}]$ を発電する火力発電所がある．この石炭の発熱量 $F_{\mathrm{Q}}$ が 6 MJ/kg の場合，この発電所の熱効率を求めよ．

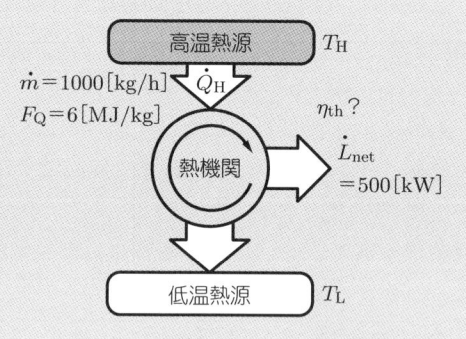

図 4.7 モデル化した火力発電所

**解答** まず $\dot{Q}_{\mathrm{H}}$ を求めます．

$$\dot{Q}_{\mathrm{H}} = \dot{m}F_{\mathrm{Q}} = 1000\,[\mathrm{kg/h}] \times 6\,[\mathrm{MJ/kg}]$$

$$= 6000\,\mathrm{M}\left[\frac{\mathrm{J}}{\mathrm{h}}\right] = 6000\,\mathrm{M}\left[\frac{\mathrm{J}}{\mathrm{h}\left(\frac{\mathrm{s}\cdot 3600}{\mathrm{h}\cdot 1}\right)}\right]$$

p.23 コラム参照

$$= 1.667\,[\mathrm{MJ/s}]$$

よって，熱効率は式 (4.6) より求まります．

$$\eta = \frac{\dot{L}_{\mathrm{net}}}{\dot{Q}_{\mathrm{H}}} = \frac{500\,[\mathrm{kW}]}{1.667\,[\mathrm{MJ/s}]} = \frac{500 \times 10^3\,[\mathrm{J/s}]}{1.67 \times 10^6\,[\mathrm{J/s}]} = 0.300 = 30.0\,[\%]$$

人名→定義（例題 2.11 参照）

### 4.2.3　可逆過程と不可逆過程

　可逆とは，一般に逆戻りができることをいいます．熱力学では，系が周囲に対していかなる痕跡も残すことなく，元の状態に戻ることができる過程を**可逆過程**（reversible process）といいます．一方，元の状態に戻れない過程を**不可逆過程**（irreversible process）といいます．

　ここで大事なのは，単に「逆戻りができること」だけではなく，「周囲に対してまったく何の影響を及ぼすことなく」という条件が可逆過程についていることです．

　**A　可逆過程**　　図 4.8 は振り子運動を示しています．支点の摩擦と空気抵抗を無視すると，振り子運動は可逆過程です．状態 1 の位置エネルギーは状態 2 で運動エネルギーとなり，状態 3 でまた位置エネルギーに変換され，再び最初の状態 1 の位置に戻ります．このとき，周囲にはいかなる変化も与えずに元に戻っています．このような過程が可逆過程です．

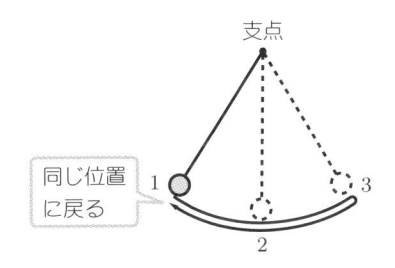

図 4.8　振り子運動

　**B　不可逆過程**　　自然界の現象のほぼすべてが不可逆過程です．たとえば図 4.9 のように，物体（系）を移動させ，また物体を元の位置に戻すことは可能です．しかし，物体を移動させるために人間（周囲）が摩擦力に抗してした仕事は，元の状態に，すなわち，物体を移動させた人間が行った仕事は人間に戻らないので，不可逆過程となります．

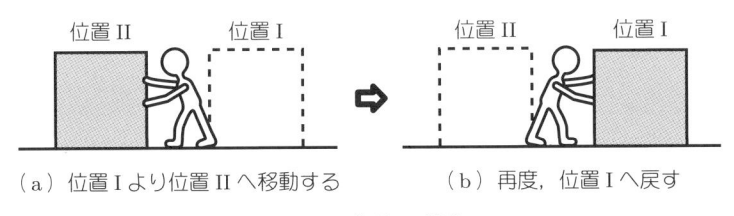

（a）位置 I より位置 II へ移動する　　（b）再度，位置 I へ戻す

図 4.9　物体の移動

## 4.3 冷凍機とヒートポンプ

熱いコーヒーの入ったカップを置いておくと，そのうち冷めてしまいます．これは，コーヒー(温度の高いほう)から大気(温度の低いほう)へ熱が移動したためです．熱は，平衡状態になるように，相対的に温度の高いほうから温度の低いほうへ移動します．これに対して，人為的に低温熱源から熱を奪って高温熱源に移動させるのが，**冷凍機**(refrigerater)と**ヒートポンプ**(heat pump)です．図 4.10 に熱機関と冷凍機，ヒートポンプとを対比して示します．熱機関，冷凍機，ヒートポンプの違いは次のとおりです．

(1) 熱機関は周囲に仕事をするが，冷凍機とヒートポンプは逆に周囲から仕事をされる．
(2) 熱機関は，高温熱源から熱を供給されて仕事に変換されなかった熱は低温熱源に捨てるが，冷凍機とヒートポンプは逆に低温熱源から熱を奪い，高温熱源に熱を供給する．

冷凍機とヒートポンプは同じ装置ですが，冷凍機では低温熱源から熱量 $Q_L$ を奪う機能を利用しているのに対し，ヒートポンプでは高温熱源へ熱量 $Q_H$ を供給する機能を利用しているという違いがあります．

冷凍機とヒートポンプの熱機関の熱効率に対応するものは，**成績係数**(coefficient of performance：**COP**) $\varepsilon$ といい，次式のように表します．

$$\text{冷凍機} \qquad \varepsilon_R = \frac{Q_L}{L_{net}} = \frac{Q_L}{Q_H - Q_L} = \frac{1}{Q_H/Q_L - 1} \qquad (4.7)$$

(a) 熱機関　　(b) 冷凍機およびヒートポンプ

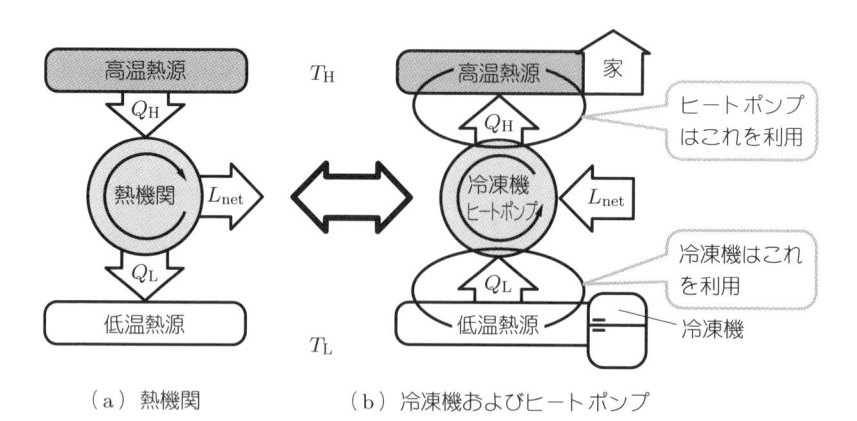

図 4.10　熱機関と冷凍機およびヒートポンプの対比

ヒートポンプ　$\varepsilon_\mathrm{H} = \dfrac{Q_\mathrm{H}}{L_\mathrm{net}} = \dfrac{Q_\mathrm{H}}{Q_\mathrm{H} - Q_\mathrm{L}} = \dfrac{1}{1 - Q_\mathrm{L}/Q_\mathrm{H}}$ \hfill (4.8)

式(4.7), (4.8)は熱効率の場合と同様に，それぞれ $\dot{L}_\mathrm{net}$，$\dot{Q}_\mathrm{H}$，$\dot{Q}_\mathrm{L}$ に置き換えることができます．

**例題 4.2** モデル化すると図 4.11 のようになる冷蔵庫の食品入れの温度を 3°C に保つためには，400 kJ/min の熱量を奪う必要がある．もし，冷蔵庫を運転するのに必要な動力が 2.5 kW のとき，次の値を求めよ．
(1) 冷蔵庫の成績係数
(2) 冷蔵庫のある部屋に放出される熱量

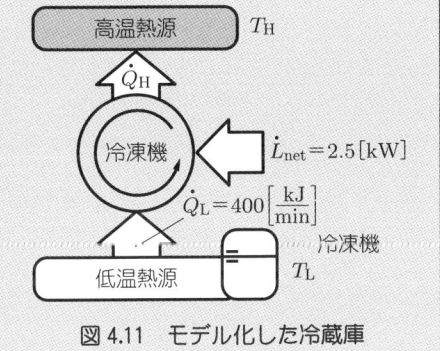

**図 4.11** モデル化した冷蔵庫

**解答** (1) 成績係数 $\varepsilon_\mathrm{R}$ は，式(4.7)から次式のように求めることができます．

$$\varepsilon_\mathrm{R} = \dfrac{\dot{Q}_\mathrm{L}}{\dot{L}_\mathrm{net}} = \dfrac{400\left[\dfrac{\mathrm{kJ}}{\mathrm{min}}\right]}{2.5\,[\mathrm{kW}]} = \dfrac{400 \times 10^3 \left[\dfrac{\mathrm{J}}{\mathrm{min}\left(\dfrac{\mathrm{s}\cdot 60}{\mathrm{min}\cdot 1}\right)}\right]}{2.5 \times 10^3\,[\mathrm{J/s}]}$$

$$= \dfrac{\dfrac{400 \times 10^3}{60}\,[\mathrm{J/s}]}{2.5 \times 10^3\,[\mathrm{J/s}]} = 2.67$$

(2) 放出される熱量 $\dot{Q}_\mathrm{H}$ は，式(4.5)から次式のように求めることができます．

$$\dot{Q}_\mathrm{H} = \dot{Q}_\mathrm{L} + \dot{L}_\mathrm{net} = 400\left[\dfrac{\mathrm{kJ}}{\mathrm{min}}\right] + 2.5\,[\mathrm{kW}]$$

$$= 400\left[\dfrac{\mathrm{kJ}}{\mathrm{min}\left(\dfrac{\mathrm{s}\cdot 60}{\mathrm{min}\cdot 1}\right)}\right] + 2.5\,[\mathrm{kW}]$$

$$= 6.67\,[\mathrm{kW}] + 2.5\,[\mathrm{kW}] = 9.17\,[\mathrm{kW}]$$

**例題 4.3** 部屋の温度を 26°C に保つために，図 4.12 のモデル化したヒートポンプが使用されている．外気温が 5°C のとき，部屋から失われる熱量は 70 MJ/h である．ヒートポンプの成績係数が 2.8 の場合，次の値を求めよ．
(1) ヒートポンプに必要な動力
(2) 室外から奪う熱量

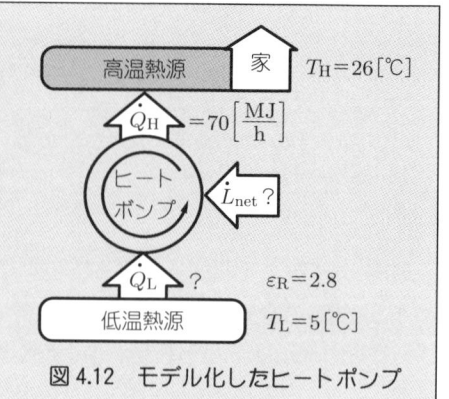

図 4.12 モデル化したヒートポンプ

**解答** (1) 動力 $\dot{L}_{net}$ は，式(4.8)から次式のように求めることができます．

$$\dot{L}_{net} = \frac{\dot{Q}_H}{\varepsilon_H} = \frac{70\,[\mathrm{MJ/h}]}{2.8} = 25\left[\frac{\mathrm{MJ}}{\mathrm{h}}\right] = 25 \times 10^3 \left[\frac{\mathrm{kJ}}{\mathrm{h}\left(\frac{\mathrm{s}\cdot 3600}{\mathrm{h}\cdot 1}\right)}\right]$$

$$= 6.94\,[\mathrm{kW}]$$

(p.23 コラム参照)

(2) 室外から奪う熱量は，式(4.5)から次式のように求めることができます．

$$\dot{Q}_L = \dot{Q}_H - \dot{L}_{net}$$

$$= 70\,[\mathrm{MJ/h}] - 25\,[\mathrm{MJ/h}] = 45\,[\mathrm{MJ/h}]$$

ヒートポンプを用いると，電気ストーブを使用して部屋の温度を 26°C に保つ場合（70 [MJ/h] = 19.4 [kW] の電気を使用する）に比べ，約 64% (= (19.4 − 6.94) [kW]/19.4 [kW] × 100 [%]) の電気代を節約できることがわかります．

すなわち，ヒートポンプを使用すると $1/\varepsilon_H$ の電気代で部屋を暖めることができるので，ヒートポンプは省エネ機器といわれるのです．

## 4.4 カルノーサイクル

前節で熱機関について説明できる準備ができました．そこで熱力学第 2 法則が導き出される端緒となったカルノーサイクルについて説明します．

カルノーサイクルの各過程を説明します．**カルノーサイクル**(Carnot cycle)とは，カルノーが導入したすべての過程が**可逆過程**から構成される**可逆サイクル**のことで，仮想の熱機関で実現されるものです．図 4.13 にカルノーサイクルの四つの過程を示します．

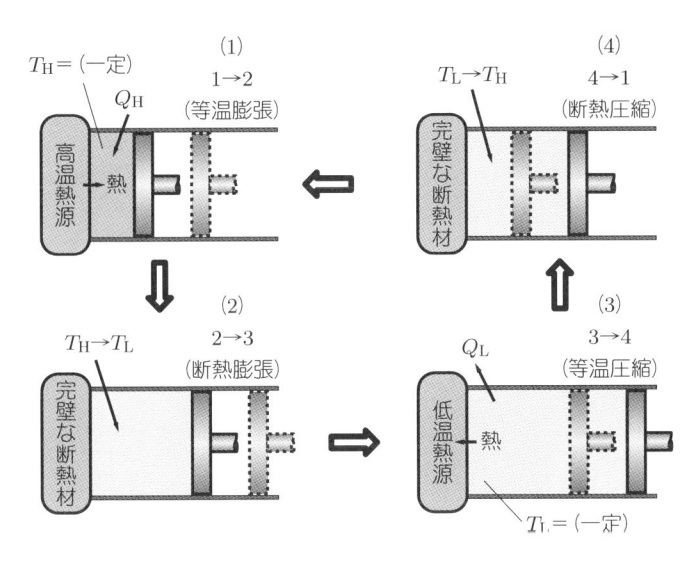

図4.13　カルノーサイクル

**(1)等温膨張**(過程$1 \to 2$)　状態1でピストンに閉じ込められた温度$T_H$の作動流体は，ピストンがゆっくり右に動いて周囲に仕事をすることによって温度が下がろうとしますが，高温熱源から熱量が供給され，$T_H$は一定に保たれます．破線の位置まで膨張し，その間に作動流体に供給された熱量は$Q_H$です．

**(2)断熱膨張**(過程$2 \to 3$)　状態2で，高温熱源を完璧な断熱材に変えて断熱変化ができるようにします．ピストンがさらに右に動くと，作動流体の温度が$T_H \to T_L$まで下がります．この間，摩擦がなく，準静的過程なので可逆過程です．

**(3)等温圧縮**(過程$3 \to 4$)　状態3で完璧な断熱材を温度$T_L$の低温熱源に変えると，ピストンが周囲から仕事を受けて左に動き作動流体が圧縮されます．作動流体が圧縮されると，その温度が上昇しますが，低温熱源に熱が奪われ，$T_L$は一定に保たれます．奪われる熱量は$Q_L$です．

**(4)断熱圧縮**(過程$4 \to 1$)　状態4で，低温熱源を完璧な断熱材に変えて断熱変化ができるようにします．作動流体は圧縮されて，ピストンは最初の位置に戻り，作動流体の温度が$T_L \to T_H$に上昇し，1サイクルが終了します．

このカルノーサイクルによる熱機関(以下カルノー熱機関という)のモデルと$p\text{-}V$線図を，図4.14と図4.15に示します．2.6節で述べたように，$p\text{-}V$線図上で過程を表す線の下の面積が移動境界仕事を表します．図4.15において，1−2−3−a−bで囲まれる面積が，この熱機関が作動流体の膨張過程で周囲にする仕事を表し，1−4

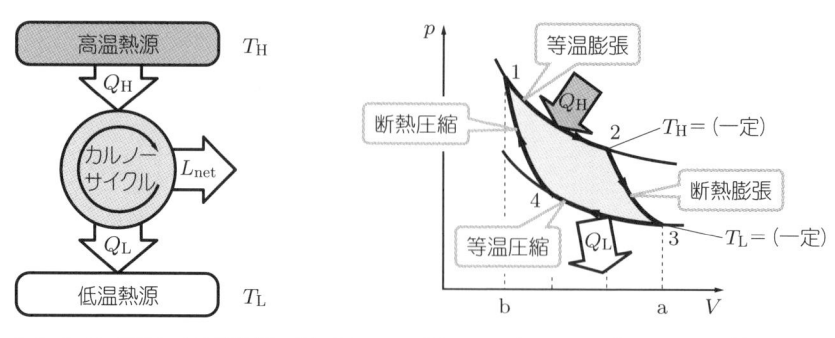

**図 4.14　カルノーサイクルによる熱機関のモデル**

**図 4.15　カルノーサイクルの $p$–$V$ 線図**

$-3-a-b$ で囲まれる面積が作動流体の圧縮過程で周囲からされる仕事を表します．したがって，1 サイクルでの正味仕事は 1–2–3–4 で囲まれる面積となります．

　カルノー熱機関とは，ガソリンエンジンのような，燃焼ガスそのものが作動流体である内燃機関ではなく，熱機関の外部にある熱源が作動流体を加熱する外燃機関です（詳細は第 5 章）．

　カルノー熱機関は，可逆過程だけで構成される可逆サイクルで作動しています．したがって，まったく逆の作動が可能になります．この場合は熱の出入りや仕事のやりとりはすべて逆になりますが，その絶対値はまったく等しくなります．この**逆カルノーサイクル**を図 4.14 と図 4.15 に対比して図 4.16 と図 4.17 に示します．正味仕事 $L_\mathrm{net}$ を受けて低温熱源から $Q_\mathrm{L}$ の熱量を奪い，高温熱源に $Q_\mathrm{H}$ の熱量を供給します．

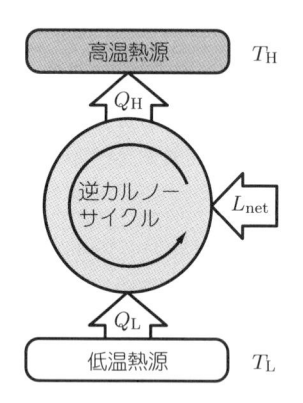

**図 4.16　逆カルノーサイクルによる冷凍機，ヒートポンプのモデル**

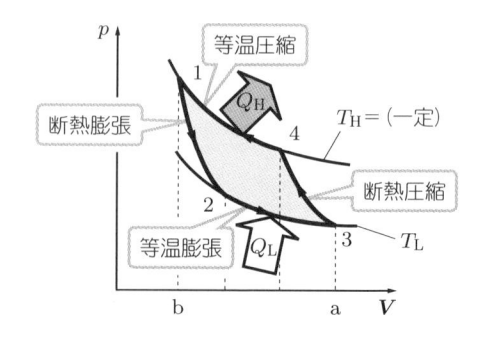

**図 4.17　逆カルノーサイクルの $p$–$V$ 線図**

## COLUMN　第1種永久機関

　第1種永久機関とは，周囲から熱量を供給されることなしに，永久に継続して作動する熱機関のことです．熱力学第1法則から明らかなように，外部からエネルギーの供給を受けなければ内部エネルギーは増大せず，外部への仕事をすることはできないので，第1種永久機関は実現できません．式(2.16)において，$Q = 0$ ならば，$\Delta U = 0$ であり，$L = 0$ となることから簡単にわかります．

　カルノーはこのカルノーサイクルを考案し，次のことを提唱しました．
　(1) 熱機関で連続的に仕事を周囲にするためには，**高温熱源**だけでなく**低温熱源も必要である．**
　高温熱源だけだと，**図 4.18** のように，$T_H = (一定)$ の線上を動くサイクルしか成立しません．$1 \to 2 \to 1$ の過程でサイクルを構成することはできます．しかし，$1 \to 2$ の過程で周囲に $1-2-b-a$ の面積の仕事をしますが，$2 \to 1$ の過程で周囲から $1-2-b-a$ の面積の仕事をしてもらわなければなりません．この熱機関は継続して仕事をすることはできますが，仕事は±0になります．すなわち，この熱機関は作動していますが，仕事を取り出すことはできません．したがって，熱機関で連続的に仕事を周囲にするためには，高温熱源だけでなく低温熱源も必要です．
　(2) 同じ高温熱源と低温熱源で作動する熱機関のうち，**カルノー熱機関の熱効率がもっとも高い(理論最大熱効率 $\eta_{carnot}$ という)．**
　カルノー熱機関より熱効率の高い超カルノー熱機関が存在すると仮定します．**図 4.19** のように，この熱機関と逆カルノーサイクルで作動するヒートポンプを組み合わせて，同じ低温熱源で作動させます．ヒートポンプから排出される熱量を熱機関

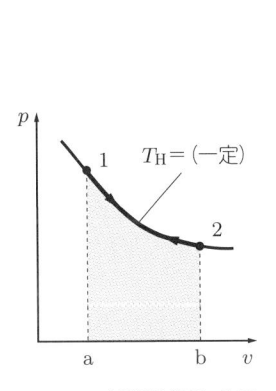

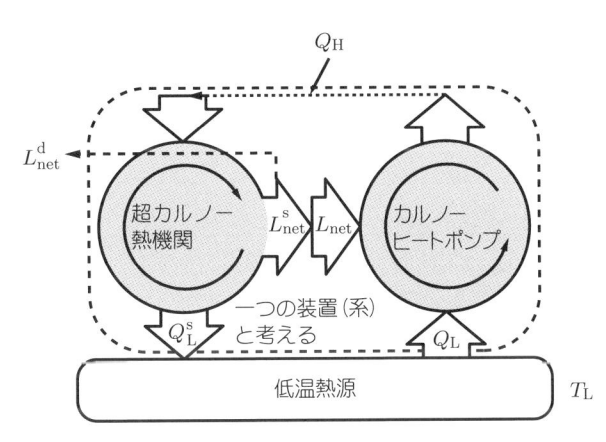

図 4.18　低温熱源も必要　　　図 4.19　カルノーサイクルの効率が最大

に供給し，その熱量は等しく $Q_H$ とします．熱機関の熱効率 $\eta$ がヒートポンプの熱効率 $\varepsilon_H$ より高いので，式(4.2)と(4.8)から熱機関の正味仕事 $L_{net}^s$ とヒートポンプの正味仕事 $L_{net}$ は次の関係となります．

$$\eta > \frac{1}{\varepsilon_H} \to \frac{L_{net}^s}{Q_H} > \frac{L_{net}}{Q_H} \to \quad L_{net}^s > L_{net} \tag{4.9}$$

すると，式(4.3)より次式が成立します．

$$Q_L^s < Q_L \tag{4.10}$$

ここで，図の破線で示した熱機関とヒートポンプを一つの装置(系)と考えます．この装置は，ヒートポンプの捨てた熱量 $Q_H$ を受けて(図中 ◄----- で示す)，熱機関が作動していることになります．この装置(系)は，周囲に式(4.9)の差分の正味仕事 $L_{net}^d$ をしていることになります．

$$L_{net}^d = L_{net}^s - L_{net} \tag{4.11}$$

式(4.11)の意味するところは，この装置は一つの低温熱源から熱が供給されて $L_{net}^d$ の仕事を周囲にしているということです．これは，熱力学第2法則のケルビン－プランクによる提示に反することになります．よって，カルノー熱機関より熱効率の高い超カルノーサイクル熱機関が存在するとした最初の仮定が間違っていることになります．

さらに図において超カルノー熱機関を過程の中で一つでも不可逆過程のある**不可逆サイクル**で作動している熱機関と置き換えると，同じ考えで次のことが証明できます．すなわち，同じ高温熱源と低温熱源で作動する場合，可逆サイクルで作動する熱機関のほうが不可逆サイクルで作動する熱機関より熱効率が高い，ということです．

<u>(3) 理論最大熱効率 $\eta_{carnot}$</u> は作動流体の種類によらない．

**図 4.20** に示す作動流体 A で作動するカルノー熱機関と，作動流体 B で作動するカルノーヒートポンプが同じ高温熱源で作動しているとします．また，カルノー熱機関から捨てられる熱量をカルノーヒートポンプが受け，その熱量は等しく $Q_L$ とします．ここで，作動流体 $A$ で作動する熱機関の熱効率 $\eta$ が，作動流体 $B$ で作動するヒートポンプの熱効率 $\varepsilon_H$ より高いと仮定します．すると，式(4.4)と(4.8)から次の関係が得られます．

$$\eta > \frac{1}{\varepsilon_H} \to 1 - \frac{Q_L}{Q_H^{he}} > 1 - \frac{Q_L}{Q_H^{hp}} \to \frac{1}{Q_H^{he}} < \frac{1}{Q_H^{hp}} \to Q_H^{he} > Q_H^{hp} \tag{4.12}$$

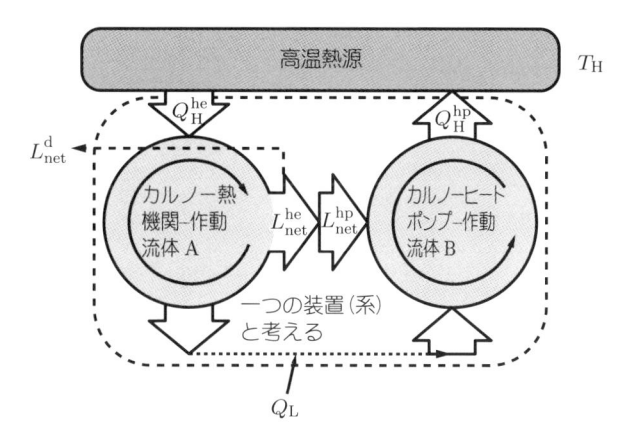

**図 4.20 作動流体と理論最大熱効率の関係**

すると，式(4.3)より下記が成立します．

$$L_{net}^{he} > L_{net}^{hp} \tag{4.13}$$

ここで，図の破線で示すカルノー熱機関とヒートポンプを一つの装置(系)と考えます．すると，この装置はカルノー熱機関の捨てた熱量 $Q_L$ を受けて(図中 ⋯▶ で示す)ヒートポンプが作動していることになります．よって，破線で示す熱機関は，次式に示すように式(4.13)の差分の正味仕事 $L_{net}^d$ をしていることになります．

$$L_{net}^d = L_{net}^{he} - L_{net}^{hp} \tag{4.14}$$

これは(2)と同様に，一つの高温熱源から熱を受け，周囲に仕事をすることになり，熱力学第2法則のケルビン−プランクによる掲示に反し，最初の仮定が間違っていることになります．したがって，カルノーサイクルの理論最大熱効率は，作動流体の種類によらないということが証明できました．

(4) 理論最大熱効率 $\eta_{carnot}$ は，**高温熱源および低温熱源の絶対温度 $T_H$[K]，$T_L$[K] のみで決まり，次式で表せる．**

$$\eta_{carnot} = 1 - \frac{T_L}{T_H} \tag{4.15}$$

(3)でカルノーサイクルの熱効率が作動流体によらないことがわかったので，式(4.9)を導くために，第3章で学んだ理想気体 $m$[kg] を作動流体とします．

**(1) 等温膨張**(過程 $1 \to 2$)　　式(3.13)から，加熱量 $Q_H$ が次式のように求まります．

$$Q_{\rm H} = mq_{\rm H} = mRT_{\rm H} \ln \frac{V_2}{V_1} \tag{4.16}$$

**(2)断熱膨張**(過程$2 \to 3$)　式(3.27)から次式が成立します．

$$T_{\rm H} V_2^{\kappa-1} = T_{\rm L} V_3^{\kappa-1} \to \frac{T_{\rm H}}{T_{\rm L}} = \frac{V_3^{\kappa-1}}{V_2^{\kappa-1}} \tag{4.17}$$

**(3)等温圧縮**(過程$3 \to 4$)　放熱量$Q_{\rm L}$は式(3.13)から次式のように求まります．

$$Q_{\rm L} = mq_{\rm L} = -mRT_{\rm L} \ln \frac{V_4}{V_3} \tag{4.18}$$

**(4)断熱圧縮**(過程$4 \to 1$)　式(3.27)から次式が成立します．

$$T_{\rm L} V_4^{\kappa-1} = T_{\rm H} V_1^{\kappa-1} \to \frac{T_{\rm H}}{T_{\rm L}} = \frac{V_4^{\kappa-1}}{V_1^{\kappa-1}} \tag{4.19}$$

式(4.16)と(4.18)を式(4.4)に代入します．

$$\eta_{\rm carnot} = 1 - \frac{Q_{\rm L}}{Q_{\rm H}} = 1 - \frac{-mRT_{\rm L} \ln (V_4/V_3)}{mRT_{\rm H} \ln (V_2/V_1)} \tag{4.20}$$

式(4.17)と(4.19)から，また$a^m = b^m$なら$a = b$なので，次式が成立します．

$$\frac{V_4}{V_1} = \frac{V_3}{V_2} \to \frac{V_2}{V_1} = \frac{V_3}{V_4} \to \frac{V_4}{V_3} = \frac{1}{V_2/V_1} \tag{4.21}$$

式(4.21)を式(4.20)に代入すれば，式(4.15)を導けます．

$$\begin{aligned}
\eta_{\rm carnot} &= 1 - \frac{Q_{\rm L}}{Q_{\rm H}} = 1 - \frac{-mRT_{\rm L} \ln (V_4/V_3)}{mRT_{\rm H} \ln (V_2/V_1)} \\
&= 1 - \frac{-mRT_{\rm L} \ln (1/(V_2/V_1))}{mRT_{\rm H} \ln (V_2/V_1)} \quad \boxed{\ln \frac{1}{a} = -\ln a} \\
&= 1 - \frac{-mRT_{\rm L} \times (-\ln (V_2/V_1))}{mRT_{\rm H} \ln (V_2/V_1)} = 1 - \frac{T_{\rm L}}{T_{\rm H}}
\end{aligned}$$

$$\eta_{\rm carnot} = \eta_{\rm max} = 1 - \frac{Q_{\rm L}}{Q_{\rm H}} = 1 - \frac{T_{\rm L}}{T_{\rm H}} \tag{4.22}$$

$$\frac{Q_H}{Q_L} = \frac{T_H}{T_L}, \quad \frac{Q_H}{T_H} = \frac{Q_L}{T_L} \tag{4.23}$$

これら式は，熱効率の定義式と同様に，$\dot{L}_{net}$および$\dot{Q}$に置き換えることができます．

高温熱源と低温熱源の絶対温度が決まれば，どのような熱機関でも，その熱効率は式(4.22)から算出される値を越えることはありません．これが**理論最大熱効率**です．これから次のことがわかります．

(1) 高温熱源と低温熱源の温度差が大きいほど熱効率が良くなる．
(2) $T_H = T_L$すなわち両熱源に温度差がなければ，$\eta = 0$になり，熱を仕事に変えることはできません（これは(1)で説明したことと一致します）．
(3) $\eta > 1 = 100\%$となることはない（これが成立すると，熱機関が高温熱源から供給された熱量より多く仕事をすることになり，熱力学第1法則に反します）．

式(4.23)は，高温熱源が失う$Q_H/T_H$と，低温熱源が得る$Q_L/T_L$が等しいことを表しており，後にクラウジウスがエントロピーの概念を確立する端緒になりました．

---

**例題 4.4** 図 4.21 のカルノー熱機関が500°Cの高温熱源から500 kJ/サイクルの熱量の供給を受けて，25°Cの低温熱源に排熱している．次の値を求めよ．
(1) 理論熱効率
(2) 低温熱源へのサイクルごとに排出する熱量

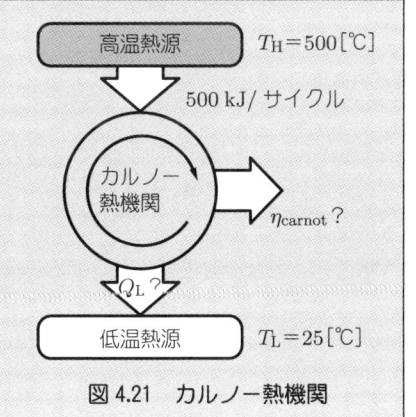

**図 4.21 カルノー熱機関**

**解答** (1) 理論熱効率$\eta_{carnot}$は，式(4.22)から次式のように求まります．

$$\eta_{carnot} = 1 - \frac{T_L}{T_H} = 1 - \frac{(273+25)\,[K]}{(273+500)\,[K]}$$
$$= 0.614 = 61.4\,\%$$

(2) 排出する熱量$Q_L$は，式(4.23)から次式のように求まります．

$$Q_L = \frac{T_L}{T_H} Q_H = \frac{(273+25)\,[K]}{(273+500)\,[K]} \times 500\,[kJ/サイクル]$$
$$= 193\,[kJ/サイクル]$$

逆カルノーサイクルによる冷凍機とヒートポンプの熱機関の最大熱効率に対応する**理論最大成績係数**は，式(4.7), (4.8)に式(4.23)を代入すれば求められます．

**冷凍機**

$$\varepsilon_{\text{R, carnot}} = \varepsilon_{\text{R, max}} = \left(\frac{Q_{\text{L}}}{L_{\text{net}}}\right)_{\text{carnot}} = \frac{1}{\dfrac{T_{\text{H}}}{T_{\text{L}}} - 1} = \frac{T_{\text{L}}}{T_{\text{H}} - T_{\text{L}}} \tag{4.24}$$

**ヒートポンプ**

$$\varepsilon_{\text{H, carnot}} = \varepsilon_{\text{H, max}} = \left(\frac{Q_{\text{H}}}{L_{\text{net}}}\right)_{\text{carnot}} = \frac{1}{1 - \dfrac{T_{\text{L}}}{T_{\text{H}}}} = \frac{T_{\text{H}}}{T_{\text{H}} - T_{\text{L}}} \tag{4.25}$$

**例題 4.5** ある発明家が，部屋の温度が25℃のとき，冷蔵部の温度を2℃に保つことのできる成績係数 14 の図 4.22 に示す冷凍機を開発したと主張している．この主張が正しいかを検討せよ．

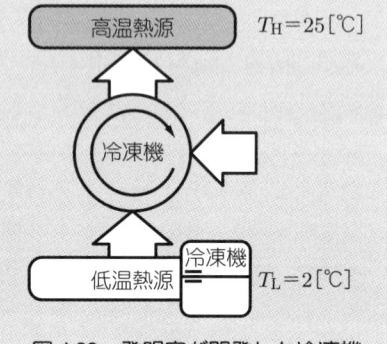

**図 4.22 発明家が開発した冷凍機**

**解答** この冷凍機の理論最大成績係数は，式(4.24)から次式のように求まります．

$$\begin{aligned}
\varepsilon_{\text{R, carnot}} = \varepsilon_{\text{R, max}} &= \frac{1}{(T_{\text{H}}/T_{\text{L}}) - 1} \\
&= \frac{1}{\dfrac{(273 + 25)[\text{K}]}{(273 + 2)[\text{K}]} - 1} \\
&= 12.0
\end{aligned}$$

理論最大成績係数が，発明家が主張する成績係数より小さいことがわかります．よって，発明家の主張は誤りです．

**例題 4.6** 図 4.23 に示すヒートポンプを使用して家の温度を 25°C に保っている．この家から奪われる熱量は，外気温が $-5$°C のとき，$\dot{Q}_H = 120\,[\mathrm{MJ/h}]$ である．このヒートポンプを作動させるための最小必要動力 $\dot{L}_{\mathrm{net}}$ を求めよ．

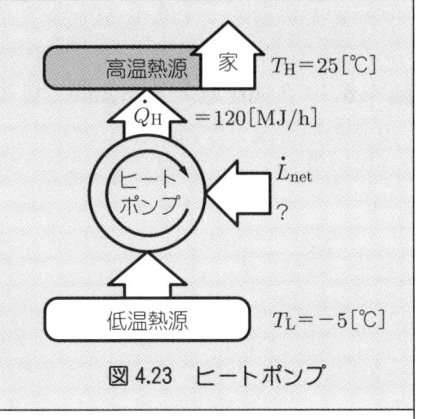

**図 4.23 ヒートポンプ**

**解答** このヒートポンプの最小必要動力は，逆カルノーサイクルで作動しているときに実現でき，その理論最大成績係数は，式 (4.25) から求まります．

$$\varepsilon_{\mathrm{H,\,max}} = \frac{1}{1-(T_L/T_H)}$$

$$= \frac{1}{1-\dfrac{(273-5)\,[\mathrm{K}]}{(273+25)\,[\mathrm{K}]}} = 9.93$$

$\dot{L}_{\mathrm{net}}$ は，式 (4.8) から求まります．

$$\dot{L}_{\mathrm{net}} = \frac{\dot{Q}_H}{\varepsilon_{\mathrm{H,\,max}}} = \frac{120\,[\mathrm{MJ/h}]}{9.93}$$

$$= \frac{120\times 10^3\,[\mathrm{kJ/h}]}{9.93} \quad \text{(p.23 コラム参照)}$$

$$= \frac{120\times 10^3 \left[\dfrac{\mathrm{kJ}}{\mathrm{h}\left(\dfrac{\mathrm{s}\cdot 3600}{\mathrm{h}\cdot 1}\right)}\right]}{9.93}$$

$$= \frac{33.33\,[\mathrm{kW}]}{9.93} = 3.35\,[\mathrm{kW}] \quad \text{(表 1.5 [J/s] = [W])}$$

## 4.5 エントロピー

4.2 節で自然現象は不可逆過程であることを学びました．この不可逆性の程度を数値的に表すため導入されたのがエントロピーという概念です．本節では，エントロピーの概念とその変化の求め方，この概念を導入することの利点を説明します．エ

## 4.5.1 2個を越える熱源間で作動するカルノーサイクル

2個の熱源間で作動するカルノーサイクルについては，4.4節で学びました．そこで出てきた式(4.23)を書き直すと次のようになります．

$$\frac{Q_H}{T_H} - \frac{Q_L}{T_L} = 0 \tag{4.26}$$

ここで，1.3.10項で系に入る熱量はプラス(＋)，流出する熱量はマイナス(－)としているので，この符号を式(4.26)に含めると次式となります．

$$\frac{Q_H}{T_H} + \frac{Q_L}{T_L} = 0 \quad （可逆サイクルの場合） \tag{4.27}$$

熱源が2個を越える場合を考えてみましょう．図4.24の1個の高温熱源と2個の低温熱源の間で作動する1-2-3-4-5-6-7の可逆サイクルを考えます．このサイクルは，図4.24に示す温度$T_1$と$T_3$との間で作動する1-2-5-6-7のカルノーサイクルと，温度$T_1$と$T_2$との間で作動する2-3-4-5のカルノーサイクルの二つのカルノーサイクルを，2→5と5→2の過程が相殺されるので，合成したものです．サイクル1-2-5-6-7において次式が成立します．

$$\frac{Q'_1}{T_1} + \frac{Q_3}{T_3} = 0 \tag{4.28}$$

サイクル2-3-4-5において次式が成立します．

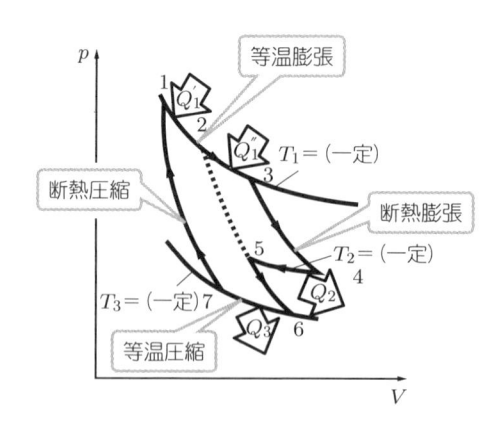

図4.24 3熱源のカルノーサイクルの$p-V$線図

$$\frac{Q_1''}{T_1} + \frac{Q_2}{T_2} = 0 \tag{4.29}$$

ここで，$Q_1 = Q_1' + Q_1''$ とし，式 (4.28) と (4.29) の両辺を加算した式に代入すると，次式となります．

$$\frac{Q_1}{T_1} + \frac{Q_2}{T_2} + \frac{Q_3}{T_3} = 0 \quad (可逆サイクルの場合) \tag{4.30}$$

これから，**サイクルに出入りする熱量をその絶対温度で割ったものの和はゼロになる**ことがわかります．

以上のことを図 4.25 に示す任意のサイクルに適用してみます．任意のサイクルを覆う無数の断熱と等温過程線を引きます．これにより，図のように，適当な微小なカルノーサイクルを選んで，微小なカルノーサイクルの面積の総和（図 4.25 の ▨ 部）＝任意のカルノーサイクルの面積とすれば，微小なカルノーサイクルの総和が任意のカルノーサイクルになります．これにより任意のサイクルに対して式 (4.31) が成立します．

$$\sum_{i=1}^{n} \frac{\delta Q_i}{T_i} = 0 \quad (可逆サイクルの場合) \tag{4.31}$$

図 4.25 の分割の個数 $n$ を限りなく大きくしたとき，式 (4.31) の左辺の極限値が積分（細かく分けて集積するのが積分）なので，次式が得られます．

$$\oint \frac{\delta Q}{T} = 0 \quad (可逆サイクルの場合) \tag{4.32}$$

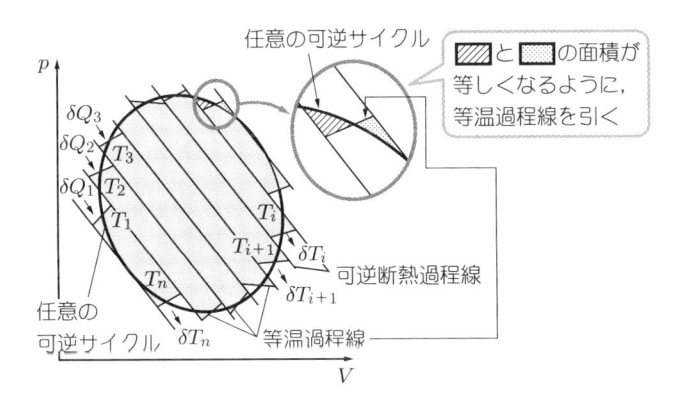

図 4.25 任意のカルノーサイクルを無数の微小なカルノーサイクルに置換

ここで，$\oint$ は閉曲線(サイクル)を一周して積分することを示す．

この積分を**クラウジウス積分**といい，可逆サイクルにおいてはクラウジウス積分の値はゼロになります．

以上，可逆サイクルの場合を検討してきましたが，ここで不可逆サイクルのクラウジウス積分の値はどうなるかを検討しましょう．図 4.26 に示す，高温熱源 $T_\mathrm{H}$ と低温熱源 $T_\mathrm{L}$ で作動する不可逆サイクルの熱機関と，可逆サイクルのカルノーサイクルで作動するカルノーヒートポンプがあります．熱機関は高温熱源から $Q_\mathrm{H}$ の熱量を受け，低温熱源へ $Q_\mathrm{L}$ の熱量を捨て，正味仕事 $L_\mathrm{net}$ を発生しています．ヒートポンプは熱機関の発生した正味仕事 $L_\mathrm{net}$ で駆動され，低温熱源から $Q_\mathrm{L}^\mathrm{hp}$ の熱量を奪い，高温熱源へ $Q_\mathrm{H}^\mathrm{hp}$ の熱量を捨てています．ヒートポンプについては式(4.26)から次式が成立します．

$$\frac{Q_\mathrm{H}^\mathrm{hp}}{T_\mathrm{H}} - \frac{Q_\mathrm{L}^\mathrm{hp}}{T_\mathrm{L}} = 0 \tag{4.33}$$

$$L_\mathrm{net} + Q_\mathrm{L}^\mathrm{hp} = Q_\mathrm{H}^\mathrm{hp} \tag{4.34}$$

不可逆熱機関において次式とおきます．

$$\frac{Q_\mathrm{H}}{T_\mathrm{H}} - \frac{Q_\mathrm{L}}{T_\mathrm{L}} = x \tag{4.35}$$

また，不可逆熱機関においても次式が成り立ちます．

$$Q_\mathrm{L} = Q_\mathrm{H} - L_\mathrm{net} \tag{4.36}$$

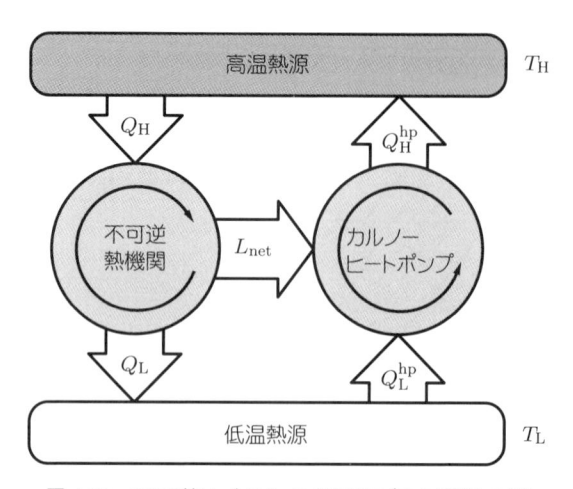

図 4.26　不可逆サイクルのクラウジウス積分の値

式(4.35)の両辺から式(4.33)の両辺をそれぞれ引きます.

$$x = \frac{Q_{\text{H}} - Q_{\text{H}}^{\text{hp}}}{T_{\text{H}}} - \frac{Q_{\text{L}} - Q_{\text{L}}^{\text{hp}}}{T_{\text{L}}} \quad \text{式(4.34), 式(4.36)}$$

$$= \frac{Q_{\text{H}} - (L_{\text{net}} + Q_{\text{L}}^{\text{hp}})}{T_{\text{H}}} - \frac{(Q_{\text{H}} - L_{\text{net}}) - Q_{\text{L}}^{\text{hp}}}{T_{\text{L}}}$$

$$= \frac{Q_{\text{H}} - (L_{\text{net}} + Q_{\text{L}}^{\text{hp}})}{T_{\text{H}}} - \frac{Q_{\text{H}} - (L_{\text{net}} + Q_{\text{L}}^{\text{hp}})}{T_{\text{L}}}$$

$$= \{Q_{\text{H}} - (L_{\text{net}} + Q_{\text{L}}^{\text{hp}})\} \frac{T_{\text{L}} - T_{\text{H}}}{T_{\text{H}} T_{\text{L}}}$$

$$= (Q_{\text{H}} - Q_{\text{H}}^{\text{hp}}) \frac{T_{\text{L}} - T_{\text{H}}}{T_{\text{H}} T_{\text{L}}} \quad \text{式(4.34)} \tag{4.37}$$

式(4.37)において $T_{\text{L}} - T_{\text{H}} < 0$ であり, 4.4節から可逆サイクルであるカルノーヒートポンプの成績係数 $1/\varepsilon_{\text{H}}^{\text{hp}}$ のほうが, 不可逆熱機関の熱効率 $\eta_{\text{he}}$ より大きくなります. すると, $\eta_{\text{he}} < 1/\varepsilon_{\text{H}}^{\text{hp}} \to L_{\text{net}}/Q_{\text{H}} < L_{\text{net}}/Q_{\text{H}}^{\text{hp}} \to Q_{\text{H}} > Q_{\text{H}}^{\text{hp}} \to x < 0$ となります. すなわち, 熱量には符号がついていますので, 不可逆サイクルの場合は次式となります.

$$\frac{Q_{\text{H}}}{T_{\text{H}}} + \frac{Q_{\text{L}}}{T_{\text{L}}} < 0 \quad \text{(不可逆サイクルの場合)} \tag{4.38}$$

可逆サイクルの場合と同様にして, 不可逆サイクルのクラウジウス積分は次式となります.

$$\oint \frac{\delta Q}{T} < 0 \quad \text{(不可逆サイクルの場合)} \tag{4.39}$$

式(4.32)と(4.39)から次に示す**クラウジウスの不等式**(Clausius ineqaulity)が成立します. これは, 閉じた系の任意のサイクルにおける熱力学第2法則を不等式で表した式です.

$$\oint \frac{\delta Q}{T} \leq 0 \quad \begin{pmatrix} \text{可逆サイクルの場合} & = 0 \\ \text{不可逆サイクルの場合} & < 0 \end{pmatrix} \tag{4.40}$$

### 4.5.2 エントロピーの定義

式(4.40)が等号のとき, すなわち可逆サイクルの場合に限定して考えます. それを

明確にするために，式(4.40)を次式の**クラウジウス積分**で表示します．

$$\oint \frac{\delta Q_{\text{rev}}}{T} = 0 \tag{4.41}$$

クラウジウスは，式(4.41)の $\delta Q_{\text{rev}}/T$ を**エントロピー**(entropy) $\mathrm{d}S$ と名付けました．

$$\mathrm{d}S = \frac{\delta Q_{\text{rev}}}{T} \quad [\text{J/K}] \tag{4.42}$$

式(4.42)を最初の平衡状態 1 から最後の平衡状態 2 まで積分すれば，可逆過程でのエントロピーの変化量が計算できることになります．

$$S_2 - S_1 = \int_1^2 \frac{\delta Q_{\text{rev}}}{T} \tag{4.43}$$

式(4.43)で温度 $T$ は絶対温度でつねに正なので，系に熱が入ってくればエントロピーは増加し，反対に熱が放出されればエントロピーは減少します．

### ▶ 4.5.3 エントロピーは何を表すのか

それでは，エントロピーとは何なのでしょうか．ここで，二つの熱源を考えてみます．

(1) 表層の温度(約10°C)と深層の温度(約2°C)に温度差のある海水の熱源
(2) エンジンの920°Cの高温熱源と20°Cの低温熱源

熱量 $Q$ は式(1.10)の次式で表せます．

$$Q = mc\Delta T \tag{1.10}$$

(1)では温度差 $\Delta T$ が小さく，(2)では $\Delta T$ が大きいので，同じ熱量を得るためには，(1)では膨大な量(質量)の海水が必要になり，きわめて不便で，利用価値は(2)に比べて低いといえます．これが**エネルギーの(利用)価値**の違いです．熱量 $Q$ だけでは，このエネルギーの価値を表すことができませんが，熱量を温度で除したエントロピーを用いることにより，エネルギーの価値を表すことができます．もちろん同じ熱量の場合はエントロピーの値が小さいほど，エネルギーの価値が高いのです．

エネルギーの価値を，たとえていえば次のようになります．図4.27の絵の具 A と絵の具 B の絵の具の量は変わりません．しかし，水に希釈してしまった絵の具 B では，絵の具としての価値はありません．このように，エネルギーもその熱量の大きさだけでエネルギーの価値は判断できません．エントロピーの概念を導入することに

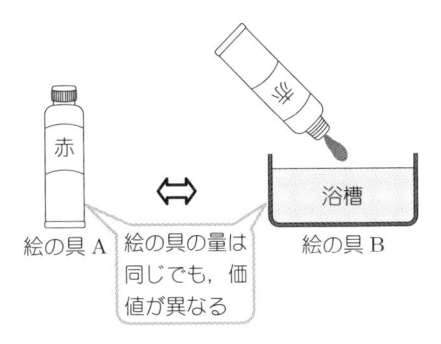

図 4.27 絵の具の価値の違い

よって初めてエネルギーの価値を評価できるのです．

### 4.5.4 エントロピーは状態量

図 4.28 に示す任意のクラウジウス積分を考えると，次式を導くことができます．

$$\oint \frac{\delta Q_{\text{rev}}}{T} = \int_{1\to 3}^{2} \frac{\delta Q_{\text{rev}}}{T} + \int_{2\to 4}^{1} \frac{\delta Q_{\text{rev}}}{T}$$

$$\int_{a}^{b} f(x)\,\mathrm{d}x = -\int_{b}^{a} f(x)\,\mathrm{d}x$$

$$= \int_{1\to 3}^{2} \frac{\delta Q_{\text{rev}}}{T} - \int_{1\to 4}^{2} \frac{\delta Q_{\text{rev}}}{T} = 0$$

$$\rightarrow \quad \int_{1\to 3}^{2} \frac{\delta Q_{\text{rev}}}{T} = \int_{1\to 4}^{2} \frac{\delta Q_{\text{rev}}}{T} \tag{4.44}$$

式 (4.44) は，状態点 1 と状態点 2 を結ぶ $\delta Q_{\text{rev}}/T$ の積分値が，積分経路に無関係で状態点 1 と状態点 2 だけによって決まることを示しています．すなわち，**エントロピーは状態量**であるということです．エントロピーは物質の質量に比例する示量性状態量なので，**比エントロピー** $s$ は次式のように表します．

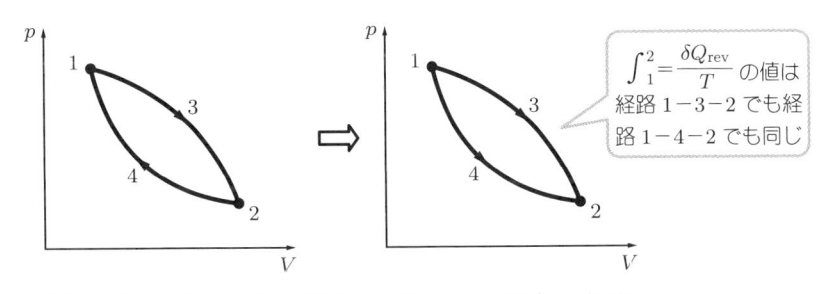

（a）可逆サイクルのクラウジウス積分　　（b）エントロピーと経路

図 4.28 エントロピーは状態量

$$s = \frac{S}{m} \ [\text{J/(K·kg)}] \tag{4.45}$$

> **例題 4.7** 発電機の出力の測定を行っている．その結果，発電機の出力は 12 kW で，出力測定装置のブレーキを 15 分使用した．この測定装置の周囲の温度が 20°C で一定の場合，この装置のエントロピーの変化を求めよ．

> **解答** ブレーキからの放熱によっても周囲の温度に変化がないと考えると，エントロピーの変化は，式 (4.43) より次式のように求めることができます．
>
> $$S_2 - S_1 = \int_1^2 \frac{\delta Q_{\text{rev}}}{T}$$
>
> $$= \frac{12\,[\text{kW}] \times 15\,[\text{min}]}{(273+20)\,[\text{K}]} = \frac{180\left[\frac{\text{kJ}}{\text{s}} \times \text{min}\left(\frac{\text{s}\cdot 60}{\text{min}\cdot 1}\right)\right]}{293\,[\text{K}]}$$
>
> (p.23 コラム参照)
>
> $$= 36.9\,[\text{kJ/K}]$$

### ▶ 4.5.5 エントロピー変化の求め方

熱をやりとりする境界の温度が変化しない場合のエントロピーの変化は，例題 4.7 で示したように，式 (4.43) より簡単に求めることができます．ここで，境界の温度が変化する場合のエントロピーの変化の求め方を説明します．

**A エントロピー変化を求めるために必要な式** 式 (4.42)，(2.30) から次式が得られます．

$$\delta Q_{\text{rev}} = T\,dS \tag{4.46}$$

$$\delta Q_{\text{rev}} = dU + p\,dV \tag{4.47}$$

式 (4.46) と (4.47) から $\delta Q_{\text{rev}}$ を消去します．

$$T\,dS = dU + p\,dV \tag{4.48}$$

これに式 (2.33) を代入して，$dU$ を消去します．

$$T\,dS = dH - V\,dp \tag{4.49}$$

式 (4.48)，(4.49) を単位質量あたりで表すと，次式のようになります．

$$T\,ds = du + p\,dv \quad \bigg\} \quad \text{熱力学の基本式} \tag{4.50}$$

$$T\,ds = dh - v\,dp \tag{4.51}$$

式(4.50)と(4.51)は可逆過程を前提に導きましたが，エントロピーは状態量のため，熱力学第1法則と第2法則を統合し，可逆および不可逆過程の両方に，さらに閉じた系および開いた系の両方に適用できます．式(4.50), (4.51)は，エントロピーという直接測定できない状態量を，容易に測定できる温度，体積，圧力などの状態量で表した熱力学の基本式です．

### B 理想気体のエントロピー変化　　式(4.50), (4.51)を変形します．

$$ds = \frac{du}{T} + \frac{p\,dv}{T} \tag{4.52}$$

$$ds = \frac{dh}{T} - \frac{v\,dp}{T} \tag{4.53}$$

理想気体では，式(3.1)および(2.36), (2.37)の次の関係があります．

$$pv = RT, \quad du = c_v\,dT, \quad dh = c_p\,dT$$

上式を式(4.52), (4.53)に代入すると，次式となります．

$$ds = c_v \frac{dT}{T} + R\frac{dv}{v} \tag{4.54}$$

$$ds = c_p \frac{dT}{T} - R\frac{dp}{p} \tag{4.55}$$

式(4.54), (4.55)を状態点1から状態点2まで積分すると，理想気体のエントロピーの変化を求める次式が求まります．

$$\begin{aligned}
\Delta s = s_2 - s_1 &= c_v \int_1^2 \frac{dT}{T} + R \int_1^2 \frac{dv}{v} \\
&= c_v \ln \frac{T_2}{T_1} + R \ln \frac{v_2}{v_1} \quad [\text{J}/(\text{kg}\cdot\text{K})]
\end{aligned} \tag{4.56}$$

$$\int \frac{1}{x} dx = \ln x + c$$
$$\ln \frac{1}{x} = -\ln x$$

$$\begin{aligned}
\Delta s = s_2 - s_1 &= c_p \int_1^2 \frac{dT}{T} - R \int_1^2 \frac{dp}{p} \\
&= c_p \ln \frac{T_2}{T_1} - R \ln \frac{p_2}{p_1} \quad [\text{J}/(\text{kg}\cdot\text{K})]
\end{aligned} \tag{4.57}$$

> **例題 4.8** 3 kg の空気を定圧 $p = 200\,[\mathrm{kPa}]$ のもとで 400°C まで温度を上げた．最初の体積が $V_1 = 1.0\,[\mathrm{m^3}]$ のとき，エントロピーの変化を求めよ．

**解答** 温度を上げる前の温度は，式(3.1)と表3.1から次式のように求まります．

$$T_1 = \frac{pV_1}{mR}$$

（人名→定義（例題 2.11 参照））

$$= \frac{200\,[\mathrm{kPa}] \times 1.0\,[\mathrm{m^3}]}{3\,[\mathrm{kg}] \times 286.99\,[\mathrm{J/(kg \cdot K)}]} = \frac{200 \times 10^3\,[\mathrm{(N/m^2)m^3}]}{0.86 \times 10^3\,[\mathrm{J/K}]} = 233\,[\mathrm{K}]$$

空気を理想気体と考えると，この空気のエントロピー変化は定圧変化なので，式(4.57)から次式のように求まります．

$$S_2 - S_1 = m(s_2 - s_1) = m\left(c_p \ln \frac{T_2}{T_1} - R \ln 1\right)$$

（$\ln 1 = 0$）

$$= 3\,[\mathrm{kg}] \times \left(1.006\,[\mathrm{kJ/(kg \cdot K)}] \times \ln \frac{(273+400)\,[\mathrm{K}]}{(273+233)\,[\mathrm{K}]}\right)$$

$$= 0.861\,[\mathrm{kJ/K}]$$

**C 液体，固体のエントロピー変化** 液体や固体は非圧縮性物質と考えてよいので，$dv = 0$ です．この場合，定圧比熱および定積比熱を区分する必要がなくなるので，比熱を $c$ とし，式(4.54)で $dv = 0$ とします．

$$ds = c\frac{dT}{T} \tag{4.58}$$

比熱が一定なので，式(4.58)を積分します．

$$\Delta s = s_2 - s_1 = c\int_1^2 \frac{dT}{T} = c \ln \frac{T_2}{T_1} \quad [\mathrm{J/(kg \cdot K)}] \tag{4.59}$$

式(4.59)から比熱と変化前後の温度がわかれば，液体や固体のエントロピー変化を求めることができます．

**D 作動流体のエントロピー変化** 理想気体や非圧縮性物質のエントロピーの変化は，比較的簡単に求めることができます．ところが，実際に使用する水蒸気や冷媒などの作動流体のエントロピー変化は，エントロピーの変化量を求める式(4.43)から簡単に求めることはできません．これらの値は表や線図で与えられており，実際の解析にはこれらを使用します．

**例題 4.9** 図 4.29 のように，断熱した容器に温度 $t_1 = 10\,[^\circ\mathrm{C}]$ の水 1 kg を入れ，1 kW のモーターで 3 分間撹拌した．エントロピーの変化を求めよ．ただし，水の平均比熱を $c = 4.18\,[\mathrm{kJ/(kg\cdot K)}]$ とする．

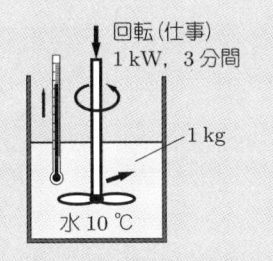

図 4.29 羽根車による撹拌

**解答** モーターでこの水に与えられた仕事が水温の上昇に使われるので，式(1.10)から次式のように上昇後の温度 $T_2$ が求まります．

$$1\,[\mathrm{kW}] \times 3\,[\mathrm{min}] = 1\,[\mathrm{kg}] \times 4.18\,[\mathrm{kJ/(kg\cdot K)}] \times (T_2 - (273+10))\,[\mathrm{K}]$$

$$T_2 = 283\,[\mathrm{K}] + \frac{1\,[\mathrm{kJ/s}] \times 3\left[\min\left(\frac{\mathrm{s}\cdot 60}{\min\cdot 1}\right)\right]}{1\,[\mathrm{kg}] \times 4.18\,[\mathrm{kJ/(kg\cdot K)}]} = 326\,[\mathrm{K}]$$

(p.23 コラム参照)

よって，エントロピーの変化は，式(4.59)から次式のように求まります．

$$S_2 - S_1 = m(s_2 - s_1) = mc\ln\frac{T_2}{T_1}$$

$$= 1\,[\mathrm{kg}] \times 4.18\,[\mathrm{kJ/(kg\cdot K)}] \times \ln\frac{326\,[\mathrm{K}]}{(273+10)\,[\mathrm{K}]} = 0.591\,[\mathrm{kJ/K}]$$

### 4.5.6 エントロピーの概念を導入することの利点

エントロピーの概念を導入すると，次の利点があります．

(1) 4.5.3 項で説明した**エネルギーの価値**を表現できる．
(2) **熱量**は非状態量なので現在の状態で定義される物理量で表すことができないが，この熱量をその系の絶対温度で割って**エントロピー**とすると，**状態量**となり，現在の状態で定義される物理量のみで表すことができる．
(3) エントロピーの概念を導入することにより，熱量と仕事は**表 4.1** に示すような対応関係が成り立つ．したがって，経路が決まっていれば，仕事が $p$-$V$ 線図上に表せるように熱量も $T$-$S$ 線図上に表示できる（**図 4.30**）．

表 4.1 熱量と仕事の対応関係

| エネルギー | 示強性状態量 | 示量性状態量 | 式 |
|---|---|---|---|
| 仕事 $L$ | 絶対圧力 $p$ | 体積 $V$ | $\delta L = p\,\mathrm{d}V$ |
| 熱量 $Q$ | 絶対温度 $T$ | エントロピー $S$ | $\delta Q = T\,\mathrm{d}S$ |

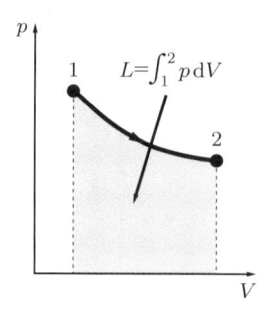

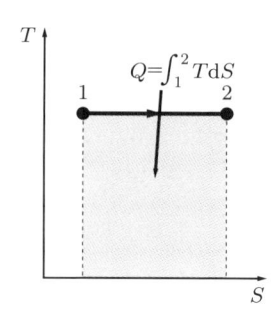

図 4.30 $p$-$V$線図と$T$-$S$線図

(4) 図 4.31 のように，温度を縦軸にエントロピーを横軸にした$T$-$s$線図上で断熱過程(等エントロピー過程)を垂直線で表示でき，かつ不可逆変化をエントロピーが増加する方向へ変化させてグラフ上に表示できるので，ガスサイクル(第 5 章)の評価に使用できる．

(5) 図 4.32 のように，エンタルピーを縦軸にエントロピーを横軸にした$h$-$s$線図上において，断熱変化を垂直線で表示できる．また，過程において熱が仕事に変換されるエンタルピー量(落差)を縦軸の線の長さとして直観的に表現できる(この二つの利点から，蒸気の状態変化による物理量の変化を示すときは，$h$-$s$線図が用いられます)．

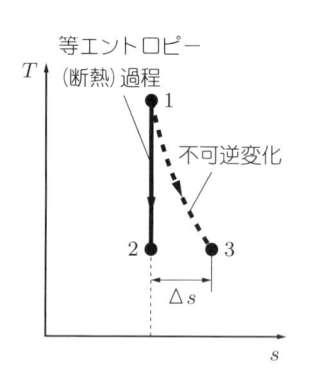

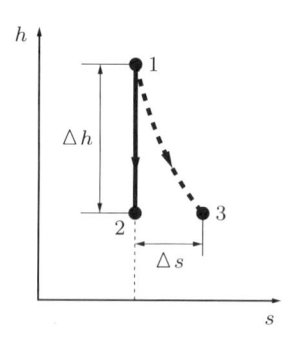

図 4.31 $T$-$s$線図上での断熱過程の表示　　図 4.32 $h$-$s$線図上のエンタルピーの表示

**演習問題**

**4.1** 燃料消費量 $F_c = 30\,[\ell/\mathrm{h}]$，出力 $\dot{L}_{\mathrm{net}} = 65\,[\mathrm{kW}]$ の自動車用エンジンがある．燃料を燃焼したとき，発熱量 $F_Q = 44\,[\mathrm{MJ/kg}]$，密度 $\rho = 0.8\,[\mathrm{g/cm^3}]$ であった．このエンジンの熱効率を求めよ．

**4.2** 蒸気原動所は $\dot{Q}_\mathrm{H} = 300\,[\mathrm{GJ/h}]$ の熱量を消費し，$\dot{Q}_\mathrm{loss} = 10\,[\mathrm{GJ/h}]$ の熱損失があり，$\dot{Q}_\mathrm{L} = 170\,[\mathrm{GJ/h}]$ の熱量を捨てている．次の値を求めよ．
(1) 正味仕事
(2) 熱効率

**4.3** 成績係数 1.3 の家庭用冷凍機が冷凍部から $65\,\mathrm{kJ/min}$ の熱を奪っている．次の値を求めよ．
(1) 冷凍機の消費電力
(2) 冷凍機の置かれた部屋へ排出する熱量

**4.4** 部屋の温度を $25°\mathrm{C}$ に保つために，ヒートポンプが作動している．この部屋の壁や窓から $\dot{Q}_\mathrm{out} = 65000\,[\mathrm{kJ/h}]$ の熱量が放出されている．また，この部屋にいる人，電気器具，照明器具から放出される合計熱量は，$\dot{Q}_\mathrm{in} = 5000\,[\mathrm{kJ/h}]$ である．このヒートポンプの成績係数が 2.6 のとき，ヒートポンプに必要な動力を求めよ．

**4.5** カルノー熱機関が $200°\mathrm{C}$ の高温熱源と $15°\mathrm{C}$ の低温熱源で作動している．もし，このカルノー熱機関の出力が $\dot{L}_\mathrm{net} = 20\,[\mathrm{kW}]$ の場合，高温熱源から供給される熱量および低温熱源へ排出される熱量を求めよ．

**4.6** $8°\mathrm{C}$ を低温熱源とするカルノー熱機関の熱効率を $60\,\%$ にするための，高温熱源の温度を求めよ．

**4.7** 二つのカルノー熱機関が $300°\mathrm{C}$ の高温熱源と $40°\mathrm{C}$ の低温熱源の間で直列運転されている．高温熱源の熱を受けている 1 番目の熱機関の排気が 2 番目の熱機関の高温熱源となっている．1 番目の熱機関の効率が 2 番目の熱機関の効率より 1.25 倍よい．1 番目の熱機関の排気の温度を計算せよ．

**4.8** カルノー熱機関が $\eta_\mathrm{carnot} = 70\,\%$ で作動している．これを同じ条件で逆カルノーサイクルで作動させたときの冷凍庫の成績係数を求めよ．ただし，低温熱源の温度は $T_\mathrm{L} = 0\,[°\mathrm{C}]$ とする．

**4.9** 部屋を $22°\mathrm{C}$ に暖めているヒートポンプがある．外気温度が $-2°\mathrm{C}$，部屋の放熱量が $80\,\mathrm{MJ/h}$ のとき，このヒートポンプの最小正味動力 [HP (英馬力)] を求めよ．

**4.10** 次の場合について，エントロピーの変化量を求めよ．
(1) 温度 $800°\mathrm{C}$ の熱源から $340\,\mathrm{kJ}$ の熱が逃げたときの熱源．
(2) 温度 $25°\mathrm{C}$ の大気中に $300\,\mathrm{kJ}$ の熱が逃げたときの大気．
(3) 定圧のもとで $800°\mathrm{C}$ から $100°\mathrm{C}$ まで変化し，$340\,\mathrm{kJ}$ の熱が逃げたときの物質（ただし，物質の比熱は一定とする）．
(4) $3\,\mathrm{kg}$ の空気が $800°\mathrm{C}$ で $3\,\mathrm{m}^3$ の頑丈な容器に入っている．この容器の中の空気の圧力が $140\,\mathrm{kPa}$ に変化したときの空気．
(5) 断熱した容器に $20°\mathrm{C}$ の水（比熱 $4.18\,\mathrm{kJ/(kg \cdot K)}$）$1\,\mathrm{kg}$ が入っている．この容器の中で，$500\,\mathrm{W}$ の出力の撹拌機で 2 分間水を撹拌したときの水．

**4.11** 圧力 $1\,\mathrm{MPa}$，温度 $200°\mathrm{C}$ の空気 $1\,\mathrm{kg}$ を温度一定のもとで膨張したところ，圧力が $0.1\,\mathrm{MPa}$ になった．エントロピーの変化量を求めよ．

# 第5章 ガスサイクル

**学習の目標**
- ☑ 各種ガスサイクルを構成する過程を説明し,その理論熱効率を求めることができる.

## 5.1 熱機関の種類

熱機関は,熱機関の外部にある熱源が作動流体を加熱する**外燃機関**(external combustion engine)と,燃焼ガスそのものが作動流体となる**内燃機関**(internal combus-

表 5.1 熱機関の種類

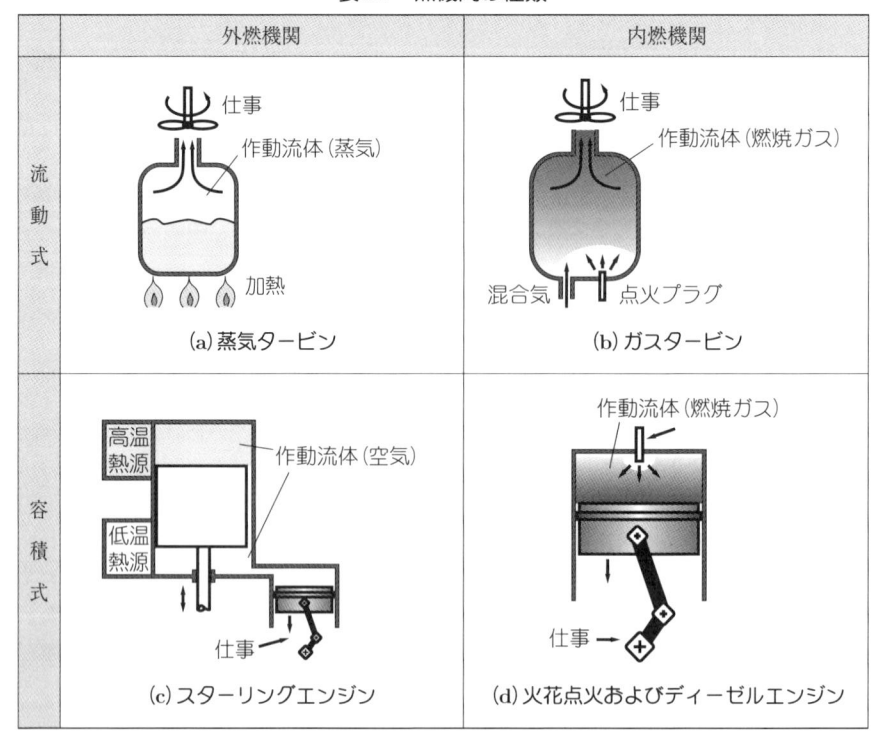

| | 外燃機関 | 内燃機関 |
|---|---|---|
| 流動式 | (a) 蒸気タービン | (b) ガスタービン |
| 容積式 | (c) スターリングエンジン | (d) 火花点火およびディーゼルエンジン |

tion engine)に分けられます．また，連続的に作動流体を膨張させることにより運動エネルギーを増加させて，それによってタービンを回転させて仕事する**流動式**と，容器内で作動流体を膨張させることにより圧力を上げて，それによってピストンを動かし仕事する**容積式**にも分けられます．これらの組合せにより，熱機関は，**表 5.1** のように，4 種類に分類できます．

この 4 種類の熱機関のうち表の (b), (c), (d) はガスサイクルとして本章で学び，(a) は蒸気サイクルとして第 6 章で学びます．

## 5.2 ガスサイクルの検討の前提条件

ガスサイクルで実際に発生している現象は複雑で，そのまま扱うと解析が難しくなってしまうので，その結果の精度をある程度犠牲にして前提条件を設け，簡単なモデルにして計算します．技術の世界では，精度をある程度犠牲にしても現象の理想化 (idealization) を図ります．ガスサイクルの説明の前に，この前提条件を説明します．

### 5.2.1 理想サイクル

実際のサイクルから系内のすべての不可逆過程を除いて簡単化すると，実際のサイクルに近く，系の内部で起こっている過程がすべて可逆過程である**内部可逆過程**により構成されるサイクルになります．このようなサイクルを**理想サイクル** (ideal cycle) といいます．**図 5.1** に実際のサイクルと理想サイクルの $p\text{-}v$ 線図を示します．

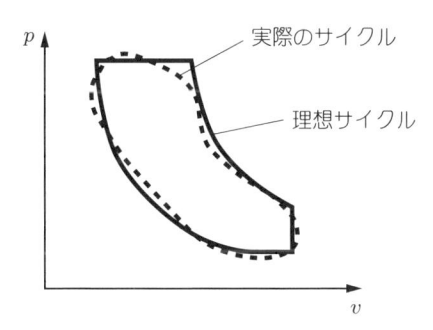

図 5.1 実際のサイクルと理想サイクルの $p\text{-}v$ 線図

理想化は次のように条件を設定します．
(1) サイクルの各過程における摩擦を無視する ($\Rightarrow$ 作動流体が熱機関内を流れても圧力は降下しないとする)．
(2) 熱機関内の作動流体は理想気体の状態で変化する ($\Rightarrow$ すべての膨張・圧縮過程は，準静的に行われるとする)．

(3) 熱機関の構成部品間を接続する配管は，完全に断熱されているとする（⇒ 熱損失は無視する）．
(4) 熱機関内の作動流体の速度および位置の変化は無視する（⇒ 運動エネルギーと位置エネルギーの変化は無視する）．

熱機関を連続して作動させるには，作動流体に状態変化を起こし，外部に仕事をした後に再び元の状態に戻るサイクルを構成する必要があります．理想サイクルはすべてが準静的過程なので，$p$-$V$線図上では図 5.2(a)のように，時計回りのサイクルを描き，その閉面積が正味仕事$L_\mathrm{net}(= L_1 - L_2)$となります．一方，$T$-$S$線図上でも同様に，図(b)のように時計回りにサイクルを描き，その閉面積に等しい熱量$Q(= Q_\mathrm{H} - Q_\mathrm{L})$を外部の高温熱源から受け取って仕事に変換します．

熱機関の**理論熱効率**$\eta_\mathrm{th}$は，次式で表されます．

$$\eta_\mathrm{th} = \frac{L_\mathrm{net}}{Q_\mathrm{H}} = \frac{\ell_\mathrm{net}}{q_\mathrm{H}} \tag{5.1}$$

熱力学第 1 法則により$L_\mathrm{net} = Q(= Q_\mathrm{H} - Q_\mathrm{L})$なので，$\eta_\mathrm{th}$は次式でも表せます．

$$\eta_\mathrm{th} = \frac{Q}{Q_\mathrm{H}} = \frac{Q_\mathrm{H} - Q_\mathrm{L}}{Q_\mathrm{H}} = 1 - \frac{Q_\mathrm{L}}{Q_\mathrm{H}} \tag{5.2}$$

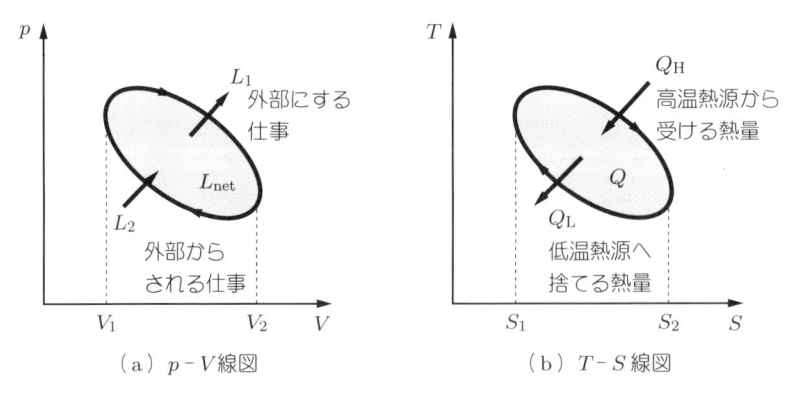

(a) $p$-$V$線図　　(b) $T$-$S$線図

図 5.2　熱機関の理想サイクル

### 5.2.2　空気標準想定

実際のサイクルを簡単に解析するためには，5.2.1 項の理想化に加えて，次に示す**空気標準想定**(air-standard assumption)を前提とします．

(1) <u>作動流体は理想気体の空気と考える．</u>
(2) 実際の熱機関の燃焼過程は，図 5.3 のように，加熱過程に置き換える．

5.2 ガスサイクルの検討の前提条件　109

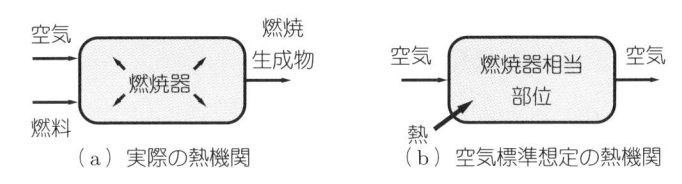

**図 5.3　理想サイクルにおける燃焼過程の置き換え**

(3) 実際の排気過程は，作動流体が元の状態に戻る冷却過程に置き換える．また，通常，比熱は表 3.1 に示した室温 (25°C) のときの値を使用します．

**表 5.2** に，ガスサイクルの検討に頻繁に使用する，第 3 章で求めた理想気体の状態変化などを表す式と，気体定数や比熱などの一覧を示します．演習問題を解く場合にはこの表を参考にしてください．

**表 5.2　ガスサイクルで使用する理想気体の状態変化一覧表**

| すべての過程に適用できる関係式 | |
|---|---|
| 式(3.1)　$pv = RT$，　$pV = mRT$，　式(1.8)　$\kappa = \dfrac{c_p}{c_v}$ | |
| 式(3.7)　$c_p - c_v = R$，　式(3.9)　$c_v = \dfrac{R}{\kappa - 1}$ | |
| 式(3.8)　$c_p = \dfrac{\kappa}{\kappa - 1} R$ | |
| $R = 286.99\,[\mathrm{J/(kg \cdot K)}]$，　$\kappa = 1.4$， | |
| $c_p = 1.006\,[\mathrm{kJ/(kg \cdot K)}]$，　$c_v = 0.719\,[\mathrm{kJ/(kg \cdot K)}]$ | |

| 等温過程 | 等圧過程 |
|---|---|
| $T_1 = T_2$<br>式(3.10)　$pv = p_1 v_1 = p_2 v_2 = $ (定数)<br>式(3.13)<br>$\quad q_{12} = \ell_{12} = RT \ln \dfrac{p_1}{p_2} = RT \ln \dfrac{v_2}{v_1}$ | $p_1 = p_2$<br>式(3.14)　$\dfrac{T}{v} = \dfrac{T_1}{v_1} = \dfrac{T_2}{v_2} = $ (定数)<br>式(3.16)　$q_{12} = c_p (T_2 - T_1)$ |

| 等積過程 | 断熱過程 |
|---|---|
| $v_1 = v_2$<br>式(3.18)　$\dfrac{T}{p} = \dfrac{T_1}{p_1} = \dfrac{T_2}{p_2} = $ (定数)<br>式(3.20)　$q_{12} = c_v (T_2 - T_1)$ | 式(3.26)　$pv^k = p_1 v_1^k = p_2 v_2^k = $ (定数)<br>式(3.27)<br>$\quad Tv^{k-1} = T_1 v_1^{k-1} = T_2 v_2^{k-1} = $ (定数)<br>式(3.28)<br>$\quad \dfrac{T}{p^{(k-1)/k}} = \dfrac{T_1}{p_1^{(k-1)/k}} = \dfrac{T_2}{p_2^{(k-1)/k}} = $ (定数) |

## 5.3 往復式内燃機関の概要

**往復式内燃機関**は，もっとも多用されている熱機関です．図5.4 にその基本構成部品を示します．ピストンが**上死点**(top dead center：**TDC**)と**下死点**(bottom dead center：**BDC**)の間を往復運動します．**行程**(stroke)は，上死点と下死点の距離であり，**気筒内径**(bore)は，ピストンの直径です．燃料と空気の**混合気**が吸気バルブから吸入され，燃焼生成物が排気バルブから排出されます．

図5.5のように，ピストンが上死点の位置にあるときのシリンダーの容積を**すきま容積**$V_c$といい，ピストンが上死点と下死点を動くときに増えた容積を**行程容積**$V_s$といいます．ピストンの往復により形成されるシリンダーの最小容積と最大容積の比を**圧縮比**$\varepsilon$といい，次式のように表します．

$$\varepsilon = \frac{V_{\max}}{V_{\min}} = \frac{V_c + V_s}{V_c} \tag{5.3}$$

往復熱機関の性能を表すのによく使われるのが，**平均有効圧力**(mean effecttive pressure)$MEP$です．図5.6 のように，平均有効圧力は，全行程中にピストンにこの仮想の圧力が加わると，①の面積と②の面積が等しくなる圧力で，$MEP \times V_s$は正味仕事$L_{net}$と等しくなります．したがって，次式が求まります．

$$MEP = \frac{L_{net}}{V_{\max} - V_{\min}} \tag{5.4}$$

平均有効圧力は，同じサイズの往復式内燃機関の性能を比較するパラメータとして使用されます．

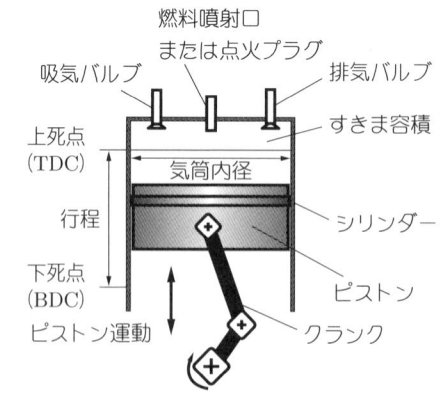

図5.4　往復内燃機関の各部の名称

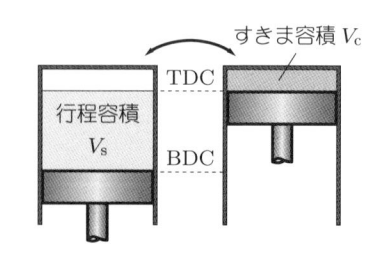

図5.5　すきま容積$V_c$と行程容積$V_s$

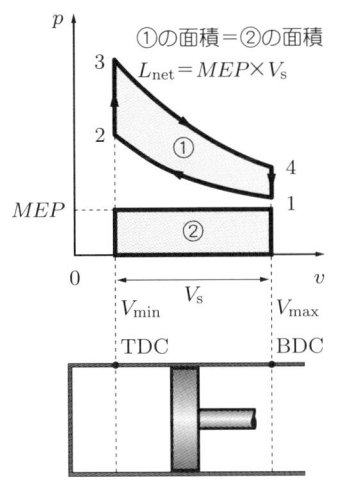

図 5.6　平均有効圧力

表 5.3　火花および圧縮点火熱機関

| 熱機関 | 燃焼の開始 | 理想サイクルの例 |
| --- | --- | --- |
| 火花点火 | 点火プラグの火花 | オットーサイクル |
| 圧縮点火 | 空気の圧縮による自己点火 | ディーゼルサイクル |

往復式内燃機関は，表 5.3 のように，**火花点火熱機関**(spark-ignition engine)と**圧縮点火熱機関**(compression-ignition engine)に分類されます．

**例題 5.1**　空気を作動流体とした図 5.6 のエンジンが作動している．過程 $1 \to 2$ および過程 $3 \to 4$ は断熱過程である．圧縮比 $\varepsilon = 10$，$p_1 = 200\,[\mathrm{kPa}]$，$p_3 = 10\,[\mathrm{MPa}]$ のときの平均有効圧力を求めよ．ただし，比熱比 $\kappa = 1.4$ とする．

**解答**　まず，$p$-$V$ 線図から $L_\mathrm{net}$ を計算します．$L_\mathrm{net} = L_{34} - L_{21}$ です．

式 (3.26) から $p = C/V^\kappa$ なので，エンジンが周囲にする仕事 $L_{34}$ は式 (2.25) より次式のように求まります．

$$L_{34} = \int_3^4 p\,\mathrm{d}V = C \int_3^4 \frac{\mathrm{d}V}{V^\kappa} \quad\left[\frac{1}{a^m} = a^{-m},\ \int x^n \mathrm{d}x = \frac{x^{n+1}}{n+1}\right]$$

$$= \frac{C}{1-\kappa}\left(V_4^{1-\kappa} - V_3^{1-\kappa}\right) \quad\left[V^{1-\kappa} = \frac{V}{V^\kappa} = \frac{V}{C/P} = \frac{PV}{C}\right]$$

$$= \frac{p_4 V_4 - p_3 V_3}{1-\kappa}$$

$$= \frac{V_3}{1-\kappa}(10 p_4 - p_3) \quad\left[\varepsilon = V_4/V_3 = 10 \to V_4 = 10 V_3 = 10 V_2\right]$$

周囲から受ける仕事 $L_{21}$ は，同じく式(2.25)から次式のように求まります．

$$L_{21} = \int_2^1 p\,dV = \frac{C}{1-\kappa}\left(V_1^{1-\kappa} - V_2^{1-\kappa}\right)$$

$$= \frac{p_1 V_1 - p_2 V_2}{1-\kappa} = \frac{V_2}{1-\kappa}(10p_1 - p_2)$$

$V_3 = V_2$ なので，$L_\text{net}$ は次式のように表せます．

$$L_\text{net} = L_{34} - L_{21} = \frac{V_2}{1-\kappa}(10p_4 - p_3 + p_2 - 10p_1)$$

過程 $2 \to 1$ および過程 $3 \to 4$ は断熱過程なので，式(3.26)から $p_2$ と $p_4$ が求まります．

$$p_2 = p_1\left(\frac{V_1}{V_2}\right)^\kappa = 200\,[\text{kPa}] \times 10^{1.4} = 5024\,[\text{kPa}]$$

$$p_4 = p_3\left(\frac{V_3}{V_4}\right)^\kappa = p_3\left(\frac{1}{V_1/V_2}\right) = 10000\,[\text{kPa}] \times \left(\frac{1}{10}\right)^{1.4} = 398\,[\text{kPa}]$$

求めた $p_2$ と $p_4$ を前述の $L_\text{net}$ の式に代入します．すると，

$$L_\text{net} = \frac{V_2}{1-1.4}(10 \times 398\,[\text{kPa}] - 10000\,[\text{kPa}] + 5024\,[\text{kPa}] - 10 \times 200\,[\text{kPa}])$$

$$= 7.49\,V_2\,[\text{MPa}]$$

となります．式(5.4)より $MEP$ は次式のように求まります．

$$MEP = \frac{L_\text{net}}{V_4 - V_2} = \frac{L_\text{net}}{10V_2 - V_2} = \frac{7.49V_2\,[\text{MPa}]}{9V_2} = 832\,[\text{kPa}]$$

次節以降，具体的に各ガスサイクルについて説明します．

## 5.4 オットーサイクル

1876年にドイツの**オットー**(N. Otto, 1832-1891)は，1サイクルが四つの行程で構成されるエンジンを製作しました．そのエンジンのサイクルを理想化したものが**オットーサイクル**です．

**図 5.7** に，$p$-$v$ 線図とともに，このエンジンの各行程を示します．実際のサイクルは，次の四つの行程を繰り返し，動力を生みだします．

(1) **吸気**：吸気バルブが開き，ピストンの下降により生じるシリンダー内の負圧により混合気を吸い込む．
(2) **圧縮**：ピストンが下死点から上昇しながら混合気を圧縮する．
(3) **燃焼・膨張**：ピストンが上死点に到達する頃，点火プラグから火花が飛び，混合気に点火する．このときに発生する膨張力により動力を得る．

## 5.4 オットーサイクル

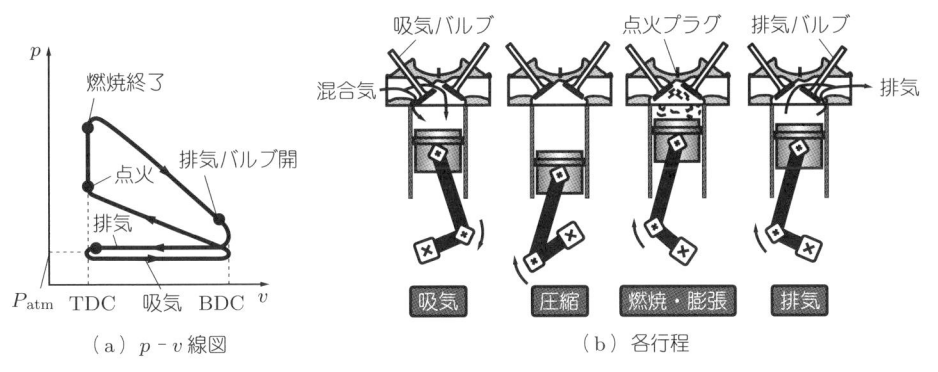

(a) $p$-$v$線図 　　　　(b) 各行程

**図 5.7** オットーが考察した熱機関

(4) **排気**：爆発により下降したピストンは再び上昇し，このときに排気バルブが開き，燃焼を終えた排気ガスを外部に捨てる．

オットーサイクルを理想化すると，各過程は次のようになります．

(1) 吸気 → 等積冷却
(2) 圧縮 → 断熱圧縮
(3) 燃焼 → 等積加熱，　膨張 → 断熱膨張
(4) 排気 → 等積冷却

**図 5.8** に $p$-$v$ 線図とともに，オットーサイクルの各過程を示します．**図 (a)** の過程 1 → 5 の排気および過程 5 → 1 の吸気の間は，気筒内部は大気に解放されているため，仕事をしていません．

**図 5.9** にオットーサイクルの $p$-$v$ 線図と $T$-$s$ 線図を示します．作動流体は，状態点 1 から断熱圧縮され高温高圧になります (状態点 2)．その後，体積一定で燃焼により等積加熱されます (状態点 3)．次に断熱膨張し (状態点 4)，さらに等積冷却され，状態点 1 に戻り，1 サイクルが完了します．この過程の作動流体の状態変化と，作動流体の質量 1 kg あたりの加熱量 $q_\mathrm{H}$ と放出熱量 $q_\mathrm{L}$ は，次のとおりです．

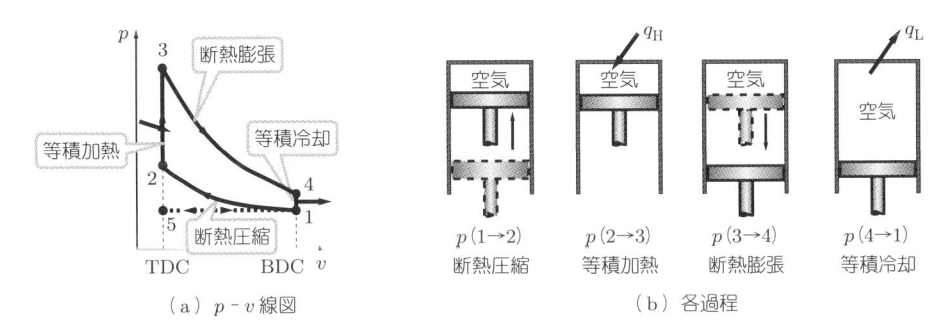

(a) $p$-$v$線図　　　　(b) 各過程

**図 5.8** オットーサイクル

(a) $p$-$v$ 線図 　　(b) $T$-$s$ 線図

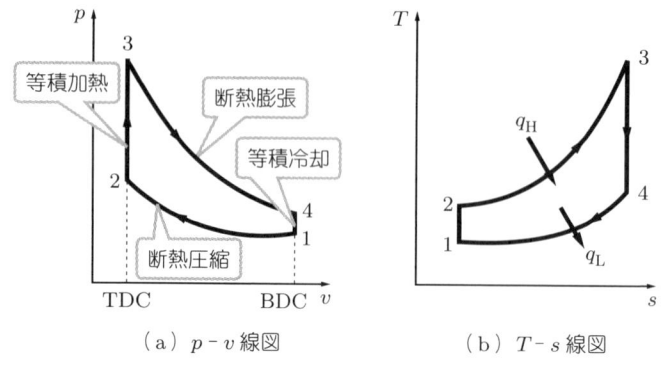

**図 5.9　オットーサイクル**

$p(1 \to 2)$ [1]　断熱圧縮　　$T_2 = T_1 \left(\dfrac{v_1}{v_2}\right)^{\kappa-1}$ 　　　　(5.5)

$p(2 \to 3)$　等積加熱　　$q_\mathrm{H} = c_v (T_3 - T_2)$ 　　　　(5.6)

$p(3 \to 4)$　断熱膨張　　$T_4 = T_3 \left(\dfrac{v_3}{v_4}\right)^{\kappa-1} = T_3 \left(\dfrac{v_2}{v_1}\right)^{\kappa-1}$ 　　　　(5.7)

$p(4 \to 1)$　等積冷却　　$q_\mathrm{L} = c_v (T_4 - T_1)$ 　　　　(5.8)

式(4.3)から正味仕事 $\ell_\mathrm{net}$ が求まります．

$$\ell_\mathrm{net} = q_\mathrm{H} - q_\mathrm{L} \tag{5.9}$$

理論熱効率 $\eta_\mathrm{th}$ は，式(4.4), (5.6), (5.8)から次式のように求められます．

$$\begin{aligned}
\eta_\mathrm{th} &= 1 - \frac{q_\mathrm{L}}{q_\mathrm{H}} = 1 - \frac{c_v (T_4 - T_1)}{c_v (T_3 - T_2)} \quad \text{式(5.5), (5.7)を用いて } T_4,\ T_1 \text{ を消去}\\
&= 1 - \frac{(T_3 - T_2)(v_2/v_1)^{\kappa-1}}{T_3 - T_2} = 1 - \left(\frac{v_2}{v_1}\right)^{\kappa-1} = 1 - \left(\frac{1}{v_1/v_2}\right)^{\kappa-1}\\
&= 1 - \left(\frac{1}{\varepsilon}\right)^{\kappa-1} \quad \text{式(5.3)} \quad 1^m = 1
\end{aligned}$$

$$\eta_\mathrm{th} = 1 - \frac{1}{\varepsilon^{\kappa-1}} \quad \text{（オットーサイクルの理論熱効率）} \tag{5.10}$$

---

[1] たとえば，状態点1から状態点2への変化の過程を $p(1 \to 2)$ と表します．

式(5.10)からオットーサイクルの理論熱効率は，比熱比 $\kappa$ と圧縮比 $\varepsilon$ によって決まることがわかります．

また，オットーサイクルの平均有効圧力は，式(5.4)に式(5.6)，(5.8)，(5.9)を代入し，次式のように表せます．

$$MEP = \frac{\ell_{\text{net}}}{v_1 - v_2} = \frac{q_{\text{H}} - q_{\text{L}}}{v_1 - v_2} = \frac{c_v\{(T_3 - T_2) - (T_4 - T_1)\}}{v_1 - v_2} \tag{5.11}$$

ここで，式(5.5)を変形すると，

$$T_2 = T_1 \left(\frac{v_1}{v_2}\right)^{\kappa-1} = T_1 \varepsilon^{\kappa-1} \tag{5.12}$$

となり，$p(2 \to 3)$ は等積過程なので，式(3.18)から

$$T_3 = T_2 \left(\frac{p_3}{p_2}\right) = T_1 \varepsilon^{\kappa-1} \xi \tag{5.13}$$

となります．ここで，$\xi$ は加熱による圧力上昇を表す**圧力比**であり，$\xi = p_3/p_2$ です．式(3.27)から $T_4$ は次式のように求まります．

$$T_4 = T_3 \left(\frac{v_3}{v_4}\right)^{\kappa-1} = T_3 \left(\frac{v_2}{v_1}\right)^{\kappa-1} = T_1 \varepsilon^{\kappa-1} \xi \frac{1}{\varepsilon^{\kappa-1}} = T_1 \xi \tag{5.14}$$

式(3.9)と(5.12)〜(5.14)を式(5.11)に代入すると，$MEP$ は次式のように表せます．

$$MEP = \frac{\frac{R}{\kappa - 1}\{T_1 \varepsilon^{\kappa-1}(\xi - 1) - T_1(\xi - 1)\}}{v_1(1 - v_2/v_1)} = \frac{RT_1(\xi - 1)(\varepsilon^{\kappa-1} - 1)}{v_1(\kappa - 1)(1 - 1/\varepsilon)}$$

$$= p_1 \cdot \frac{(\xi - 1)(\varepsilon^{\kappa} - \varepsilon)}{(\kappa - 1)(\varepsilon - 1)} \text{ [Pa]} \tag{5.15}$$

式(5.15)から，$MEP$ は吸い込み圧力 $p_1$，圧力比 $\xi$，圧縮比 $\varepsilon$，比熱比 $\kappa$ の値によって決まることがわかります．$\kappa$ が一定の場合は，$p_1$，$\xi$，$\varepsilon$ が大きいほど平均有効圧力が大きくなります．

---

**例題 5.2** 圧縮比 10 のオットーサイクルの断熱圧縮前の圧力は 101.3 kPa，温度は 290 K，体積は 550 cc であり，断熱膨張後の温度が 900 K である．このとき，次の値を求めよ．
(1) サイクル中の最高温度と最高圧力　　(2) 等積過程における加熱量
(3) サイクルの熱効率　　(4) 外部にする正味仕事　　(5) 平均有効圧力

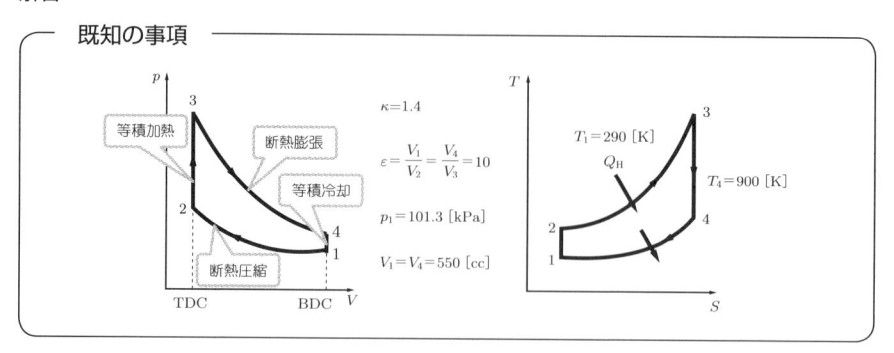

## 解答

### 既知の事項

$\kappa = 1.4$

$\varepsilon = \dfrac{V_1}{V_2} = \dfrac{V_4}{V_3} = 10$

$p_1 = 101.3$ [kPa]

$V_1 = V_4 = 550$ [cc]

$T_1 = 290$ [K]

$T_4 = 900$ [K]

等積加熱, 断熱膨張, 等積冷却, 断熱圧縮

### 求める答え

(1) $T_3$, $p_3$  (2) $Q_H$  (3) $\eta_{th}$  (4) $L_{net}$  (5) $MEP$

ここで求める答え，たとえば(2)の $Q_H$ は何がわかれば求めることができるかを分析します．式(5.6)から，$Q_H = m q_H (T_3 - T_2)$ なので $T_2$，$T_3$，$m$ がわかればよいことがわかります．

---

(1) $p(3 \to 4)$ は断熱過程なので，$T_3$ は式(3.27)から次式のように求まります．

$$T_3 V_3^{\kappa-1} = T_4 V_4^{\kappa-1} \quad \to \quad T_3 = T_4 \left(\dfrac{V_4}{V_3}\right)^{\kappa-1} = 900 \,[\text{K}] \times 10^{1.4-1} = 2261 \,[\text{K}]$$

同様に，$p_3$ は式(3.28)から次式が得られ，

$$\dfrac{T_3}{p_3^{(\kappa-1)/\kappa}} = \dfrac{T_4}{p_4^{(\kappa-1)/\kappa}} \quad \to \quad p_3^{(\kappa-1)/\kappa} = \dfrac{T_3}{T_4} p_4^{(\kappa-1)/\kappa}$$

$p(4 \to 1)$ は等積過程なので，式(3.18)を変形すると，

$$\dfrac{T_4}{p_4} = \dfrac{T_1}{p_1} \quad \to \quad p_4 = p_1 \dfrac{T_4}{T_1}$$

となり，よって，$p_3$ は次式のように求まります．

$$p_3^{(\kappa-1)/\kappa} = \dfrac{T_3}{T_4} \left(p_1 \dfrac{T_4}{T_1}\right)^{(\kappa-1)/\kappa}$$

$$p_3 = \left(\dfrac{T_3}{T_4}\right)^{\kappa/(\kappa-1)} p_1 \dfrac{T_4}{T_1}$$

$a^m = b, \quad (a^m)^n = b^n$

$$= \left(\dfrac{2261 \,[\text{K}]}{900 \,[\text{K}]}\right)^{1.4/(1.4-1)} \times 101.3 \,[\text{kPa}] \times \dfrac{900 \,[\text{K}]}{290 \,[\text{K}]} = 7.90 \,[\text{MPa}]$$

(2) $p(1 \to 2)$ は断熱過程なので，式(3.27)からまず $T_2$ が得られます．

$$T_1 V_1^{\kappa-1} = T_2 V_2^{\kappa-1} \quad \to \quad T_2 = T_1 \left(\dfrac{V_1}{V_2}\right)^{\kappa-1} = 290 \,[\text{K}] \times 10^{1.4-1} = 728 \,[\text{K}]$$

$q_H$ は式(5.6)から求まります.

$$q_H = c_v(T_3 - T_2)$$
$$= 0.719\,[\text{kJ/kg}\cdot\text{K}] \times (2261 - 728)\,[\text{K}] = 1102\,[\text{kJ/kg}]$$

状態点1における質量は式(3.1)から求まります.

$$m = \frac{p_1 V_1}{RT_1} = \frac{101.3\,[\text{kPa}] \times 5.5 \times 10^{-4}\,[\text{m}^3]}{286.99\,[\text{J/kg}\cdot\text{K}] \times 290\,[\text{K}]}$$

$$= \frac{101.3 \times 10^3\,[\text{N/m}^2] \times 5.5 \times 10^{-4}\,[\text{m}^3]}{286.99\,[\text{J/kg}\cdot\text{K}] \times 290\,[\text{K}]}$$

$$= 0.669 \times 10^{-3}\left[\frac{\text{kg}\cdot\text{Nm}}{\text{J}}\right] = 0.669 \times 10^{-3}\,[\text{kg}]$$

$V_1 = 550\,[\text{cc}] = 550\,[\text{cm}^3]$
$= 550\left[\text{cm}\left(\dfrac{\text{m}\cdot 1}{\text{cm}\cdot 100}\right)\right]^3$
$= 5.5 \times 10^{-4}\,[\text{m}^3]$

$[\text{Nm}] = [\text{J}]$

よって,等積過程における加熱量 $Q_H$ は,次式のように求まります.

$$Q_H = mq_H = 0.669 \times 10^{-3}\,[\text{kg}] \times 1102\,[\text{kJ/kg}] = 0.737\,[\text{kJ}]$$

(3) 理論熱効率 $\eta_{th}$ は,式(5.10)から次式のように求まります.

$$\eta_{th} = 1 - \frac{1}{\varepsilon^{\kappa-1}} = 1 - \frac{1}{10^{(1.4-1)}} = 0.602 = 60.2\,\%$$

(4) 正味仕事 $L_{net}$ は,式(5.1)から次式のように求まります.

$$L_{net} = \eta_{th} Q_H = 0.602 \times 0.737\,[\text{kJ}] = 0.444\,[\text{kJ}]$$

(5) 平均有効圧力 $MEP$ は,式(5.4)から次式のように求まります.

$$MEP = \frac{L_{net}}{V_{max} - V_{min}}$$

$$= \frac{0.444\,[\text{kJ}]}{V_1 - V_2} = \frac{0.444\,[\text{kJ}]}{(1 - 1/10)V_1} = \frac{0.444\,[\text{kJ}]}{(1 - 1/10) \times 5.5 \times 10^{-4}\,[\text{m}^3]}$$

$V_2 = V_1/10$

$$= 897\left[\frac{\text{kNm}}{\text{m}^3}\right] = 897\left[\frac{\text{kN}}{\text{m}^2}\right] = 897\,[\text{kPa}]$$

## 5.5 ディーゼルサイクル

**ディーゼルエンジン**(Diesel engine)は,ドイツの技術者**ディーゼル**(R. Diesel, 1858-1913)が1892年に発明した内燃機関です.圧縮して高温になった空気に燃料を吹き込むと,自己着火により爆発してピストンを押して作動します.ディーゼルエンジンは,内燃機関の中でもっとも熱効率が良く,また燃料にはガソリンではなく,価格が安い軽油を使うことができます.ディーゼルエンジンのサイクルを理想化したものが**ディーゼルサイクル**です.ディーゼルエンジンは次の四つの行程を繰り返し,動

力を生みだします.

(1) **吸気(等積冷却)**：吸気弁が開き，ピストンの下降により生じるシリンダー内の負圧によって空気のみを吸い込む.
(2) **圧縮(断熱圧縮)**：ピストンが下死点から上昇しながら混合気を圧縮する.
(3) **燃焼(等圧加熱)・膨張(断熱膨張)**：ピストンが上死点に到達すると，高圧高温になったシリンダーの空気に燃料を噴射し，自己着火して発生する膨張力により動力を得る.
(4) **排気(等積冷却)**：爆発により下降したピストンが再び上昇したときに排気弁が開き，燃焼を終えた排気ガスを外部に捨てる.

図 5.10 に，ディーゼルサイクルの $p$-$v$ 線図と $T$-$s$ 線図を示します．作動ガスは状態点 1 から断熱圧縮され，高温高圧になります(状態点 2)．その後圧力一定での燃焼により，等圧加熱され(状態点 3)，断熱膨張し(状態点 4)，さらに等積冷却され，状態点 1 に戻り，1 サイクルが完了します.

この過程の作動ガスの温度と，作動ガス 1 kg あたりの加熱量 $q_H$ と放出熱量 $q_L$ は，次のとおりです.

$p(1 \to 2)$　　断熱圧縮　　$T_2 = T_1 \left(\dfrac{v_1}{v_2}\right)^{\kappa-1} = T_1 \varepsilon^{\kappa-1}$ 　　　　(5.16)

$p(2 \to 3)$　　等圧加熱　　$q_H = c_p (T_3 - T_2)$ 　　　　(5.17)

状態点 2 から状態点 3 の間で燃料が噴射されます.

$$T_3 = T_2 \frac{v_3}{v_2} = T_1 \varepsilon^{\kappa-1} \sigma \tag{5.18}$$

ここで，$\sigma(= v_3/v_2)$ は等圧加熱過程の体積比で**締切比**といいます.

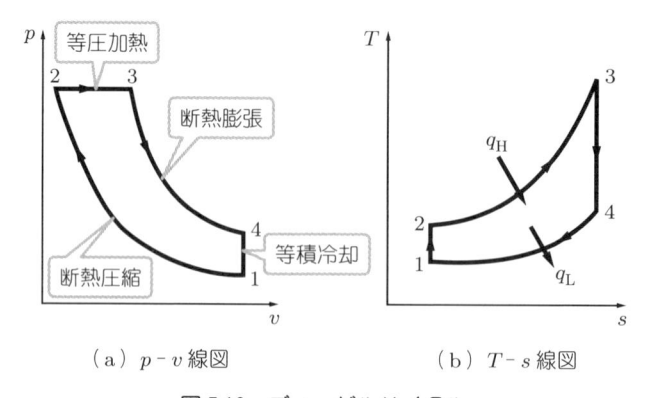

(a) $p$-$v$ 線図　　(b) $T$-$s$ 線図

図 5.10　ディーゼルサイクル

$p(3 \to 4)$　断熱膨張　　$T_4 = T_3 \left(\dfrac{v_3}{v_4}\right)^{\kappa-1} = T_3 \left(\dfrac{v_3}{v_1}\right)^{\kappa-1}$

$$= T_3 \left(\dfrac{v_2}{v_1} \cdot \dfrac{v_3}{v_2}\right)^{\kappa-1} = T_1 \varepsilon^{\kappa-1} \sigma \left(\dfrac{1}{\varepsilon} \cdot \sigma\right)^{\kappa-1}$$

$$= T_1 \sigma^{\kappa} \tag{5.19}$$

$p(4 \to 1)$　等積冷却　　$q_\mathrm{L} = c_v (T_4 - T_1) \tag{5.20}$

$$\ell_\mathrm{net} = q_\mathrm{H} - q_\mathrm{L} \tag{5.21}$$

理論熱効率 $\eta_\mathrm{th}$ は，式(5.2)から次式のように求められます．

$$\eta_\mathrm{th} = 1 - \dfrac{q_\mathrm{L}}{q_\mathrm{H}} = 1 - \dfrac{c_v (T_4 - T_1)}{c_p (T_3 - T_2)}$$

$$= 1 - \dfrac{T_4 - T_1}{c_p/c_v (T_3 - T_2)} = 1 - \dfrac{T_4 - T_1}{\kappa (T_3 - T_2)}$$

$$= 1 - \dfrac{(T_1 \sigma^{\kappa} - T_1)}{\kappa (T_1 \varepsilon^{\kappa-1} \sigma - T_1 \varepsilon^{\kappa-1})} \quad \text{式(5.16), (5.18), (5.19)}$$

$$\boxed{\eta_\mathrm{th} = 1 - \dfrac{\sigma^{\kappa} - 1}{\varepsilon^{\kappa-1} \kappa (\sigma - 1)}} \quad \text{（ディーゼルサイクルの理論熱効率）} \tag{5.22}$$

式(5.22)から，ディーゼルサイクルの理論熱効率は，圧縮比 $\varepsilon$，比熱比 $\kappa$，締切比 $\sigma$ に依存していることがわかります．$\kappa$ が一定の場合，$\varepsilon$ が大きく，$\sigma$ が1に近いほどその値は大きくなります．

式(5.22)の $(\sigma^{\kappa}-1)/[\kappa(\sigma-1)]$ はつねに1より大きいので，圧縮比が同じであればディーゼルサイクルは，オットーサイクル理論熱効率より小さくなります．ただし，ディーゼルサイクルはオットーサイクルより圧縮比を大きくすることができるので，オットーサイクルより熱効率を大きくすることができます．

また，ディーゼルサイクルの平均有効圧力は，次式のようになります．

$$MEP = \dfrac{L_\mathrm{net}}{V_\mathrm{max} - V_\mathrm{min}} = \dfrac{c_p (T_3 - T_2) - c_v (T_4 - T_1)}{v_1 - v_2}$$

$$= \dfrac{c_v \{\kappa (T_3 - T_2) - (T_4 - T_1)\}}{1 - v_2/v_1}$$

$$= p_1 \cdot \dfrac{\kappa \varepsilon^{\kappa} (\sigma - 1) - \varepsilon (\sigma^{\kappa} - 1)}{(\kappa - 1)(\varepsilon - 1)} \tag{5.23}$$

これから平均有効圧力は $p_1$, $\varepsilon$, $\sigma$, $\kappa$ に依存しており，$\kappa =$ (一定) の場合，吸入圧力 $p_1$ と $\varepsilon$ が大きいほど大きくなり，また，締切比 $\sigma$ が小さいほど大きくなることがわかります．

---

**例題 5.3** 吸気温度 288 K，圧力 101.3 kPa，圧縮比が 14 で 2000 kJ/kg の熱量が供給されるディーゼルエンジンにおいて，次の値を求めよ．
(1) 図 5.10 の状態点 1 から 4 のそれぞれの圧力，温度，比体積
(2) 理論熱効率　　(3) 平均有効圧力

**解答**

― 既知の事項 ―

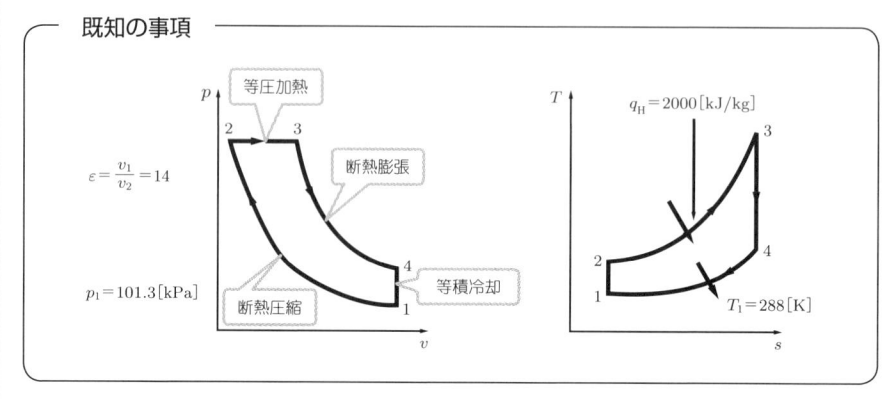

$\varepsilon = \dfrac{v_1}{v_2} = 14$

$p_1 = 101.3\,[\mathrm{kPa}]$

$q_\mathrm{H} = 2000\,[\mathrm{kJ/kg}]$

$T_1 = 288\,[\mathrm{K}]$

― 求める答え ―
(1) $p$, $T$, $v$　　(2) $\eta_\mathrm{th}$　　(3) $MEP$

(1) **状態点 1**　圧力と温度は問題文から，$p_1 = 101.3\,[\mathrm{kPa}]$，$T_1 = 288\,[\mathrm{K}]$ とわかっています．$v_1$ は式 (3.1) から次式のように求まります．

$$v_1 = \frac{RT_1}{p_1} = \frac{286.99\,[\mathrm{J/(kg \cdot K)}] \times 288\,[\mathrm{K}]}{101.3\,[\mathrm{kPa}]} = 0.816\left[\frac{\mathrm{N \cdot m/kg}}{\mathrm{N/m^2}}\right]$$

$$= 0.816\,[\mathrm{m^3/kg}]$$

表 1.5 から $[\mathrm{J}] = [\mathrm{N \cdot m}]$，$[\mathrm{Pa}] = [\mathrm{N/m^2}]$

**状態点 2**　$p(1 \to 2)$ は断熱過程なので，$T_2$ は式 (5.16) から次式のように求まります．

$$T_2 = T_1 \left(\frac{v_1}{v_2}\right)^{\kappa-1} = T_1 \varepsilon^{\kappa-1} = 288\,[\mathrm{K}] \times 14^{1.4-1} = 828\,[\mathrm{K}]$$

同様に，$p_2$ は式 (3.26) から，$v_2$ は式 (3.1) から次式のように求まります．

$$p_2 = p_1 \left(\frac{v_1}{v_2}\right)^{\kappa} = 101.3\,[\mathrm{kPa}] \times 14^{1.4} = 4076\,[\mathrm{kPa}]$$

$$v_2 = \frac{RT_2}{p_2} = \frac{286.99\,[\mathrm{J/(kg\cdot K)}] \times 828\,[\mathrm{K}]}{4076\,[\mathrm{kPa}]}$$

$$= 0.0583\left[\frac{\mathrm{N\cdot m/kg}}{\mathrm{N/m^2}}\right] = 0.0583\,[\mathrm{m^3/kg}]$$

**状態点 3** $p(2\to 3)$ は等圧過程なので，$p_3 = p_2 = 4076\,[\mathrm{kPa}]$ です．$T_3$ は式(5.17)から，$v_3$ は式(3.1)から次式のように求まります．

$$q_{\mathrm{H}} = 2000\,[\mathrm{kJ/kg}] = c_p\,(T_3 - T_2) = 1.006\,[\mathrm{kJ/(kg\cdot K)}] \times (T_3 - 828)\,[\mathrm{K}]$$

$$T_3 = \frac{q_{\mathrm{H}}}{c_p} + T_2 = \frac{2000\,[\mathrm{kJ/kg}]}{1.006\,[\mathrm{kJ/(kg\cdot K)}]} + 828\,[\mathrm{K}] = 2816\,[\mathrm{K}]$$

$$v_3 = \frac{RT_3}{p_3} = \frac{286.99\,[\mathrm{J/(kg\cdot K)}] \times 2816\,[\mathrm{K}]}{4076\,[\mathrm{kPa}]}$$

$$= 0.198\left[\frac{\mathrm{N\cdot m/kg}}{\mathrm{N/m^2}}\right] = 0.198\,[\mathrm{m^3/kg}]$$

**状態点 4** $p(4\to 1)$ は等積過程なので，$v_4 = v_1 = 0.816\,[\mathrm{m^3/kg}]$ です．$p(3\to 4)$ は断熱過程なので，$T_4$ は式(5.19)から，$p_4$ は式(3.26)から次式のように求まります．

$$T_4 = T_3\left(\frac{v_3}{v_4}\right)^{\kappa-1} = T_3\left(\frac{v_3}{v_1}\right)^{\kappa-1}$$

$$= 2816\,[\mathrm{K}] \times \left(\frac{0.198\,[\mathrm{m^3/kg}]}{0.816\,[\mathrm{m^3/kg}]}\right)^{1.4-1} = 1598\,[\mathrm{K}]$$

$$p_4 = p_3\left(\frac{v_3}{v_4}\right)^{\kappa} = 4076\,[\mathrm{kPa}] \times \left(\frac{0.198\,[\mathrm{m^3/kg}]}{0.816\,[\mathrm{m^3/kg}]}\right)^{1.4} = 561\,[\mathrm{kPa}]$$

以上の結果を**表5.4**にまとめます．

**表 5.4　各状態点の $p$, $T$, $v$ の値**

| 状態点 | $p\,[\mathrm{Pa}]$ | $T\,[\mathrm{K}]$ | $v\,[\mathrm{m^3/kg}]$ |
|---|---|---|---|
| 1 | 101.3 k | 288 | 0.816 |
| 2 | 4.08 M | 828 | 0.0583 |
| 3 | 4.08 M | 2816 | 0.198 |
| 4 | 561 k | 1598 | 0.816 |

(2) 表5.4から $\sigma = \dfrac{v_3}{v_2} = \dfrac{0.198\,[\mathrm{m^3/kg}]}{0.058\,[\mathrm{m^3/kg}]} = 3.41$ となり，$\eta_{\mathrm{th}}$ は式(5.22)から次式のように求まります．

$$\eta_{\mathrm{th}} = 1 - \frac{\sigma^{\kappa} - 1}{\varepsilon^{\kappa-1}\kappa\,(\sigma - 1)} = 1 - \frac{3.41^{1.4} - 1}{14^{1.4-1} \times 1.4 \times (3.41 - 1)} = 0.529 = 52.9\,\%$$

(3) $\ell_{\text{net}}$ は式 (5.17), (5.20), (5.21) から，次式のように求まります．

$$\ell_{\text{net}} = q_{\text{H}} - q_{\text{L}} = c_p(T_3 - T_2) - c_v(T_4 - T_1)$$
$$= 1.006\,[\text{kJ}/(\text{kg}\cdot\text{K})] \times (2816 - 828)\,[\text{K}]$$
$$-0.719\,[\text{kJ}/(\text{kg}\cdot\text{K})] \times (1598 - 288)\,[\text{K}] = 1058\,[\text{kJ/kg}]$$

よって，平均有効圧力は式 (5.4) から次式のように求まります．

$$MEP = \frac{L_{\text{net}}}{V_{\text{max}} - V_{\text{min}}} = \frac{\ell_{\text{net}}}{v_1 - v_2} = \frac{1058\,[\text{kJ/kg}]}{(0.816 - 0.058)\,[\text{m}^3/\text{kg}]}$$
$$= 1396\left[\frac{\text{kJ}}{\text{m}^3}\right] = 1396\left[\frac{\text{kN}}{\text{m}^2}\right] = 1.40\,[\text{MPa}]$$

<u>熱力学の問題の多くは，すべての状態点の $p$, $v$, $T$ がわかれば，答えを求めること</u><u>ができます．</u> $p$, $v$, $T$ を求めるために，式中のどの値を求めればよいのかを分析して，順に求めていけばよいのです．

## 5.6 サバテサイクル

**サバテサイクル**(Sabathe cycle) は，高速ディーゼルエンジンのサイクルで，ピストンが上死点にくる前に燃料を噴射するサイクルです．圧縮が終了する前に噴射された燃料は等積の状態で燃焼し，残りの燃料は等圧のもとで燃焼します．これはオットーサイクルとディーゼルサイクルを組み合わせたサイクルなので，**複合サイクル**ともいいます．

図 5.11 にサバテサイクルの $p$-$v$ 線図と $T$-$s$ 線図を示します．この過程の作動流体の状態変化と，作動流体の質量 1 kg あたりの加熱量 $q_v$, $q_p$ および放出熱量 $q_{\text{L}}$ は，次式のとおりです．

$p(1 \to 2)$　断熱圧縮　　$T_2 = T_1\left(\dfrac{v_1}{v_2}\right)^{\kappa-1} = T_1\varepsilon^{\kappa-1}$　　　　(5.24)

$p(2 \to 3)$　等積加熱　　$T_3 = T_2\dfrac{p_3}{p_2} = T_1\varepsilon^{\kappa-1}\xi$　　　　(5.25)

$$q_v = c_v(T_3 - T_2) \tag{5.26}$$

$p(3 \to 4)$　等圧加熱　　$T_4 = T_3\dfrac{v_4}{v_3} = T_1\varepsilon^{\kappa-1}\xi\sigma$　　　　(5.27)

$$q_p = c_p(T_4 - T_3) \tag{5.28}$$

(a) $p$-$v$ 線図  (b) $T$-$s$ 線図

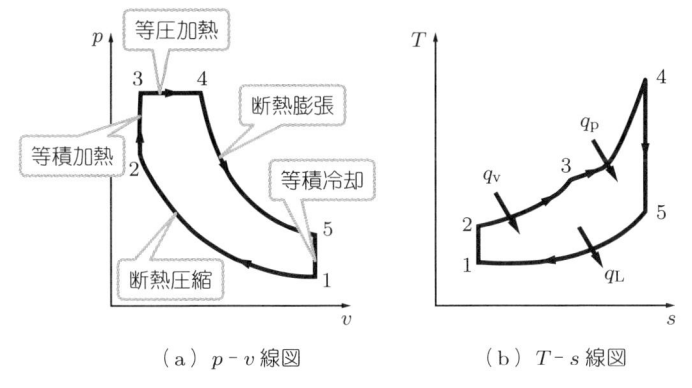

図 5.11　サバテサイクル

$p(4 \to 5)$　断熱膨張　$T_5 = T_4 \left(\dfrac{v_4}{v_5}\right)^{\kappa-1} = T_4 \left(\dfrac{v_4}{v_3} \cdot \dfrac{v_3}{v_5}\right)$

$$= T_1 \varepsilon^{\kappa-1} \xi \sigma \left(\sigma \dfrac{1}{\varepsilon}\right)^{\kappa-1} = T_1 \xi \sigma^{\kappa} \tag{5.29}$$

$p(5 \to 1)$　等積冷却　$q_\mathrm{L} = c_v (T_5 - T_1)$ （5.30）

式 (4.3) から正味仕事 $\ell_\mathrm{net}$ が求まります．

$$\ell_\mathrm{net} = q_\mathrm{H} - q_\mathrm{L} = q_v + q_p - q_\mathrm{L} \tag{5.31}$$

理論熱効率 $\eta_\mathrm{th}$ は，式 (5.2) から次式のように求められます．

$$\eta_\mathrm{th} = 1 - \dfrac{q_\mathrm{L}}{q_\mathrm{H}} = 1 - \dfrac{q_\mathrm{L}}{q_v + q_p} \tag{5.32}$$

式 (5.32) に式 (5.26), (5.28), (5.30) を代入すると，次式のようになります．

$$\eta_\mathrm{th} = 1 - \dfrac{c_v(T_5 - T_1)}{c_v(T_3 - T_2) + c_p(T_4 - T_3)}$$

$\kappa = \dfrac{c_p}{c_v}$

$$= 1 - \dfrac{(T_5 - T_1)}{(T_3 - T_2) + \kappa(T_4 - T_3)}$$

式 (5.24), (5.25), (5.27), (5.29)

$$= 1 - \dfrac{(T_1 \xi \sigma^{\kappa} - T_1)}{(T_1 \varepsilon^{\kappa-1} \xi - T_1 \varepsilon^{\kappa-1}) + \kappa(T_1 \varepsilon^{\kappa-1} \xi \sigma - T_1 \varepsilon^{\kappa-1} \xi)}$$

$$= 1 - \dfrac{T_1(\xi \sigma^{\kappa} - 1)}{T_1 \varepsilon^{\kappa-1}(\xi - 1) + \kappa T_1 \varepsilon^{\kappa-1} \xi (\sigma - 1)}$$

$$\eta_{\text{th}} = 1 - \frac{1}{\varepsilon^{\kappa-1}} \cdot \frac{\xi\sigma^{\kappa} - 1}{(\xi - 1) + \kappa\xi(\sigma - 1)} \quad \begin{pmatrix} \text{サバテサイクル} \\ \text{の理論熱効率} \end{pmatrix} \quad (5.33)$$

式(5.33)からサバテサイクルの理論熱効率は，圧縮比 $\varepsilon$，比熱比 $\kappa$，締切比 $\sigma$，圧力比 $\xi$ に依存しており，$\kappa =$ (一定)の場合，圧縮比 $\varepsilon$ と圧力比 $\xi$ が大きいほど大きくなり，締切比 $\sigma$ が 1 に近づくほど，熱効率が大きくなることがわかります．また，サバテサイクルの理論熱効率は，圧力比が $\xi = 1$ の場合はディーゼルサイクルの理論熱効率と一致し，締切比が $\sigma = 1$ の場合はオットーサイクルの理論熱効率と一致します．

また，サバテサイクルの平均有効圧力は次式のようになります．

$$MEP = \frac{L_{\text{net}}}{V_{\max} - V_{\min}} = \frac{q_{\text{H}} - q_{\text{L}}}{v_1 - v_2} = \frac{(q_v + q_p) - q_{\text{L}}}{v_1 - v_2}$$

これに式(5.26), (5.28), (5.30)を代入すると，次式のようになります．

$$MEP = \frac{\{c_v(T_3 - T_2) + c_p(T_4 - T_3)\} - c_v(T_5 - T_1)}{v_1 - v_2}$$

式(5.24), (5.25), (5.27), (5.29)

$$= \frac{1}{v_1} \frac{c_v(T_1\varepsilon^{\kappa-1}\xi - T_1\varepsilon^{\kappa-1}) + c_p(T_1\varepsilon^{\kappa-1}\xi\sigma - T_1\varepsilon^{\kappa-1}\xi) - c_v(T_1\xi\sigma^{\kappa} - T_1)}{1 - (v_2/v_1)}$$

$$= \frac{p_1}{RT_1} \frac{c_v T_1 \varepsilon^{\kappa-1}(\xi - 1) + c_p T_1 \varepsilon^{\kappa-1}\xi(\sigma - 1) - c_v T_1(\xi\sigma^{\kappa} - 1)}{(\varepsilon - 1)/\varepsilon}$$

$\varepsilon \cdot \varepsilon^{\kappa-1} = \varepsilon^{(1+\kappa-1)} = \varepsilon^{\kappa}$，
$c_p = \kappa c_v,\ c_v = R/(\kappa - 1)$

$$= p_1 \cdot \frac{\varepsilon^{\kappa}\{(\xi - 1) + \kappa\xi(\sigma - 1)\} - \varepsilon(\xi\sigma^{\kappa} - 1)}{(\kappa - 1)(\varepsilon - 1)} \quad (5.34)$$

サバテサイクルの平均有効圧力も理論熱効率と同様に，圧力比が $\xi = 1$ の場合はディーゼルサイクルの平均有効圧力と一致し，締切比が $\sigma = 1$ の場合はオットーサイクルの平均有効圧力と一致します．

**例題 5.4** 吸気温度 293 K, 圧力 101.3 kPa のサバテサイクルで作動している高速ディーゼルエンジンがある. 断熱圧縮して 2.5 MPa まで圧力が上昇し, さらに等積加熱され 7 MPa まで圧縮される. 締切比が 2 のとき, 次の値を求めよ.
(1) 図 5.11 の状態点 1 から 5 のそれぞれの圧力, 温度, 比体積
(2) 理論熱効率　　(3) 平均有効圧力

**解答**

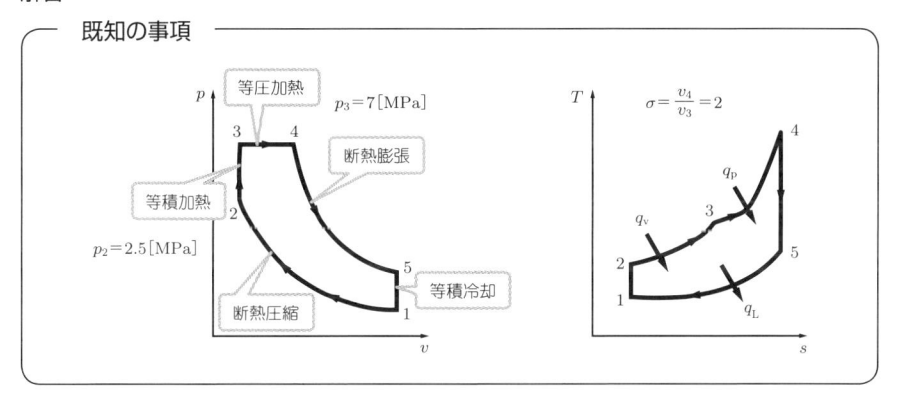

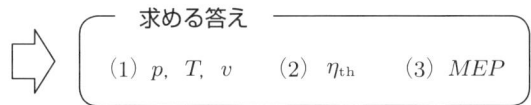

**既知の事項**

**求める答え**
(1) $p$, $T$, $v$　　(2) $\eta_{\text{th}}$　　(3) $MEP$

(1) **状態点 1**　圧力と温度は問題文から, $p_1 = 101.3\,[\text{kPa}]$, $T_1 = 293\,[\text{K}]$ とわかっています. $v_1$ は式 (3.1) から次式のように求まります.

$$v_1 = \frac{RT_1}{p_1} = \frac{286.99\,[\text{J/(kg·K)}] \times 293\,[\text{K}]}{101.3\,[\text{kPa}]}$$

$$= 0.830 \left[\frac{\text{N·m/kg}}{\text{N/m}^2}\right] = 0.830\,[\text{m}^3/\text{kg}]$$

**状態点 2**　$p(1 \to 2)$ は断熱過程なので, $T_2$ は式 (3.28) から次式のように求まります.

$$T_2 = T_1 \left(\frac{p_2}{p_1}\right)^{(\kappa-1)/\kappa} = 293\,[\text{K}] \times \left(\frac{2.5\,[\text{MPa}]}{101.3\,[\text{kPa}]}\right)^{(1.4-1)/1.4} = 732\,[\text{K}]$$

圧力は既知で $p_2 = 2.5\,[\text{MPa}]$ です. $v_2$ は式 (3.1) から次式のように求まります.

$$v_2 = \frac{RT_2}{p_2} = \frac{286.99\,[\text{J/(kg·K)}] \times 732\,[\text{K}]}{2.5\,[\text{MPa}]}$$

$$= 0.0840 \left[\frac{\text{N·m/kg}}{\text{N/m}^2}\right] = 0.0840\,[\text{m}^3/\text{kg}]$$

**状態点 3**　$p(2 \to 3)$ は等積過程なので，$v_3 = v_2 = 0.0840\,[\mathrm{m^3/kg}]$ です．$T_3$ は式(5.25)から次式のように求まります．

$$T_3 = T_2 \frac{p_3}{p_2} = 732\,[\mathrm{K}] \times \frac{7\,[\mathrm{MPa}]}{2.5\,[\mathrm{MPa}]} = 2050\,[\mathrm{K}]$$

**状態点 4**　$p(3 \to 4)$ は等圧過程なので，$p_4 = p_3 = 7\,[\mathrm{MPa}]$ となり，$T_4$ は式(5.27)から，$v_4$ は式(3.1)から次式のように求まります．

$$T_4 = T_3 \frac{v_4}{v_3} = 2050\,[\mathrm{K}] \times 2 = 4100\,[\mathrm{K}]$$

$$v_4 = \frac{RT_4}{p_4} = \frac{286.99\,[\mathrm{J/(kg \cdot K)}] \times 4100\,[\mathrm{K}]}{7\,[\mathrm{MPa}]}$$

$$= 0.168\left[\frac{\mathrm{N \cdot m/kg}}{\mathrm{N/m^2}}\right] = 0.168\,[\mathrm{m^3/kg}]$$

**状態点 5**　$p(5 \to 1)$ は等積過程なので，$v_5 = v_1 = 0.830\,[\mathrm{m^3/kg}]$ です．$p(4 \to 5)$ は断熱過程なので，$T_5$ は式(5.29)から，$p_5$ は式(3.1)から次式のように求まります．

$$T_5 = T_4\left(\frac{v_4}{v_5}\right)^{\kappa-1} = 4100\,[\mathrm{K}] \times \left(\frac{0.168\,[\mathrm{m^3/kg}]}{0.830\,[\mathrm{m^3/kg}]}\right)^{1.4-1} = 2164\,[\mathrm{K}]$$

$$p_5 = \frac{RT_5}{v_5} = \frac{286.99\,[\mathrm{J/(kg \cdot K)}] \times 2164\,[\mathrm{K}]}{0.830\,[\mathrm{m^3/kg}]}$$

$$= 748 \times 10^3 \left[\frac{\mathrm{J}}{\mathrm{m^3}}\right] \quad \text{[J] = [Nm], [Nm/m}^3\text{] = [Pa]}$$

$$= 748 \times 10^3 \left[\frac{\mathrm{Nm}}{\mathrm{m^3}}\right] = 748\,[\mathrm{kPa}]$$

以上の結果を表 5.5 にまとめます．

表 5.5　各状態点の $p$, $T$, $v$ の値

| 状態点 | $p$ [Pa] | $T$ [K] | $v$ [m³/kg] |
|---|---|---|---|
| 1 | 101.3 k | 293 | 0.830 |
| 2 | 2.5 M | 732 | 0.0840 |
| 3 | 7 M | 2050 | 0.0840 |
| 4 | 7 M | 4100 | 0.168 |
| 5 | 748 k | 2164 | 0.830 |

(2)　$\eta_{\mathrm{th}}$ は式(5.33)から次式のように求まります．

$$\eta_{\mathrm{th}} = 1 - \frac{(T_5 - T_1)}{(T_3 - T_2) + \kappa(T_4 - T_3)}$$

$$= 1 - \frac{(2164 - 293)\,[\mathrm{K}]}{\{(2050 - 732) + 1.4 \times (4100 - 2050)\}\,[\mathrm{K}]} = 0.553 = \underline{55.3\,\%}$$

次に別解を求めてみます．

$$\varepsilon = \frac{v_1}{v_2} = \frac{0.830\,[\text{m}^3/\text{kg}]}{0.084\,[\text{m}^3/\text{kg}]} = 9.88, \qquad \xi = \frac{p_3}{p_2} = \frac{7\,[\text{MPa}]}{2.5\,[\text{MPa}]} = 2.80$$

$$\sigma = 2$$

これらを式(5.33)に代入すると，$\eta_{\text{th}}$ が求まります．

$$\eta_{\text{th}} = 1 - \frac{1}{\varepsilon^{\kappa-1}} \cdot \frac{\xi\sigma^\kappa - 1}{(\xi-1) + \kappa\xi(\sigma-1)}$$

$$= 1 - \frac{1}{9.88^{1.4-1}} \times \frac{2.8 \times 2^{1.4} - 1}{(2.8-1) + 1.4 \times 2.8 \times (2-1)} = 0.553 = \underline{55.3\,\%}_{\text{一致}}$$

(3) $\ell_{\text{net}}$ は式(5.26)，(5.28)，(5.30)，(5.31)から次式のように求まります．

$$\ell_{\text{net}} = q_v + q_p - q_{\text{L}} = c_v(T_3 - T_2) + c_p(T_4 - T_3) - c_v(T_5 - T_1)$$

$$= c_v(T_3 - T_2 + T_1 - T_5) + c_p(T_4 - T_3)$$

$$= 0.719\,[\text{kJ/(kg·K)}] \times (2050 - 732 + 293 - 2164)\,[\text{K}]$$

$$\quad + 1.006\,[\text{kJ/(kg·K)}] \times (4100 - 2050)\,[\text{K}]$$

$$= 1665\,[\text{kJ/kg}]$$

よって，平均有効圧力は式(5.4)から次式のように求まります．

$$MEP = \frac{L_{\text{net}}}{V_{\text{max}} - V_{\text{min}}} = \frac{\ell_{\text{net}}}{v_1 - v_2} = \frac{1665\,[\text{kJ/kg}]}{(0.830 - 0.084)\,[\text{m}^3/\text{kg}]}$$

$$= 2232\,\left[\frac{\text{kNm}}{\text{m}^3}\right] = \underline{2.23\,[\text{MPa}]}$$

式(5.34)を使って別解として $MEP$ を計算します．

$$MEP = p_1 \cdot \frac{\varepsilon^\kappa\{(\xi-1) + \kappa\xi(\sigma-1)\} - \varepsilon(\xi\sigma^\kappa - 1)}{(\kappa-1)(\varepsilon-1)}$$

$$= 101.3\,[\text{kPa}]$$

$$\quad \times \frac{9.88^{1.4} \times \{(2.8-1) + 1.4 \times 2.8 \times (2-1)\} - 9.88 \times (2.8 \times 2^{1.4} - 1)}{(1.4-1)(9.88-1)}$$

$$= \underline{2.23\,[\text{MPa}]}_{\text{一致}}$$

この例題 5.4 からも，求める(2)理論熱効率と(3)平均有効圧力は，各状態点の $p$，$v$，$T$(表5.5)から求めることができることがわかります．

## 5.7 スターリングサイクル

**スターリングエンジン**(Stirling engine)は，火花点火や圧縮点火熱機関に先駆けて 1816 年にスコットランドの牧師**スターリング**(R. Stirling, 1790-1878)が発明しました．そのころ，高圧の蒸気ボイラーによる爆発事故が頻発していたので，安全な熱機関であるスターリングエンジンは広く使用されましたが，効率のよい火花点火熱機関と圧縮点火熱機関が発明されると，熱機関の主流ではなくなりました．スターリングエンジンのサイクルを理想化したものが**スターリングサイクル**です．

オットー，ディーゼル，サバテサイクルのエンジンは内燃機関ですが，スターリングエンジンは外燃機関です．

スターリングエンジンのしくみは，図 5.12 のように，外部からの加熱と冷却を交互に行い，容器内の気体を膨張させたり，圧縮させたりして出力ピストンを動かし，仕事を生み出すものです．このしくみの問題点は，加熱と冷却をすばやく交互に行うことが難しいということでした．そこで，図 5.13 のようなピストンとシリンダーの

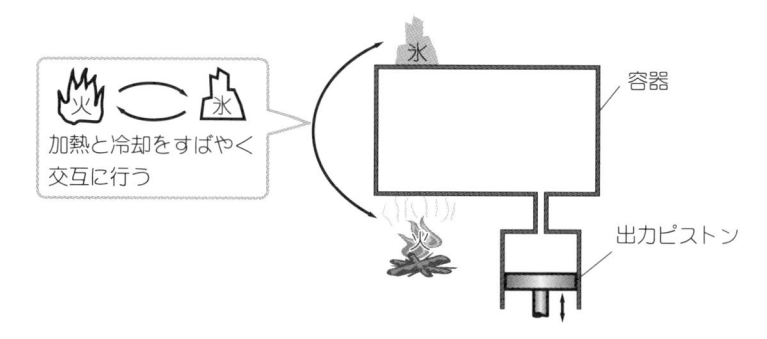

**図 5.12　スターリングエンジンの作動原理**

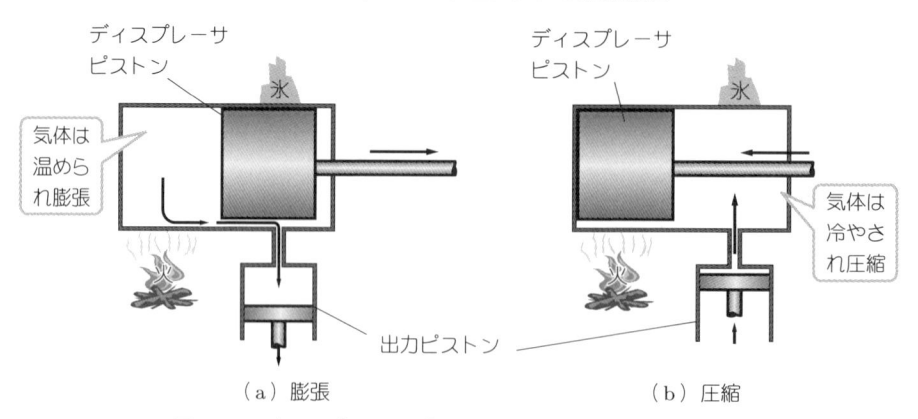

**図 5.13　ディスプレーサピストン付スターリングエンジン**

間に隙間のある**ディスプレーサピストン**を使う方式が開発されました．**図5.13(a)**のように，ディスプレーサピストンを右に動かすと，作動流体は左側の高温部に流れ込み温められるので，膨張して出力ピストンが下がります．逆に，**図(b)**のように，ディスプレーサピストンを左に動かすと，作動流体は右側の低温部に流れ込み冷やされるので，収縮して出力ピストンが上がります．

**図**5.14に**スターリングサイクル**の$p$-$v$線図と$T$-$s$線図を示します．このサイクルは，それぞれ二つの等温過程と等積過程から構成されます．

$p(1 \to 2)$　等温冷却　　$q_\mathrm{L} = RT_2 \ln \dfrac{v_1}{v_2}$ (5.35)

$p(2 \to 3)$　等積加熱　　$q_{23} = c_v (T_3 - T_2)$ (5.36)

$p(3 \to 4)$　等温加熱　　$q_\mathrm{H} = RT_3 \ln \dfrac{v_4}{v_3}$ (5.37)

$p(4 \to 1)$　等積冷却　　$q_{41} = c_v (T_4 - T_1) = q_{23}$ (5.38)

理論熱効率$\eta_\mathrm{th}$は，式(5.2)から次式のように求められます．

$$\eta_\mathrm{th} = 1 - \frac{q_\mathrm{L}}{q_\mathrm{H}} = 1 - \frac{RT_2 \ln(v_1/v_2)}{RT_3 \ln(v_4/v_3)}$$

$$= 1 - \frac{T_2}{T_3}$$

　　$\varepsilon = v_1/v_2 = v_4/v_3$

$$\eta_\mathrm{th} = 1 - \frac{T_\mathrm{L}}{T_\mathrm{H}} \quad \text{（スターリングサイクルの理論熱効率）} \tag{5.39}$$

式(5.39)から，スターリングサイクルの理論熱効率は，カルノーサイクルの理論熱効率と同じであることがわかります．

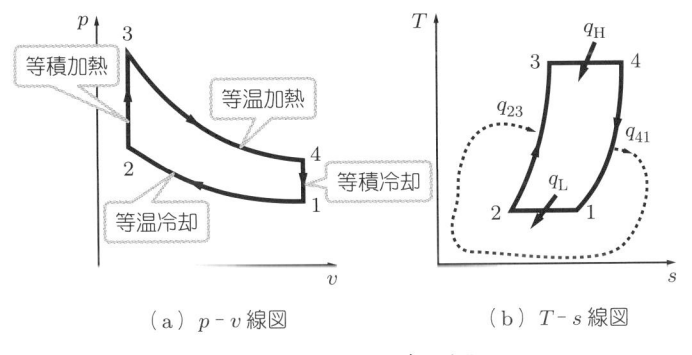

(a) $p$-$v$線図　　(b) $T$-$s$線図

**図5.14　スターリングサイクル**

スターリングエンジンが発明されたのは古いのですが，未来のエンジンといわれています．その理由は次のとおりです．

(1) 環境にやさしいエンジン：内燃機関は作動流体を急激に燃焼させて仕事を得るため，騒音や排出ガスが発生しますが，スターリングエンジンはそれがないので環境にやさしい．
(2) 熱源を選ばない：スターリングエンジンは温度差を作り出せば動くので，地熱，太陽熱などのさまざまな熱が利用できます．

しかし，実際は等温変化の実現が難しいなど，普及するにはまだ技術的に解決しなければならないことがあります．

---

**例題 5.5** スターリングエンジンの吸気の圧力は $100\,\text{kPa}$，温度は $290\,\text{K}$ である．圧縮比は $10$ で，等温加熱過程で $350\,\text{kJ/kg}$ の熱が供給される．次の値を求めよ．
(1) 理論熱効率　　(2) 最高温度

**解答**

**既知の事項**

$\varepsilon = \dfrac{v_1}{v_2} = 10$

等積加熱，等温加熱，等積冷却，等温冷却

$p_1 = 100\,[\text{kPa}]$

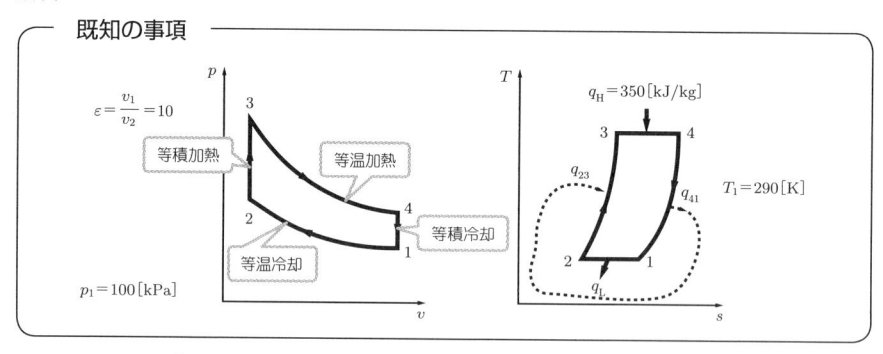

$q_\text{H} = 350\,[\text{kJ/kg}]$，$T_1 = 290\,[\text{K}]$

**求める答え**

(1) $\eta_\text{th}$　　(2) $T_\text{H} = T_3 = T_4$

(1) $T_2 = T_1$ なので，まず式(5.35)から $q_\text{L}$ が求まります．

$$q_\text{L} = RT_2 \ln \frac{v_1}{v_2} = 286.99\,[\text{J}/(\text{kg}\cdot\text{K})] \times 290\,[\text{K}] \times \ln 10 = 192\,[\text{kJ/kg}]$$

よって，$\eta_\text{th}$ は式(5.39)から次式のように求まります．

$$\eta_\text{th} = 1 - \frac{q_\text{L}}{q_\text{H}} = 1 - \frac{192\,[\text{kJ/kg}]}{350\,[\text{kJ/kg}]} = 0.451 = 45.1\,\%$$

(2) $T_3$ は式(5.39)から次式のように求まります．

$$T_3 = \frac{T_2}{1 - \eta_\text{th}} = \frac{290\,[\text{K}]}{1 - 0.451} = 528\,[\text{K}]$$

## 5.8 ブレイトンサイクル

ガスタービンのサイクルである**ブレイトンサイクル**(Brayton cycle)は，ブレイトン(G. Brayton, 1830-1892)により1870年に容積式内燃機関(**表5.1(d)**)に初めて適用され，現在は，ガスタービンの基本サイクルとなっています．

ブレイトンサイクルには，開放サイクルと密閉サイクルがあります．**図5.15**のような**開放サイクル**は，圧縮機が吸入した空気を高温・高圧に**断熱圧縮**して燃焼器に送り込み，燃焼器で燃料を燃焼させ，高温・高圧のガスを作ります．このガスをタービン内で**断熱膨張**させ正味仕事をします．タービンからの排気は，タービン内を循環するのではなく，大気中に排出されます．これが開放サイクルといわれる理由です．

**図5.16**のような**密閉サイクル**は，断熱圧縮と断熱膨張の過程は開放サイクルと同じですが，燃焼過程は**等圧加熱**過程に，排気過程は**等圧冷却**過程に置き換えられます．これが**ブレイトンサイクル**です．**図5.17**は，ブレイトンサイクルの$p-v$線図と$T-s$線図です．このサイクルの過程の作動流体の状態変化と，質量1 kgあたりの加熱量$q_H$と放熱量$q_L$は，次のとおりです．

$p(1 \to 2)$ 断熱圧縮 $\quad \dfrac{T_1}{T_2} = \left(\dfrac{p_1}{p_2}\right)^{(\kappa-1)/\kappa}$ (5.40)

$p(2 \to 3)$ 等圧加熱 $\quad q_H = c_p(T_3 - T_2)$ (5.41)

$p(3 \to 4)$ 断熱膨張 $\quad \dfrac{T_4}{T_3} = \left(\dfrac{p_4}{p_3}\right)^{(\kappa-1)/\kappa} = \left(\dfrac{p_1}{p_2}\right)^{(\kappa-1)/\kappa} = \dfrac{T_1}{T_2}$ (5.42)

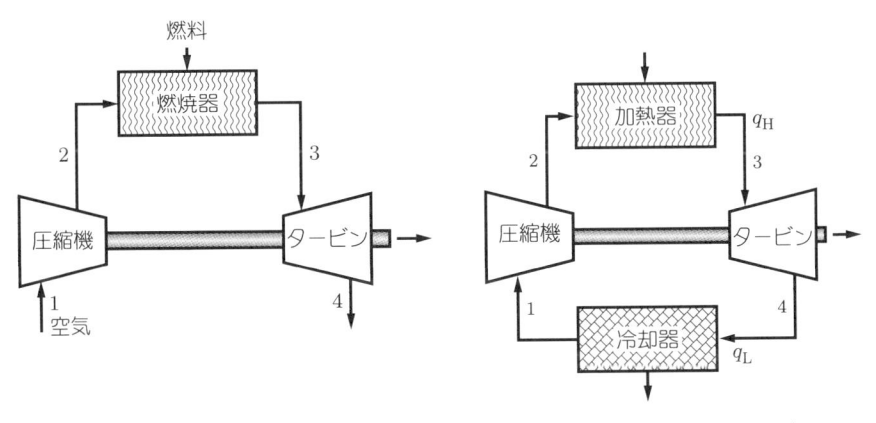

図5.15 開放型ガスタービン     図5.16 密閉型ガスタービン

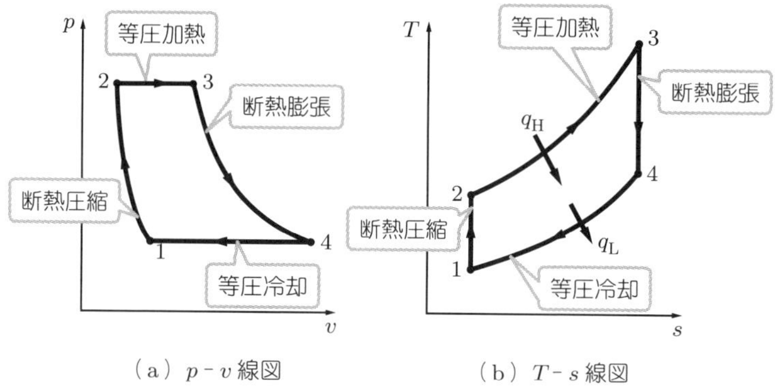

(a) $p$-$v$ 線図　　(b) $T$-$s$ 線図

図 5.17　ブレイトンサイクル

$p(4 \rightarrow 1)$　等圧冷却　　$q_\mathrm{L} = c_p (T_4 - T_1)$　　　　　(5.43)

ここで，$\gamma = p_2/p_1$ を**圧力比**とすれば，式(5.40), (5.42)から次式が得られます．

$$\frac{T_1}{T_2} = \frac{T_4}{T_3} = \left(\frac{p_4}{p_3}\right)^{(\kappa-1)/\kappa} = \left(\frac{p_1}{p_2}\right)^{(\kappa-1)/\kappa} = \left(\frac{1}{p_2/p_1}\right)^{(\kappa-1)/\kappa}$$
$$= \left(\frac{1}{\gamma}\right)^{(\kappa-1)/\kappa} = \frac{1}{\gamma^{(\kappa-1)/\kappa}} \quad (5.44)$$

式(5.2)から理論熱効率 $\eta_\mathrm{th}$ は次式のように求められます．

$$\eta_\mathrm{th} = 1 - \frac{q_\mathrm{L}}{q_\mathrm{H}} = 1 - \frac{c_p(T_4 - T_1)}{c_p(T_3 - T_2)} = 1 - \frac{T_4 - T_1}{T_3 - T_2}$$

$$= 1 - \frac{T_3(T_1/T_2) - T_1}{T_3 - T_2} \quad \text{式(5.42)}$$

$$= 1 - \frac{(T_1 T_3 - T_1 T_2)/T_2}{T_3 - T_2} = 1 - \frac{(T_1/T_2)(T_3 - T_2)}{T_3 - T_2}$$

$$= 1 - \frac{T_1}{T_2}$$

$$\eta_\mathrm{th} = 1 - \frac{1}{\gamma^{(\kappa-1/\kappa)}} \quad \text{（ブレイトンサイクルの理論熱効率）} \quad (5.45)$$

式(5.45)から，ブレイトンサイクルの理論熱効率は，比熱比 $\kappa$ が一定であれば圧力比 $\gamma$ のみによって決まり，圧力比が大きければ大きくなることがわかります．

次にタービンによる膨張仕事$\ell'_t$と圧縮仕事$\ell'_c$を求めてみます．両過程とも断熱過程なので，式(2.37), (2.52)から次式のように求まります．

$$\ell'_t = h_3 - h_4 = c_p(T_3 - T_4) \tag{5.46}$$

$$\ell'_c = h_2 - h_1 = c_p(T_2 - T_1) \tag{5.47}$$

正味仕事$\ell'_{net}$は次式のように求まります．

$$\ell'_{net} = \ell'_t - \ell'_c = c_p\{(T_3 - T_4) - (T_2 - T_1)\} \tag{5.48}$$

蒸気タービンに比較してガスタービンでは，圧縮機の駆動に要する仕事が大きく，タービンが作り出す仕事の約半分になる場合があります．膨張仕事$\ell'_t$に対する圧縮仕事$\ell'_c$の比を**後方仕事比**(backwork ratio)$BWR$といい，次式のように表します．

$$\begin{aligned}
BWR &= \frac{\ell'_c}{\ell'_t} = \frac{T_2 - T_1}{T_3 - T_4} = \frac{(T_1 T_3/T_4) - T_1}{T_3 - T_4} \quad \text{式(5.42)}\\
&= \frac{(T_1/T_4)(T_3 - T_4)}{T_3 - T_4}\\
&= \frac{T_1}{T_4} = \frac{T_2}{T_3} \quad \text{式(5.42)}
\end{aligned} \tag{5.49}$$

図5.18に後方仕事比の概念図を示します．

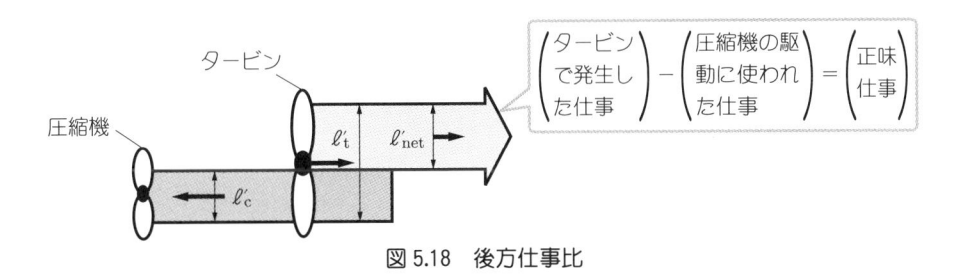

**図5.18 後方仕事比**

$$\begin{pmatrix}\text{タービン}\\\text{で発生し}\\\text{た仕事}\end{pmatrix} - \begin{pmatrix}\text{圧縮機の駆}\\\text{動に使われ}\\\text{た仕事}\end{pmatrix} = \begin{pmatrix}\text{正味}\\\text{仕事}\end{pmatrix}$$

---

**例題 5.6** ブレイトンサイクルで作動するガスタービンがある．101.3 kPa, 288 K の空気が圧縮機に吸気される．圧力比が9でタービン内の最高温度が1350 K のとき次の値を求めよ．
(1) 理論熱効率　　(2) 後方仕事比　　(3) 正味仕事

## 解答

### 既知の事項

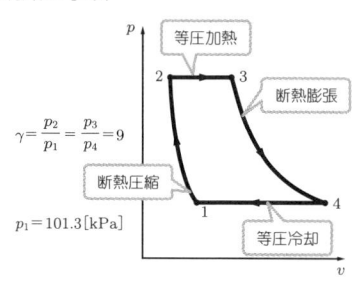

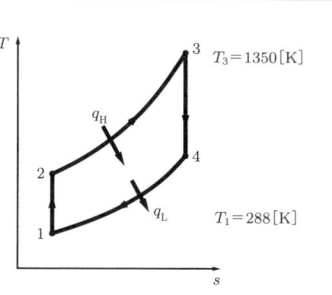

$\gamma = \dfrac{p_2}{p_1} = \dfrac{p_3}{p_4} = 9$

$p_1 = 101.3\,[\text{kPa}]$

$T_3 = 1350\,[\text{K}]$

$T_1 = 288\,[\text{K}]$

等圧加熱, 断熱膨張, 断熱圧縮, 等圧冷却

### 求める答え

(1) $\eta_{\text{th}}$  (2) $BWR$  (3) $\ell'_{\text{net}}$

(1) $\eta_{\text{th}}$ は式(5.45)から次式のように求まります.

$$\eta_{\text{th}} = 1 - \frac{1}{\gamma^{(\kappa-1)/\kappa}} = 1 - \frac{1}{9^{(1.4-1)/1.4}} = 0.466 = 46.6\,\%$$

(2) まず, 式(5.42)から $T_4$ を求めます.

$$T_4 = T_3 \left(\frac{p_4}{p_3}\right)^{(\kappa-1)/\kappa} = T_3 \left(\frac{1}{p_3/p_4}\right)^{(\kappa-1)/\kappa}$$

$$= 1350\,[\text{K}] \times \left(\frac{1}{9}\right)^{(1.4-1)/1.4} = 721\,[\text{K}]$$

よって, $BWR$ は式(5.49)から次式のように求まります.

$$BWR = \frac{\ell'_{\text{c}}}{\ell'_{\text{t}}} = \frac{T_1}{T_4} = \frac{288\,[\text{K}]}{721\,[\text{K}]} = 0.399$$

これから, ガスタービンの $BWR$ が大きいことがわかります.

(3) まず, 式(5.40)から $T_2$ を求めます.

$$T_2 = T_1 \left(\frac{p_2}{p_1}\right)^{(\kappa-1)/\kappa} = 288\,[\text{K}] \times 9^{(1.4-1)/1.4} = 540\,[\text{K}]$$

よって, $\ell'_{\text{net}}$ は式(5.48)から次式のように求まります.

$$\ell'_{\text{net}} = \ell'_{\text{t}} - \ell'_{\text{c}} = c_p\{(T_3 - T_4) - (T_2 - T_1)\}$$

$$= 1.006\,[\text{kJ/(kg·K)}] \times \{(1350 - 721) - (540 - 288)\}[\text{K}] = 379\,[\text{kJ/kg}]$$

## 5.9 ブレイトン再生サイクル

例題 5.6 では，タービン出口温度 $T_4 = 721$[K] は，圧縮機出口温度 $T_2 = 540$[K] より約 180 K も高くなっていました．これを利用すれば，タービン出口から出る排気熱で燃焼前の空気を予熱し，熱効率を改善することができます．これを実現するため，図 5.19 (a) ように圧縮機と燃焼器の間に熱交換器の機能をもつ**再生器**(regenerator)を設け，$p(4 \to 4')$ で捨てられる熱量 $q_{\text{regen}}$ を $p(2 \to 2')$ での加熱に使用します．このサイクルを**ブレイトン再生サイクル**(Brayton cycle with regeneration)といいます．図 (b), (c) にブレイトン再生サイクルの $p$-$v$ 線図と $T$-$s$ 線図を示します．

理想的な再生器において $T_{2'} = T_4$，$T_{4'} = T_2$ が実現されるとします．この過程の作動流体 1 kg あたりの $q_{\text{H}}$，$q_{\text{L}}$，$q_{\text{regen}}$ は，次のとおりです．

$p(4 \to 4')$　$p(2 \to 2')$　（等圧冷却および等圧加熱）＝（再生熱量）

$$q_{\text{regen}} = c_p (T_4 - T_{4'}) = c_p (T_{2'} - T_2) \tag{5.50}$$

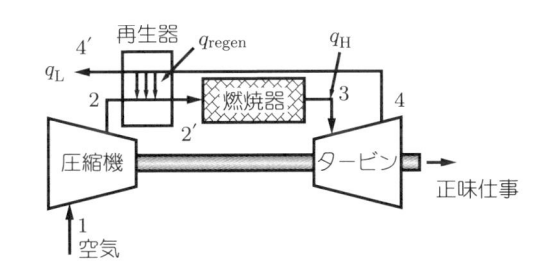

(a) 機器構成

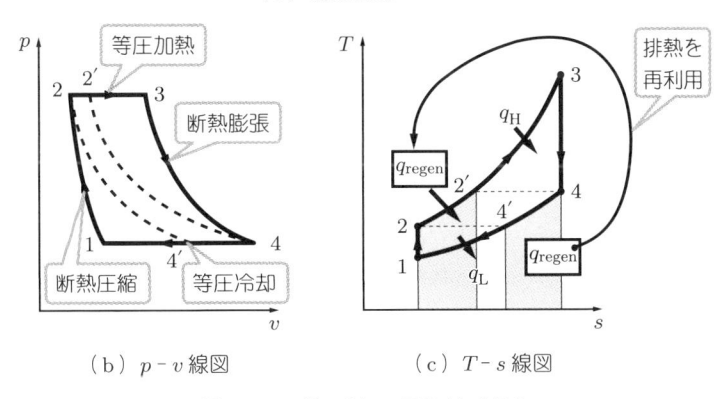

(b) $p$-$v$ 線図

(c) $T$-$s$ 線図

図 5.19　ブレイトン再生サイクル

$p(2' \to 3)$　等圧加熱　　$q_\mathrm{H} = c_p(T_3 - T_{2'}) = c_p(T_3 - T_4)$ 　　　(5.51)

$p(4' \to 1)$　等圧冷却　　$q_\mathrm{L} = c_p(T_{4'} - T_1) = c_p(T_2 - T_1)$ 　　　(5.52)

理論熱効率 $\eta_\mathrm{th}$ は式(4.4)から次式のように求められます．

$$\eta_\mathrm{th} = 1 - \frac{q_\mathrm{L}}{q_\mathrm{H}} = 1 - \frac{T_2 - T_1}{T_3 - T_4} = 1 - \frac{(T_1 T_3/T_4) - T_1}{T_3 - T_4} = 1 - \frac{T_1/T_4(T_3 - T_4)}{T_3 - T_4}$$

$$= 1 - \frac{T_1}{T_4} = 1 - \frac{T_1 T_3}{T_3 T_4} \quad \text{式(5.42)}$$

$$= 1 - \frac{T_1 T_2}{T_3 T_1} = 1 - \frac{T_1}{T_3(T_1/T_2)} \quad \text{式(5.44)}$$

$$= 1 - \frac{T_1}{T_3} \frac{1}{1/\gamma^{(\kappa-1)/\kappa}}$$

$$\eta_\mathrm{th} = 1 - \frac{T_1}{T_3} \gamma^{(\kappa-1)/\kappa} \quad \left(\begin{array}{l}\text{ブレイトン再生サイクル}\\\text{の理論熱効率}\end{array}\right) \quad (5.53)$$

ここで，図 5.19(c) の $T$-$s$ 線図のグレーの部分の面積が 4.5.6 項から捨てられる熱量を表し，この捨てられる熱量が圧縮機から出た空気の温度を上げるのに再利用されることがわかります．

なお，ブレイトン再生サイクルの膨張仕事 $\ell'_\mathrm{t}$ および圧縮仕事 $\ell'_\mathrm{c}$，正味仕事 $\ell'_\mathrm{net}$，後方仕事比 $BWR$ は，ブレイトンサイクルのそれと同じです．

---

**例題 5.7**

(1) 例題 5.6 に理想的な再生器を追加して，ブレイトン再生サイクルで作動させた場合の理論熱効率を求めよ．

(2) (1) のタービンの $T_1$ と $T_3$ を変えずに，圧力比 $\gamma$ を 2 から 2 ずつ増やして 20 まで変えたときのブレイトン再生サイクルの理論熱効率 $\eta_\mathrm{th}^\mathrm{BR}$ を求めよ．また，例題 5.6 の圧力比 $\gamma$ を再生サイクルの場合と同様に変化させた場合のブレイトンサイクルの理論熱効率 $\eta_\mathrm{th}^\mathrm{B}$ を求めよ．

(3) (2) で求めた値をグラフにプロットせよ．

(4) 以上のことからわかることを述べよ．

**解答**

(1) $\eta_\mathrm{th}$ は式(5.53)から次式のように求まります．

$$\eta_{\text{th}} = 1 - \frac{T_1}{T_3}\gamma^{(\kappa-1)/\kappa} = 1 - \frac{288\,[\text{K}]}{1350\,[\text{K}]} \times 9^{(1.4-1)/1.4} = 0.600 = 60\,\%$$

理想的な再生器をつければ,理論熱効率が約 13.4 % 向上することがわかります.

(2) 表 5.6 に圧力比を変えたときの $\eta_{\text{th}}^{\text{BR}}$ と $\eta_{\text{th}}^{\text{B}}$ の計算結果を示します.

表 5.6 理論熱効率の計算結果

| 圧力比 $\gamma$ | 2 | 4 | 6 | 8 | 10 | 12 | 14 | 16 | 18 | 20 |
|---|---|---|---|---|---|---|---|---|---|---|
| $\eta_{\text{th}}^{\text{BR}}$ | 0.740 | 0.671 | 0.644 | 0.614 | 0.588 | 0.566 | 0.547 | 0.529 | 0.513 | 0.500 |
| $\eta_{\text{th}}^{\text{B}}$ | 0.180 | 0.327 | 0.401 | 0.448 | 0.482 | 0.508 | 0.530 | 0.547 | 0.562 | 0.575 |

(3) (2) の結果をプロットすると,図 5.20 のようになります.

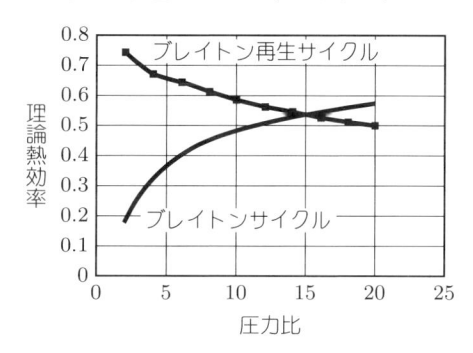

図 5.20 ブレイトン再生サイクル

(4) ブレイトン再生サイクルの理論熱効率は圧力比が小さいほど大きくなります.この例題の場合,圧力比が 15 以上の場合は再生器をつけると理論熱効率が低下してしまうので,再生器を装着した意味がありません.

## 5.10 ブレイトン中間冷却・再熱・再生サイクル

ガスタービンの熱効率を改善する方法として,5.9 節の再生器を用いる方法以外に次の二つの方法があります.

(1) 圧縮機を低圧圧縮機と高圧圧縮機の二つに分けて,その間に**中間冷却器**を入れて**中間冷却**する方法

(2) タービンを低圧タービンと高圧タービンの二つに分けて,その間に**再熱器**を入れて**再熱**する方法

## 5.10.1 中間冷却を行うブレイトンサイクル

ガスタービンの熱効率を改善する方法の二番目として，低圧と高圧に分けて**中間冷却**(intercooling)する方法があります．図5.21に二つの圧縮機と**中間冷却器**(intercooler)の機器構成と$p$-$v$線図と$T$-$s$線図を示します．

中間冷却が$T_3 = T_1$で等圧冷却で行われるとすると，圧縮仕事$\ell'_c$は2.11節に示したように図(b)の$p$-$v$線図の4-3-2-1-A-Bの面積で表されます．また，式(2.37)，(2.55)から$\ell'_c$を求めることができます．

$$\begin{aligned}
\ell'_c &= (h_2 - h_1) + (h_4 - h_3) \\
&= c_p(T_2 - T_1) + c_p(T_4 - T_3) \\
&= c_p T_1 \left\{ \left(\frac{p_2}{p_1}\right)^{(\kappa-1)/\kappa} - 1 \right\} + c_p T_3 \left\{ \left(\frac{p_4}{p_3}\right)^{(\kappa-1)/\kappa} - 1 \right\} \\
&= c_p T_1 \left\{ \left(\frac{p_2}{p_1}\right)^{(\kappa-1)/\kappa} + \left(\frac{p_4}{p_2}\right)^{(\kappa-1)/\kappa} - 2 \right\}
\end{aligned} \quad (5.54)$$

式(3.28) → $T_2 = T_1 \left(\dfrac{p_2}{p_1}\right)^{(\kappa-1)/\kappa}$

→ $T_4 = T_3 \left(\dfrac{p_4}{p_3}\right)^{(\kappa-1)/\kappa}$

$T_3 = T_1$, $p_3 = p_2$

(a) 機器構成

(b) $p$-$v$線図

(c) $T$-$s$線図

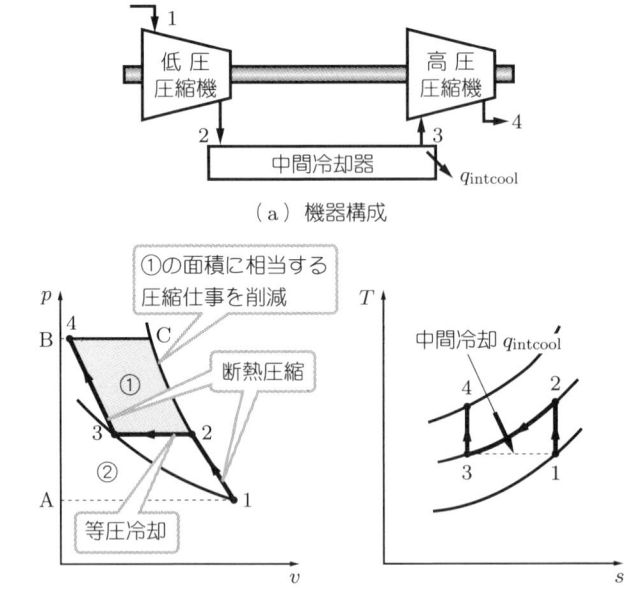

図5.21 中間冷却を行うブレイトンサイクル

圧縮仕事$\ell'_c$を最小にする$p_2$は，$\partial \ell'_c/\partial p_2 = 0$より，

$$\frac{\partial \ell'_c}{\partial p_2} = \frac{\partial}{\partial p_2}\left\{c_p T_1 \left(\left(\frac{p_2}{p_1}\right)^{(\kappa-1)/\kappa} + \left(\frac{p_4}{p_2}\right)^{(\kappa-1)/\kappa} - 2\right)\right\}$$

$$= c_p T_1 \left(\frac{\kappa-1}{\kappa}\right)\frac{1}{p_2}\left\{\left(\frac{p_2}{p_1}\right)^{(\kappa-1)/\kappa} - \left(\frac{p_4}{p_2}\right)^{(\kappa-1)/\kappa}\right\} = 0 \quad (5.55)$$

となり，式(5.55)を満足するためには，次式が成立する必要があります．

$$\frac{p_2}{p_1} = \frac{p_4}{p_3} \quad (5.56)$$

式(5.56)は，低圧圧縮機と高圧圧縮機の圧力比が等しいことを示しています．また，図(b)の$p$-$v$線図から，中間冷却がない場合の圧縮仕事$\ell'_c$は4-C-2-1-A-Bで囲まれる面積(①+②)で表されますが，中間冷却がある場合の圧縮仕事$\ell'_c$は4-3-2-1-A-B(②)で表され，4-C-2-3(①)で囲まれるグレーの部分の面積で表される圧縮仕事分だけ，少なくなることがわかります．

## ■5.10.2 再熱を行うブレイトンサイクル

ガスタービンの熱効率を改善する方法の三番目として，タービンの中間で**再熱**(reheating)する方法があります．図5.22に，高圧と低圧に分けた二つのタービンと**再熱器**(reheater)の機器構成と$p$-$v$線図と$T$-$s$線図を示します．

再熱が等圧加熱で行われるとすると，タービン仕事$\ell'_t$は，式(2.37), (2.57)から次式のように求めることができます．

$$\ell'_t = (h_6 - h_7) + (h_8 - h_9)$$

$$= c_p(T_6 - T_7) + c_p(T_8 - T_9)$$

式(3.28) $\to T_6 = T_7\left(\dfrac{p_6}{p_7}\right)^{(\kappa-1)/\kappa}$

$\to T_8 = T_9\left(\dfrac{p_8}{p_9}\right)^{(\kappa-1)/\kappa}$

$\to T_8 = T_6, \ p_8 = p_7$

$$= c_p T_7\left\{\left(\frac{p_6}{p_7}\right)^{(\kappa-1)/\kappa} - 1\right\} + c_p T_9\left\{\left(\frac{p_8}{p_9}\right)^{(\kappa-1)/\kappa} - 1\right\}$$

$$= c_p T_7\left\{\left(\frac{p_6}{p_7}\right)^{(\kappa-1)/\kappa} + \left(\frac{p_7}{p_9}\right)^{(\kappa-1)/\kappa} - 2\right\} \quad (5.57)$$

タービン仕事$\ell'_t$を最小にする$p_2$は，$\partial \ell'_t/\partial p_7 = 0$より，

(a) 機器構成

(b) $p$-$v$ 線図    (c) $T$-$s$ 線図

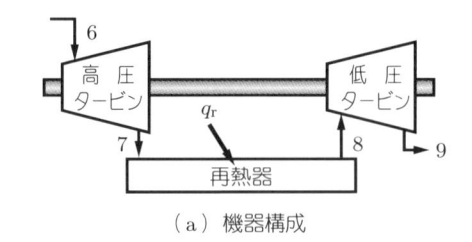

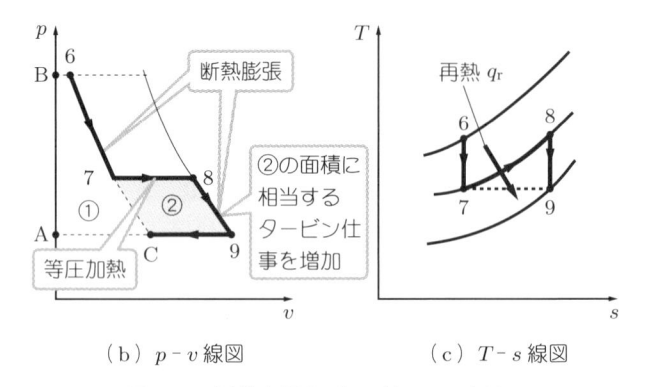

図 5.22  再熱を行うブレイトンサイクル

$$\frac{\partial \ell'_t}{\partial p_7} = \frac{\partial}{\partial p_7}\left\{c_p T_7\left(\left(\frac{p_6}{p_7}\right)^{(\kappa-1)/\kappa} + \left(\frac{p_7}{p_9}\right)^{(\kappa-1)/\kappa} - 2\right)\right\}$$

$$= c_p T_7 \left(\frac{\kappa-1}{\kappa}\right)\frac{1}{p_7}\left\{\left(\frac{p_7}{p_9}\right)^{(\kappa-1)/\kappa} - \left(\frac{p_6}{p_7}\right)^{(\kappa-1)/\kappa}\right\} = 0 \quad (5.58)$$

となり，式(5.58)を満足するためには，次式が成立する必要があります．

$$\frac{p_7}{p_9} = \frac{p_6}{p_7} \quad (5.59)$$

式(5.59)は $p_7 = p_8$ なので，低圧タービンと高圧タービンの圧力比が等しいことを示しています．また，図(b)の $p$-$v$ 線図から，再熱されない場合のタービン仕事 $\ell'_t$ は B-6-7-C-A が囲む面積（①）で表されますが，再熱がある場合のタービン仕事 $\ell'_t$ は B-6-7-8-9-C-A（①+②）で囲まれる面積で表され，7-8-9-C（②）で囲まれる面積で表される分だけ，タービン仕事が増加することがわかります．

### 5.10.3 ブレイトン中間冷却・再熱・再生サイクル

ブレイトン中間冷却・再熱・再生サイクルの機器構成と，$p$-$v$ 線図と $T$-$s$ 線図を

## 5.10 ブレイトン中間冷却・再熱・再生サイクル

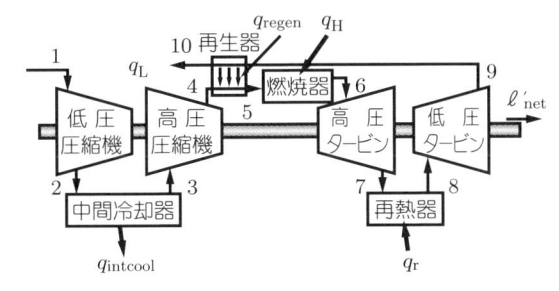

（a）機器構成

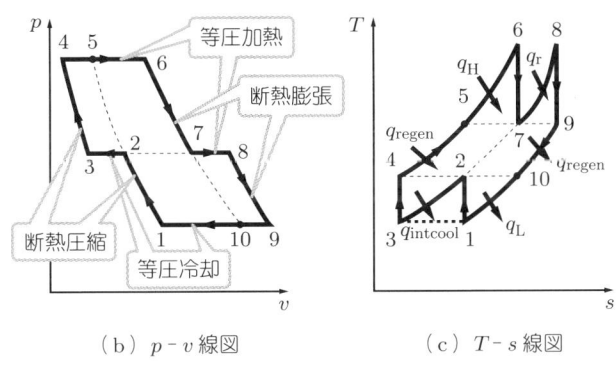

（b）$p$-$v$ 線図

（c）$T$-$s$ 線図

図 5.23　ブレイトン中間冷却・再熱・再生サイクル

図 5.23 に示します．このサイクルは 5.8 節，5.9 節，5.10.1 項，5.10.2 項で学んだことの組み合わせなので，例題を解いて考えます．

---

**例題 5.8**

(1) 例題 5.6 のガスタービンに，理想的な中間冷却器および再熱器，再生器をつけた場合の理論熱効率を求めよ．ただし，ガスタービンの作動条件は例題 5.6 の場合と同じとする．

(2) 再生器をつけない場合の理論熱効率を求めよ．

---

**解答**

(1) まず，理論熱効率 $\eta_{th}$ は式 (5.1) から次式のように表せます．

$$\eta_{th} = \frac{\ell'_{net}}{q_H + q_r} = \frac{\ell'_t - \ell'_c}{q_H + q_r}$$

$$= \frac{c_p(T_6 - T_7) + c_p(T_8 - T_9) - c_p(T_2 - T_1) - c_p(T_4 - T_3)}{c_p(T_6 - T_5) + c_p(T_8 - T_7)}$$

上式に含まれる温度がわかると $\eta_{th}$ が求まります．例題 5.6 と最低および最高温度，最

低圧力は同じなので，$T_6 = T_8 = 1350\,[\text{K}]$，$T_1 = T_3 = 288\,[\text{K}]$，$p_1 = p_{10} = p_9 = 101.3\,[\text{kPa}]$です．$p_4/p_1 = 9$から

$$p_4 = p_5 = p_6 = 9 \times p_1 = 9 \times 101.3\,[\text{kPa}] = 911.7\,[\text{kPa}]$$

となります．式(5.59)から$p_2$と$p_7$が求まります．

$$p_2 = p_7 = (p_6 p_9)^{1/2} = (911.7\,[\text{kPa}] \times 101.3\,[\text{kPa}])^{1/2} = 303.9\,[\text{kPa}]$$

$p(1 \to 2)$は断熱圧縮なので，式(3.28)から$T_2$と$T_4$が求まります．

$$T_2 = T_4 = T_1 \left(\frac{p_2}{p_1}\right)^{(\kappa-1)/\kappa} = 288\,[\text{K}] \times \left(\frac{303.9\,[\text{kPa}]}{101.3\,[\text{kPa}]}\right)^{(1.4-1)/1.4} = 394\,[\text{K}]$$

同じく$p(6 \to 7)$は断熱膨張なので，同様に$T_7$および$T_9$，$T_5$が求まります．

$$T_7 = T_9 = T_5 = T_6 \left(\frac{p_7}{p_6}\right)^{(\kappa-1)/\kappa}$$

$$= 1350\,[\text{K}] \times \left(\frac{303.9\,[\text{kPa}]}{911.7\,[\text{kPa}]}\right)^{(1.4-1)/1.4} = 986\,[\text{K}]$$

よって，理論熱効率$\eta_{\text{th}}$は次式のように求まります．

$$\eta_{\text{th}} = \frac{\{(1350 - 986) + (1350 - 986) - (394 - 288) - (394 - 288)\}\,[\text{K}]}{\{(1350 - 986) + (1350 - 986)\}\,[\text{K}]}$$

$$= 0.709 = 70.9\,\%$$

これからブレイトンサイクルに理想的な中間冷却器および再熱器，再生器をつけると，熱効率が46.6%から約24%向上することがわかります．

(2) 再生器がないので，燃焼器で再生された熱量分を供給する必要があります．したがって，次式の$q_{\text{regen}}$分だけの熱量を余分に供給する必要があります．

$$q_{\text{regen}} = c_p(T_5 - T_4)$$

よって，再生器のない場合の理論熱効率$\eta_{\text{th}}$は，次式のように求まります．

$$\eta_{\text{th}} = \frac{c_p(T_6 - T_7) + c_p(T_8 - T_9) - c_p(T_2 - T_1) - c_p(T_4 - T_3)}{c_p(T_6 - T_5) + c_p(T_5 - T_4) + c_p(T_8 - T_7)}$$

$$= \frac{\{(1350 - 986) + (1350 - 986) - (394 - 288) - (394 - 288)\}\,[\text{K}]}{\{(1350 - 986) + (986 - 394) + (1350 - 986)\}\,[\text{K}]}$$

$$= 0.390 = 39.0\,\%$$

図5.24にブレイトンサイクルの機器構成による理論熱効率の比較を示します．再生，中間冷却・再熱・再生を行うことにより理論熱効率は上昇しますが，中間冷却・再熱を行っても再生を行わないと，ブレイトンサイクルより小さくなることがわかります．

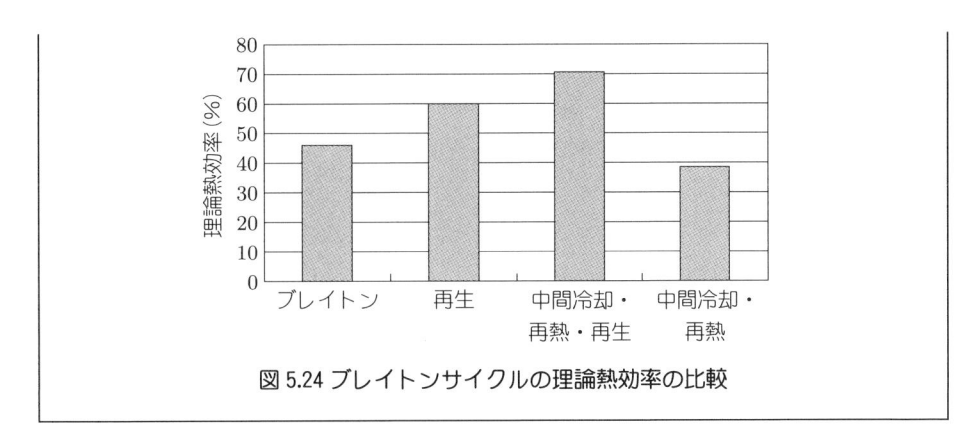

図5.24 ブレイトンサイクルの理論熱効率の比較

## 5.11 エリクソンサイクル

図5.25のように，中間冷却と再熱の段数を増やしていくと，二つの等温変化と二つの等圧変化により構成される**エリクソンサイクル**(Ericsson cycle)になります．エリクソンサイクルの$p$-$v$線図と$T$-$s$線図を図5.26に示します．

$p(1 \to 2)$は等温膨張なので，式(3.13)から加熱量$q_\mathrm{H}$が求まります．

$$q_\mathrm{H} = RT_\mathrm{H} \ln \frac{p_1}{p_2} \tag{5.60}$$

また，$p(3 \to 4)$は等温圧縮なので，同じく式(3.13)から$q_\mathrm{L}$が求まります．

$$q_\mathrm{L} = RT_\mathrm{L} \ln \frac{p_4}{p_3} \tag{5.61}$$

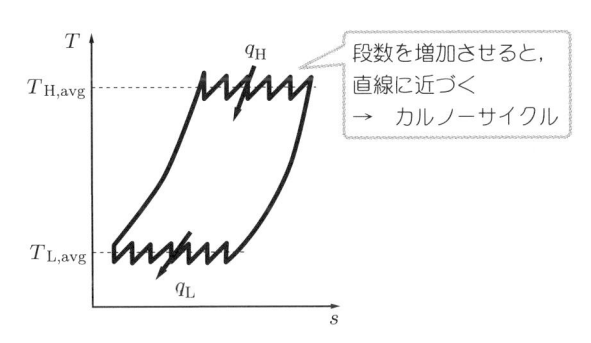

図5.25 中間冷却・再熱・再生サイクルの段数を増加させた場合の$T$-$s$線図

したがって，$\eta_{\mathrm{th}}$ は式(5.2)から次式のように求まります．

$$\eta_{\mathrm{th}} = 1 - \frac{q_{\mathrm{L}}}{q_{\mathrm{H}}} = 1 - \frac{RT_{\mathrm{L}}\ln(p_4/p_3)}{RT_{\mathrm{H}}\ln(p_1/p_2)} \qquad \boxed{p_4/p_3 = p_1/p_2}$$

$$\eta_{\mathrm{th}} = 1 - \frac{T_{\mathrm{L}}}{T_{\mathrm{H}}} \qquad \text{(エリクソンサイクルの理論熱効率)} \tag{5.62}$$

すなわち，エリクソンサイクルの理論熱効率は，カルノーサイクルの理論最大熱効率と等しくなります．しかし，段数を増やすと圧力損失が大きくなるので，2〜3段以上は実用的ではなく，カルノーサイクルと等しい理論熱効率を実現することはできません．正味仕事は，式(4.3)から次のように求めることができます．

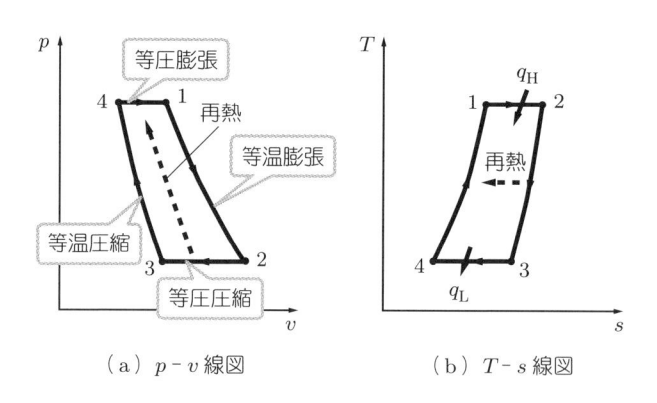

$$\ell'_{\mathrm{net}} = q_{\mathrm{H}} - q_{\mathrm{L}} = RT_{\mathrm{H}}\ln\frac{p_1}{p_2} - RT_{\mathrm{L}}\ln\frac{p_4}{p_3} \tag{5.63}$$

(a) $p$-$v$ 線図　　(b) $T$-$s$ 線図

図 5.26　エリクソンサイクル

## 5.12　ジェット推進サイクル

ガスタービンエンジンは，小型・軽量でエンジンの単位重量あたりの出力を示す**出力重量比**(power-to-weight ratio)が大きいので，航空機の動力として広く使用されています．航空機に使用されるガスタービンは，図 5.15 に示した開放型で**ジェット推進サイクル**(jet propulsion cycle)で作動します．このサイクルの機器構成を図 5.27 (a), (b)，また，$p$-$v$ 線図と $T$-$s$ 線図を図 (c), (d) に示します．取り入れた空気の流速を下げ，圧力を上げるディフューザーおよび圧縮機，燃焼器，タービン，タービンを出た排気を大気に放出するノズルから構成されます．通常のブレイトンサイクルでは，タービ

ンの出口圧力は大気圧になるまで膨張して仕事を発生します．ところが，ジェット推進サイクルでは，圧縮機とエンジン補機(発電機，油圧ポンプ，燃料ポンプなど)を駆動するために，必要な仕事を得られる圧力までしか膨張しません(図(c)の$p(4 \to 5)$)．この膨張過程でする仕事$\ell'_\text{t}$は，圧縮機を駆動するのに必要な仕事$\ell'_\text{c}$と，エンジン補機を駆動するために必要な仕事$\ell'_\text{acce}$のために使われます($\ell'_\text{t} = \ell'_\text{c} + \ell'_\text{acce}$)．

したがって，ジェット推進サイクルで作動していると，タービンを出た作動流体の圧力はブレイトンサイクルより高いので，ノズルの中で加速して航空機を推進する**推力**(thrust)が発生します．

以下，エンジン内部の作動流体の流速(図(b))の1～5)は無視します．

$p(1 \to 2)$**断熱圧縮** 式(2.47)から位置エネルギーの変化はなく，また熱の授受や仕事をしないとし，**飛行速度**を$\omega_\text{a}$とすると，次式が成り立ちます．

$$(h_2 - h_1) + \frac{(\omega_2^2 - \omega_\text{a}^2)}{2} = 0 \tag{5.64}$$

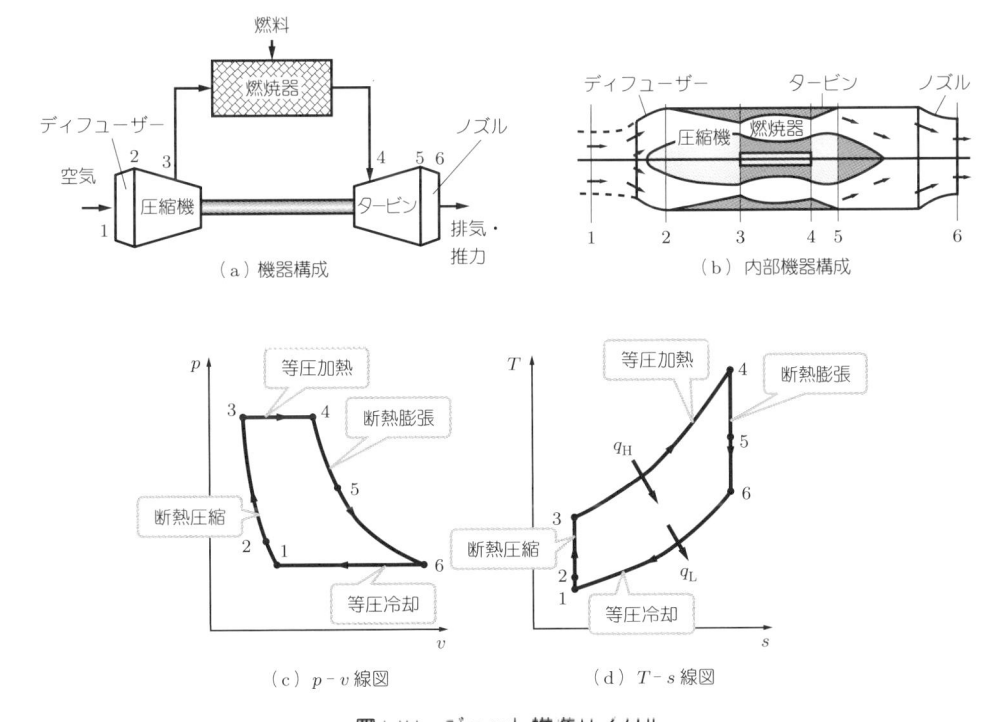

(a) 機器構成

(b) 内部機器構成

(c) $p$-$v$ 線図

(d) $T$-$s$ 線図

図 5.21 ジェット推進サイクル

式(2.37)と$\omega_2 = 0$から式(5.64)は次式となります.

$$h_2 - h_1 = c_p(T_2 - T_1) = \frac{\omega_a^2}{2} \tag{5.65}$$

式(5.65)を変形して$T_2$を求めます.

$$T_2 = T_1 + \frac{\omega_a^2}{2c_p} \tag{5.66}$$

$p(1 \to 2)$は断熱圧縮なので,$p_2$は次式となります.

$$p_2 = p_1 \left(\frac{T_2}{T_1}\right)^{\kappa/(\kappa-1)} \tag{5.67}$$

**$p(2 \to 3)$断熱圧縮** 式(3.28)から$T_3/T_2 = (p_3/p_2)^{(\kappa-1)/\kappa}$なので,次式が求まります.

$$T_3 = T_2 \xi^{(\kappa-1)/\kappa} \tag{5.68}$$

ここで,$\xi = p_3/p_2$です.

**$p(3 \to 4)$等圧加熱** 式(3.16)から$q_\mathrm{H}$が求まります.

$$q_\mathrm{H} = h_4 - h_3 = c_p(T_4 - T_3) \tag{5.69}$$

**$p(4 \to 5)$断熱膨張** $\ell'_\mathrm{acce}$は$\ell'_\mathrm{c}$に比べて小さいので無視すると,$\ell'_\mathrm{c} = \ell'_\mathrm{t}$なので式(2.37),(2.52)から次式が成立します.

$$h_4 - h_5 = h_3 - h_2 \quad \to \quad c_p(T_4 - T_5) = c_p(T_3 - T_2) \quad \to$$
$$T_5 = T_4 - (T_3 - T_2) \tag{5.70}$$

$p(4 \to 5)$は断熱膨張なので,式(3.28)から次式が成り立ちます.

$$p_5 = p_4 \left(\frac{T_5}{T_4}\right)^{\kappa/(\kappa-1)} \tag{5.71}$$

**$p(5 \to 6)$断熱膨張** $p_6 = p_1$なので,式(3.28)から次式が成り立ちます.

$$T_6 = T_5 \left(\frac{p_6}{p_5}\right)^{(\kappa-1)/\kappa} \tag{5.72}$$

$p(1 \to 2)$ と同様にして**排気速度**を $\omega_j$ とすると，次式が成立します．

$$h_5 - h_6 = c_p(T_5 - T_6) = \frac{\omega_j^2}{2} \to \omega_j = \sqrt{2c_p(T_5 - T_6)} \tag{5.73}$$

**ジェットエンジンが発生する動力** $\dot{W}_e$ は，エンジン内を流れる作動流体の運動エネルギーの増加量なので，次式のように表せます．

$$\dot{W}_e = \frac{\dot{m}(\omega_j^2 - \omega_a^2)}{2} \text{ [W]} \tag{5.74}$$

したがって，**理論熱効率** $\eta_{th}$ は式(4.6)から次式のように求められます．

$$\eta_{th} = \frac{\dot{L}_{max}}{\dot{Q}_H} = \frac{\dot{W}_e}{\dot{m}q_H} = \frac{\omega_j^2 - \omega_a^2}{2q_H} \quad \begin{pmatrix} \text{ジェット推進サイクル} \\ \text{理論熱効率} \end{pmatrix} \tag{5.75}$$

ニュートンの運動の第2法則から空気の質量流量を $\dot{m}$ [kg/s] とすると，**正味推力**(net thrust) $F_{net}$ は次式となります．

$$F_{net} = \dot{m}\omega_j - \dot{m}\omega_a = \dot{m}(\omega_j - \omega_a) \text{ [N]} \tag{5.76}$$

そこで**推進動力**(propulsive power) $\dot{W}_p$ は力(正味推力)×(単位時間あたりに動く距離)であり，(正味推力)×(飛行速度)で求めることができます．正味推力は式(5.76)なので推進動力は次式で表せます．

$$\dot{W}_p = F_{net}\omega_a = \dot{m}(\omega_j - \omega_a)\omega_a \text{ [W]} \tag{5.77}$$

発生する動力のうちどれだけが推進動力になっているかを示す**推進効率**(propulsive efficiency) $\eta_p$ は，次式から求めることができます．

$$\eta_p = \frac{\dot{W}_p}{\dot{W}_e} = \frac{\dot{m}(\omega_j - \omega_a)\omega_a}{\dfrac{\dot{m}(\omega_j^2 - \omega_a^2)}{2}} = \frac{2}{1 + \omega_j/\omega_a} \tag{5.78}$$

エンジンが消費した熱量がどれだけ推進動力となるかの割合を示す理論熱効率と推進効率の積を**全体効率**(overall efficiency) $\eta_o$ といい，次式で表すことができます．

$$\eta_o = \frac{\dot{W}_p}{\dot{m}q_H} = \frac{\dot{m}(\omega_j - \omega_a)\omega_a}{\dot{m}q_H} = \frac{(\omega_j - \omega_a)\omega_a}{q_H} = \eta_{th}\eta_p \tag{5.79}$$

**例題 5.9** ジェットエンジンが温度 $T_1 = 230\,[\text{K}]$ および圧力 $p_1 = 35\,[\text{kPa}]$,質量流量 $\dot{m} = 50\,[\text{kg/s}]$ の空気を飛行速度 $\omega_a = 180\,[\text{m/s}]$ で吸入して飛行している.圧縮機出口圧力 $p_3 = 350\,[\text{kPa}]$,タービン入口温度 $T_4 = 1400\,[\text{K}]$ のとき,次の値を求めよ.

(1) 発生する動力  (2) 理論熱効率  (3) 正味推力
(4) 推進動力  (5) 推進効率  (6) 全体効率

## 解答

### 既知の事項

$\omega_a = 180\,[\text{m/s}]$
$\dot{m} = 50\,[\text{kg/s}]$
$p_3 = 350\,[\text{kPa}]$
$p_1 = 35\,[\text{kPa}]$
$T_4 = 1400\,[\text{K}]$
$T_1 = 230\,[\text{K}]$

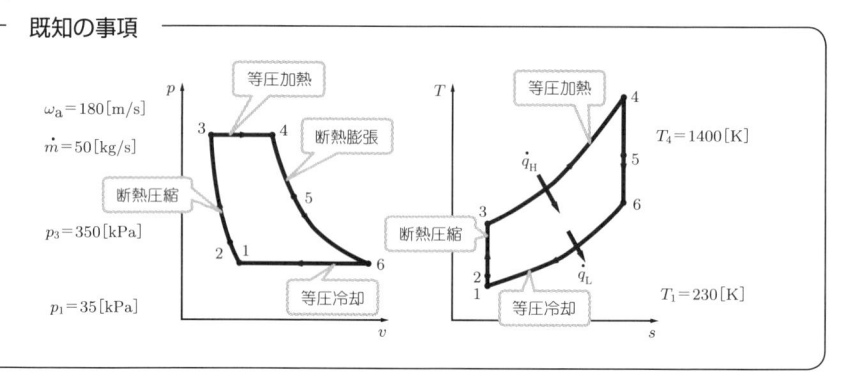

### 求める答え

(1) $\dot{W}_e$  (2) $\eta_{th}$  (3) $F_{net}$  (4) $\dot{W}_p$  (5) $\eta_p$  (6) $\eta_o$

(1) 式(5.66)から $T_2$ が求まります.

$$T_2 = T_1 + \frac{\omega_a^2}{2c_p} = 230\,[\text{K}] + \frac{(180\,[\text{m/s}])^2}{2 \times 1.006\,[\text{kJ}/(\text{kg}\cdot\text{K})]}$$

$$= 230\,[\text{K}] + 16.1\left[\frac{\frac{\text{kg}\cdot\text{m}^2}{\text{s}^2}\text{K}}{\text{J}}\right] = 246\,[\text{K}]$$

式(5.67)から $p_2$ が求まります.

$$p_2 = p_1\left(\frac{T_2}{T_1}\right)^{\kappa/(\kappa-1)} = 35\,[\text{kPa}] \times \left(\frac{246\,[\text{K}]}{230\,[\text{K}]}\right)^{1.4/(1.4-1)} = 44.3\,[\text{kPa}]$$

式(5.68)から圧力比 $\xi$ を求めます.

$$\xi = \frac{p_3}{p_2} = \frac{350\,[\text{kPa}]}{44.3\,[\text{kPa}]} = 7.90$$

式(5.68), (5.70)から $T_3$ と $T_5$ を求めます.

$$T_3 = T_2 \xi^{(\kappa-1)/\kappa} = 246\,[\text{K}] \times 7.90^{(1.4-1)/1.4} = 444\,[\text{K}]$$

$$T_5 = T_4 - (T_3 - T_2) = [1400 - (444 - 246)]\,[\text{K}] = 1202\,[\text{K}]$$

式(5.71), (5.72)から$p_5$と$T_6$を求めます.

$$p_5 = p_4 \left(\frac{T_5}{T_4}\right)^{\kappa/(\kappa-1)} = 350\,[\text{kPa}] \times \left(\frac{1202\,[\text{K}]}{1400\,[\text{K}]}\right)^{1.4/(1.4-1)} = 205\,[\text{kPa}]$$

$$T_6 = T_5 \left(\frac{p_6}{p_5}\right)^{(\kappa-1)/\kappa} = 1202\,[\text{K}] \times \left(\frac{35\,[\text{kPa}]}{205\,[\text{kPa}]}\right)^{(1.4-1)/1.4} = 725\,[\text{K}]$$

式(5.73)から$\omega_\text{j}$を求めます.

$$\omega_\text{j} = \sqrt{2 c_p (T_5 - T_6)} = \sqrt{2 \times 1.006\,[\text{kJ}/(\text{kg} \cdot \text{K})] \times (1202 - 725)\,[\text{K}]}$$

$$= 980\left[\frac{\text{J}}{\text{kg}}\right]^{1/2} = 980\left[\frac{\frac{\text{kg} \cdot \text{m}^2}{\text{s}^2}}{\text{kg}}\right]^{1/2} = 980\,[\text{m/s}]$$

よって, $\dot{W}_\text{e}$は式(5.74)から次式のように求まります.

$$\dot{W}_\text{e} = \frac{50\,[\text{kg/s}] \times (980^2 - 180^2)\,[(\text{m/s})^2]}{2}$$

$$= 23.2 \times 10^6 \left[\frac{\text{kg} \cdot \text{m}^2}{\text{s}^3}\right] = 23.2\,[\text{MW}]$$

(2) $\eta_\text{th}$は, 式(5.69)と(5.75)から次式のように求まります.

$$\eta_\text{th} = \frac{23.2\,[\text{MW}]}{50\,[\text{kg/s}] \times 1.006\,[\text{kJ}/(\text{kg} \cdot \text{K})] \times (1400 - 444)\,[\text{K}]}$$

$$= 0.482 = 48.2\,\%$$

(3) $F_\text{net}$は, 式(5.76)から次式のように求まります.

$$F_\text{net} = \dot{m}(\omega_\text{j} - \omega_\text{a}) = 50\,[\text{kg/s}] \times (980 - 180)\,[\text{m/s}]$$

$$= 40000 \left[\frac{\text{kg} \cdot \text{m}}{\text{s}^2}\right] = 40.0\,[\text{kN}]$$

(4) $\dot{W}_\text{p}$は, 式(5.77)から次式のように求まります.

$$\dot{W}_\text{p} = \dot{m}(\omega_\text{j} - \omega_\text{a})\omega_\text{a} = 50\,[\text{kg/s}] \times (980 - 180)\,[\text{m/s}] \times 180\,[\text{m/s}]$$

$$= 7.20 \times 10^6 \left[\frac{\text{kg} \cdot \text{m}}{\text{s}^2} \times \frac{\text{m}}{\text{s}}\right] = 7.20 \times 10^6 \left[\frac{\text{N} \cdot \text{m}}{\text{s}}\right] = 7.20\,[\text{MW}]$$

(5) $\eta_\text{p}$は, 式(5.78)から次式のように求まります.

$$\eta_\text{p} = \frac{2}{1 + 980\,[\text{m/s}]/180\,[\text{m/s}]} = 0.310 = 31.0\,\%$$

(6) $\eta_\circ$ は，式(5.69)と(5.79)から次式のように求まります．

$$\eta_\circ = \frac{(980 - 180)\,[\mathrm{m/s}] \times 180\,[\mathrm{m/s}]}{1.006\,[\mathrm{kJ/(kg \cdot K)}] \times (1400 - 444)\,[\mathrm{K}]} = 0.150 = 15\,\%$$

式(5.79)から検算をすると，$\eta_\circ = \eta_{\mathrm{th}}\eta_{\mathrm{p}} = 0.482 \times 0.310 = 0.149 = 14.9\,\%$ となり，上記の計算と一致します．

## 演習問題

**5.1** 図 5.28 は，空気 ($\kappa = 1.4$) を作動流体とするオットーサイクルの $p$-$v$ 線図である．圧縮比 $\varepsilon = 9$，吸気圧力 101 kPa，吸気温度 288 K，最高温度 2073 K で作動している．このサイクルの次の値を求めよ．
(1) 最高圧力
(2) 膨張終わりの温度
(3) 理論熱効率

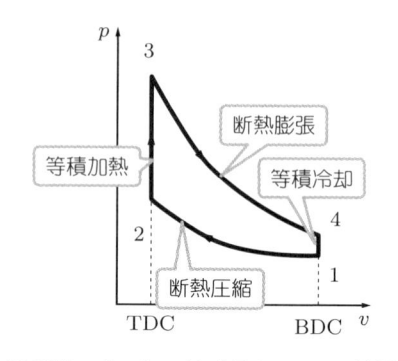

**図 5.28** オットーサイクルの $p$-$v$ 線図

**5.2** 吸気温度 293 K，最大温度 1150 K，圧縮率 10，比熱比 1.4 の熱機関が，次のサイクルで作動している場合の熱効率を求めよ．
(1) オットーサイクル
(2) カルノーサイクル

**5.3** 圧縮比 $\varepsilon = 10$，圧縮前の圧力 $p_1 = 101.3\,[\mathrm{kPa}]$，温度 $T_1 = 288\,[\mathrm{K}]$，外部にする仕事 $\ell_{\mathrm{net}} = 1000\,[\mathrm{kJ/kg}]$ の火花点火機関がある．次の値を求めよ．
(1) 理論熱効率
(2) 同じ条件でカルノーサイクルで運転した場合の理論最大効率
(3) 平均有効圧力

**5.4** 圧縮比 9 の 6 気筒の火花点火熱機関の上死点における全容積が 500 ml である．中に，293 K の 1 気圧の大気が吸入されている．この熱機関の最大温度は 1773 K である．次の値を求めよ．
(1) 1 サイクルあたりの供給熱量
(2) 理論熱効率
(3) そのときの回転数が 4000 rpm のときの動力
(4) 平均有効圧力

**5.5** 吸入時の温度 293 K，圧力 101.3 kPa，質量 1 kg の空気を作動流体とし，圧縮比 9.5 でオットーサイクルのエンジンが作動している．膨張時に 950 kJ の熱が供給される．次の値を求めよ．
(1) 図 5.9 の状態点 1 〜 4 のそれぞれの比体積および圧力，温度
(2) 理論熱効率
(3) 平均有効圧力

(4) このエンジンがカルノーサイクルで作動した場合の熱効率
**5.6** 最高温度 1873 K で圧縮前の圧力 85 kPa, 温度 303 K である圧縮比が 7 のオットーサイクルエンジンがある. 次の値を求めよ.
  (1) 供給される熱量
  (2) 理論熱効率
  (3) 平均有効圧力
**5.7** 締切比 $\sigma = 2$, 圧縮比 $\varepsilon = 15$, 吸気の圧力 101.3 kPa, 温度 288 K のディーゼルエンジンについて次の値を求めよ.
  (1) 単位質量あたりの正味仕事
  (2) 理論熱効率
  (3) 平均有効圧力
**5.8** 空気 0.25 kg を作動流体とするサバテサイクルにおいて, 断熱圧縮前の状態を温度 298 K, 圧力 101.3 kPa とする. 1 サイクルあたりに 500 kJ の熱量が供給され, その半分ずつが等積および等圧過程で与えられる場合, 次の値を求めよ. ただし, 圧縮比を 18 とする.
  (1) 各状態点の $p$, $T$, $V$
  (2) 理論熱効率
  (3) 平均有効圧力
**5.9** 吸気の圧力 101.3 kPa, 温度 288 K のディーゼルエンジンに 1850 kJ/kg の熱が供給されている. 最高圧力が 8.2 MPa のとき次の値を求めよ.
  (1) 理論熱効率
  (2) 平均有効圧力
**5.10** 締切比 $\sigma = 2$, 圧縮比 $\varepsilon = 17$, 圧力比 $\xi = 1.3$, 吸気の圧力 101.3 kPa, 温度 303 K のサバテサイクルで作動しているディーゼルエンジンについて次の値を求めよ.
  (1) 理論熱効率
  (2) 供給熱量
  (3) 単位質量あたりの正味仕事
  (4) 平均有効圧力
**5.11** 大気圧 $p_1 = 101.3\,[\text{kPa}]$, 大気温度 $T_1 = 293\,[\text{K}]$ で作動し, $p_2 = 850\,[\text{kPa}]$ まで圧縮し, 正味仕事 $\dot{\ell}_{\text{net}} = 850\,[\text{kW}]$ で作動するガスタービンがある. 最高温度 $T_3 = 1080\,[\text{K}]$ のときの空気流量を求めよ.
**5.12** 前問 5.11 のガスタービンに理想的な再生器をつけたときの理論熱効率を求めよ.
**5.13** 次の問いに答えよ.
  (1) 演習問題 5.11 のガスタービンに理想的な中間冷却器および再熱器, 再生器をつけた場合の理論熱効率を求めよ. ただし, ガスタービンの作動条件は演習問題 5.11 の場合と同じとする.
  (2) 再生器をつけない場合の理論熱効率を求めよ.
**5.14** 図 5.29 に示すガスタービンについて次の値を求めよ.
  (1) 空気流量が $\dot{m} = 2\,[\text{kg/s}]$ のときの (a) 正味仕事, (b) 加熱量, (c) 再生熱量, (d) 放熱量, (e) 中間冷却量

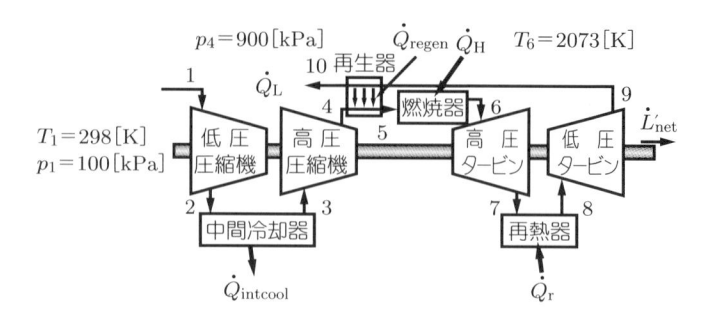

$p_4 = 900\,[\text{kPa}]$  $\dot{Q}_{\text{regen}}$  $\dot{Q}_\text{H}$  $T_6 = 2073\,[\text{K}]$

$T_1 = 298\,[\text{K}]$
$p_1 = 100\,[\text{kPa}]$

**図 5.29　ブレイトン中間冷却・再熱・再生サイクル**

(2) 理論熱効率

**5.15** ジェットエンジンを搭載した航空機が $\omega_a = 300\,[\text{m/s}]$ で飛行している．このエンジンの圧力比は $\xi = 10$，タービン入口温度は $T_4 = 1300\,[\text{K}]$ で吸入質量流量は $\dot{m} = 30\,[\text{kg/s}]$ である．飛行時の空気温度は $T_1 = 220\,[\text{K}]$，圧力 $p_1 = 25\,[\text{kPa}]$ である．次の値を求めよ．
(1) 正味推力
(2) 燃料の発熱量を $F_Q = 43500\,[\text{kJ/kg}]$ のときの燃料流量

**5.16** 圧力比 $\xi = 12$ のジェットエンジンを搭載した航空機が地上でエンジンを運転している．そのときの温度は $T_1 = 300\,[\text{K}]$，大気圧は $p_1 = 100\,[\text{kPa}]$ で，空気流量は $\dot{m}_a = 10\,[\text{kg/s}]$ である．燃料の発熱量は $F_Q = 43500\,[\text{kJ/kg}]$ で，燃料流量は $\dot{m}_f = 0.2\,[\text{kg/s}]$ である．機体を停止しておくのに必要な力を求めよ．

# 第6章 蒸気サイクル

**学習の目標**
- ☑ 蒸気の一般的な性質を説明できる．
- ☑ 蒸気表を読むことができる．
- ☐ 各種蒸気サイクルを構成する過程を説明し，その理論熱効率を求めることができる．

## 6.1 蒸気の一般的性質

第5章のガスサイクルでは，作動流体は**ガス**でしたが，本章で説明する蒸気サイクルの作動流体は**蒸気**です．蒸気は，ガスと違って理想気体として扱えません．本節では，まず蒸気の一般的性質を学びます．

3.1節で説明したように，作動流体である気体は，**図 6.1** のように，**理想気体**と**実在気体**に大きく分けることができます．

ガスは，蒸発や凝縮の相変化の起こる温度や圧力から十分離れた領域にある気体で，理想気体として扱っても実用上問題はありません．しかし，蒸気は温度・圧力の変化により複雑な状態変化をするため，式(3.1)のような簡単な状態式で表すことができません．したがって，蒸気サイクルでは，ガスサイクルの場合の**状態式**の代わりに，実験などに基づいて作成された**蒸気表**や**蒸気線図**を用いて各種物性値を求めます．

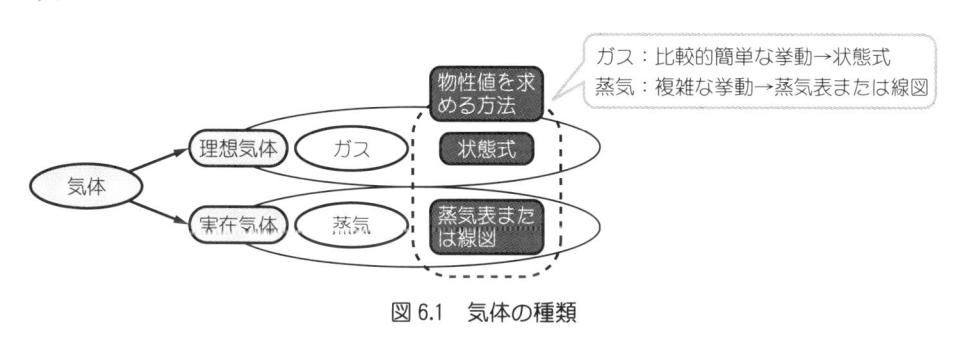

図 6.1 気体の種類

### 6.1.1 定圧のもとでの蒸気の性質

蒸気の一般的な性質を知るために，定圧のもとで加熱するときの水の状態変化をみてみましょう．図 6.2 に，摩擦も隙間もない一定の重さの可動式ピストンで，定圧の状態を実現させたシリンダーに入った水を加熱する場合を示します．図のように，五つの状態および点があります．各状態は次のとおりです．

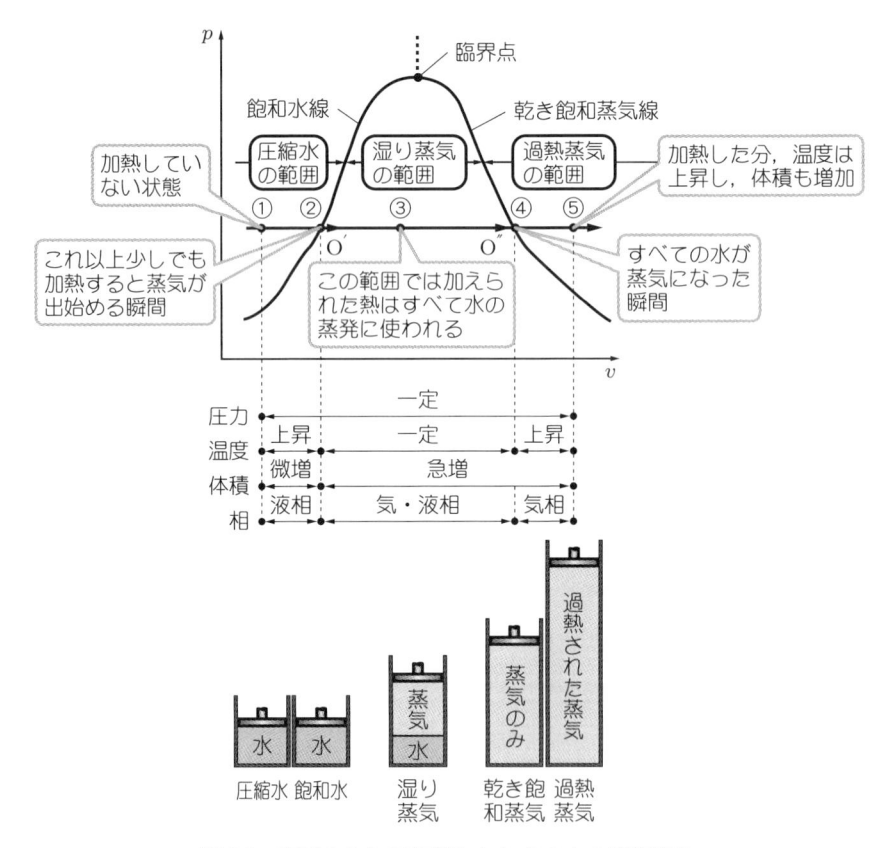

**図 6.2 定圧のもとで加熱したときの水の状態変化**

① 加熱される前の水（**圧縮水**[1]）の状態です．加熱し始めると水の温度が上昇し，体積もごくわずか増加します．

② 加熱を続け，水温の上昇が止まった点です．加えられた熱量は蒸発に使用されます．この状態の水を**飽和水**[2]といい，この状態の温度は**飽和温度**，圧力は**飽和圧力**といいます．飽和温度は大気圧下では**沸点**ともいい，液体の種類や圧

---
1) 水以外の液体の場合は圧縮液といいます．
2) 水以外の液体の場合は飽和液といいます．

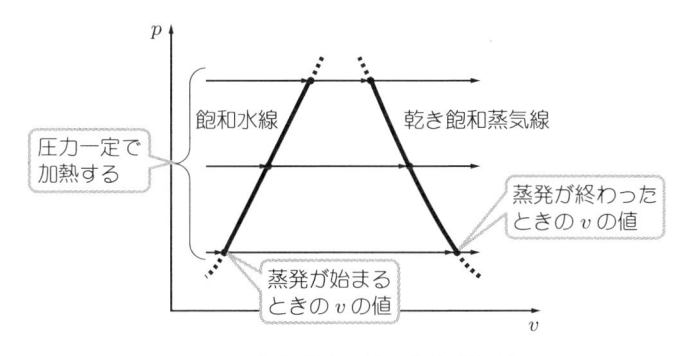

**図 6.3　飽和水線と乾き飽和蒸気線**

力によって変化します．この点の物性値は通常 $\prime$ をつけて $h'$ などと表します．圧力を変化させ，蒸発が始まるときの比体積を $p$-$v$ 線図にプロットすると，図 6.3 のように**飽和水線**が描けます．

③ 飽和水をさらに加熱すると蒸発が始まり，体積が急増する状態です．すべての水が蒸発するまで飽和水の温度は飽和温度に保たれ，一定です．飽和温度での蒸気を**飽和蒸気**といいます．飽和水と飽和蒸気が混在しているものを**湿り蒸気**といいます．図 6.2 において，圧力が上昇するに従って，飽和水線と乾き飽和蒸気線の間の湿り蒸気の範囲が狭くなり，ついにその範囲が 0 になります．すなわち，蒸発開始と終了点が一致します．この状態点を**臨界点**といいます．この臨界点における圧力および温度，比体積をそれぞれ**臨界温度**および**臨界圧力**，**臨界比体積**といいます．臨界圧力を超えると，水から直接過熱蒸気になります．

④ 飽和水がすべて蒸発し，飽和蒸気のみとなった点です．この点の蒸気を**乾き飽和蒸気**といいます．この点の物性値は通常 $\prime\prime$ をつけて $h''$ などと表します．圧力を変化させ，蒸発が終了したときの比体積を $p$-$v$ 線図にプロットすると，図 6.3 のように**乾き飽和蒸気線**が描けます．

⑤ 乾き飽和蒸気をさらに加熱し，蒸気の温度が飽和温度より高くなる状態です．この状態の温度が飽和温度より高い蒸気を**過熱蒸気**といいます．

### ▶ 6.1.2　湿り蒸気

湿り空気の中の乾き飽和蒸気と飽和水の比率を示すのが**乾き度**(quality) $x$ です．乾き度は次式のように，湿り蒸気全体の質量 $m_t$ に占める飽和蒸気の質量 $m_v$ の割合です（図 6.4）．

$$x = \frac{m_v}{m_t} \tag{6.1}$$

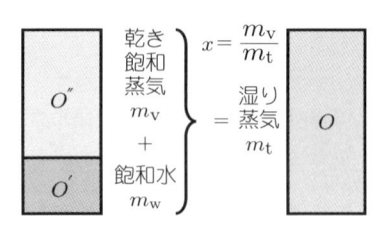

## 図 6.4　乾き度の定義

ここで，$m_t = m_v + m_w$（飽和水の質量）です．

飽和水の物性値（比エンタルピー $h$，比エントロピー $s$ など）は，飽和水単独で存在する場合も，乾き飽和蒸気と共存し，湿り蒸気の状態で存在する場合も変わりません．蒸発が進む過程で変化するのは飽和水の質量だけで，物性値そのものは変化しません．飽和蒸気についても同じことがいえます．

また，湿り蒸気の物性値 $O$ は飽和水 $O'$ と乾き飽和蒸気 $O''$ の中間の値となります．したがって，これらの物性値については下記の関係がつねに成立します．

$$O' < O < O''$$

飽和水は $m_v = 0$ なので $x = 0$ であり，乾き飽和蒸気は $m_v = m_t$ なので $x = 1$ となります．

蒸気の物性値はエネルギーと同様に，その絶対値を知ることよりも，ある**基準状態**からの差を知ることが重要です．水の場合，固相（氷）および液相（水），気相（蒸気）の三相でできる**三重点**(triple point)（0.01°C）を基準点とします．この基準状態では，比内部エネルギーと比エントロピーの値はゼロであり，比エンタルピーの値も実用上ゼロとして扱います．

圧力一定のもとで蒸発させるときの単位質量あたりに必要な熱量を，**蒸発熱**(heat of vaporization) $r$ または**蒸発潜熱**(latent heat of vaporization) といいます．圧力一定 ($dp=0$) のため過程が決まるので，蒸発熱 $r$ は式 (2.38) を積分し，次式のように表せます．

$$r = \int_{'}^{''} dq = \int_{'}^{''} dh - \underbrace{\int_{'}^{''} v\,dp}_{v\,dp=0} = h'' - h' \tag{6.2}$$

これから，蒸発熱 $r$ は，乾き飽和蒸気の比エンタルピー $h''$ と飽和水の比エンタルピー $h'$ の差であることがわかります．

蒸発による比エントロピーの変化は，エントロピーの定義式 (4.42) と熱力学の第 2 基礎式 (2.38) から求めます．

$$\mathrm{d}s = \frac{\delta q}{T} = \frac{\mathrm{d}h - v\,\mathrm{d}p}{T} = \frac{\mathrm{d}h}{T} \tag{6.3}$$

<sub>$v\,\mathrm{d}p = 0$</sub>

蒸発している間は飽和温度$T_\mathrm{s}$で一定なので，式(6.3)を積分します．

$$\int_{'}^{''} \mathrm{d}s = s'' - s' = \frac{1}{T_\mathrm{s}} \int_{'}^{''} \mathrm{d}h = \frac{1}{T_\mathrm{s}}(h'' - h') = \frac{r}{T_\mathrm{s}} \tag{6.4}$$

式(6.1)から，飽和水の比体積が$v'$で乾き飽和蒸気の比体積が$v''$の場合，$m_\mathrm{t}v = m_\mathrm{w}v' + m_\mathrm{v}v''$となり，湿り蒸気の比体積$v$は次式のように求めることができます．

**比体積**
$$v = \frac{m_\mathrm{w}}{m_\mathrm{t}}v' + \frac{m_\mathrm{v}}{m_\mathrm{t}}v'' = \frac{m_\mathrm{t} - m_\mathrm{v}}{m_\mathrm{t}}v' + xv''$$
$$= (1-x)v' + xv'' = v' + x(v'' - v') \tag{6.5}$$

同様にして，湿り蒸気の比内部エネルギー$u$，比エントロピー$s$，比エンタルピー$h$も，それぞれ次式のように，飽和水と乾き飽和蒸気の物性値と乾き度から求めることができます．

**比内部エネルギー**
$$u = (1-x)u' + xu'' = u' + x(u'' - u') \tag{6.6}$$

**比エントロピー**
$$s = (1-x)s' + xs'' = s' + \frac{x\,r}{T_\mathrm{s}} \tag{6.7}$$

**比エンタルピー**
$$h = (1-x)h' + xh'' = h' + xr \tag{6.8}$$

## 6.2 蒸気表の読み方

先に示したように，蒸気は理想気体でないので，状態式で物性値を計算できず，蒸気表または蒸気線図から物性値を求めなければなりません．そこで，**付表1～3**の水の蒸気表の読み方を学びます．**図 6.5**に，各状態点の物性値と**付表1～3**の蒸気表との対応関係を示します．

　A 図 6.5 の②および④の状態点の物性値を求める場合

（1）**温度が既知の場合**：温度10°Cのときの物性値は，図6.6のように，**付表1**から読みます．②の飽和水の物性値は$O'$，④の乾き飽和蒸気の物性値は$O''$を読みます．

158　第6章　蒸気サイクル

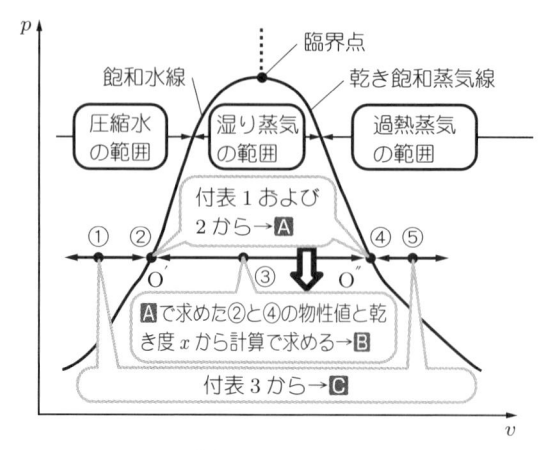

**図 6.5　各状態点の熱物性値の求め方**

図中ラベル:
- 臨界点
- 飽和水線
- 乾き飽和蒸気線
- 圧縮水の範囲
- 湿り蒸気の範囲
- 過熱蒸気の範囲
- 付表1および2から→**A**
- **A**で求めた②と④の物性値と乾き度 $x$ から計算で求める→**B**
- 付表3から→**C**

| 温度 | | 圧力 | 比体積<br>[m³/kg] | | 密度<br>[kg/m³] | 比エンタルピー<br>[kJ/kg] | | | 比エントロピー<br>[kJ/(kg·K)] | | |
|---|---|---|---|---|---|---|---|---|---|---|---|
| °C | K | MPa | $v'$ | $v''$ | $\rho'$ | $h'$ | $h''$ | $h''-h'$ | $s'$ | $s''$ | $s''-s'$ |
| *0 | 273.15 | 0.00061121 | 0.00100021 | 206.140 | 0.00485108 | −0.04 | 2500.89 | 2500.93 | −0.00015 | 9.15576 | 9.15591 |
| 0.01 | 273.16 | 0.00061166 | 0.00100021 | 205.997 | 0.00485443 | 0.00 | 2500.91 | 2500.91 | 0.00000 | 9.15549 | 9.15549 |
| 5 | 278.15 | 0.00087257 | 0.00100008 | 147.017 | 0.00680194 | 21.02 | 2510.07 | 2489.05 | 0.07625 | 9.02486 | 8.94861 |
| 10 | 283.15 | 0.0012282 | 0.00100035 | 106.309 | 0.00940657 | 42.02 | 2519.23 | 2477.21 | 0.15109 | 8.89985 | 8.74876 |
| 15 | 288.15 | 0.0017057 | 0.00100095 | 77.8807 | 0.0128401 | 62.98 | 2528.36 | 2465.38 | 0.22447 | 8.78037 | 8.55590 |

この圧力の値は，温度10°Cのときの飽和蒸気圧

**図 6.6　温度が既知の場合の蒸気表の読み方**

| 圧力 | 温度 | 比体積<br>[m³/kg] | | 密度<br>[kg/m³] | 比エンタルピー<br>[kJ/kg] | | | 比エントロピー<br>[kJ/(kg·K)] | | |
|---|---|---|---|---|---|---|---|---|---|---|
| MPa | °C | $v'$ | $v''$ | $\rho'$ | $h'$ | $h''$ | $h''-h'$ | $s'$ | $s''$ | $s''-s'$ |
| 0.001 | 6.970 | 0.00100014 | 129.183 | 0.00774094 | 29.30 | 2513.68 | 2484.38 | 0.10591 | 8.97493 | 8.86902 |
| 0.0015 | 13.020 | 0.00100067 | 87.9621 | 0.0113685 | 54.69 | 2524.75 | 2470.06 | 0.19557 | 8.82705 | 8.63148 |
| 0.002 | 17.495 | 0.00100136 | 66.9896 | 0.0149277 | 73.43 | 2532.91 | 2459.48 | 0.26058 | 8.72272 | 8.46214 |
| 0.0025 | 21.078 | 0.00100207 | 54.2421 | 0.0184359 | 88.43 | 2539.43 | 2451.00 | 0.31186 | 8.64215 | 8.33030 |
| 0.003 | 24.080 | 0.00100277 | 45.6550 | 0.0219034 | 100.99 | 2544.88 | 2443.89 | 0.35433 | 8.57656 | 8.22223 |

この温度は，圧力 0.002 MPa のときの飽和温度

**図 6.7　圧力が既知の場合の蒸気表の読み方**

**(2) 圧力が既知の場合**：圧力 0.002 MPa のときの物性値は，**図6.7** のように，**付表2** から読みます．②の物性値は $O'$，④の物性値は $O''$ を読みます．

**B 図6.5の③の状態点の物性値を求める場合**　**A** で読み取った値と乾き度 $x$ を式(6.5)～(6.8)に代入して求めます．

圧力 0.002 MPa で乾き度 $x = 0.3$ の物性値を求める場合，次のようになります．

$$\begin{aligned} h &= (1-x)h' + xh'' \\ &= (1-0.3) \times 73.43\,[\text{kJ/kg}] + 0.3 \times 2532.91\,[\text{kJ/kg}] \\ &= 811.27\,[\text{kJ/kg}] \\ s &= (1-x)s' + xs'' \\ &= (1-0.3) \times 0.26058\,[\text{kJ/(kg·K)}] + 0.3 \times 8.72272\,[\text{kJ/(kg·K)}] \\ &= 2.79922\,[\text{kJ/(kg·K)}] \\ v &= (1-x)v' + xv'' \\ &= (1-0.3) \times 0.00100136\,[\text{m}^3/\text{kg}] + 0.3 \times 66.9896\,[\text{m}^3/\text{kg}] \\ &= 20.0976\,[\text{m}^3/\text{kg}] \end{aligned}$$

蒸気表には**比内部エネルギー**の値は記載されていませんので，**式(2.29)の比エンタルピーの定義式より次式のように求めます．**

$$\begin{aligned} u &= h - pv = 811.27\,[\text{kJ/kg}] - 0.002 \times 10^6\,[\text{Pa}] \times 20.0976\,[\text{m}^3/\text{kg}] \\ &= 811.27\left[\frac{\text{kJ}}{\text{kg}}\right] - 40.2 \times 10^3 \left[\frac{\text{N·m}^3}{\text{m}^2·\text{kg}}\right] = 771.07\,[\text{kJ/kg}] \end{aligned}$$

(N·m/kg = J/kg)

**C 図6.5の①および⑤の状態点の物性値を求める場合**　**図6.8** のように，圧力 4 MPa，温度 400°C の場合は**付表3** の圧力 4 MPa の行と温度 400°C の列とが交差するところの物性値を読むと，$v = 0.073432\,[\text{m}^3/\text{kg}]$，$h = 3214.37\,[\text{kJ/kg}]$，$s = 6.7712\,[\text{kJ/(kg·K)}]$ となります．圧力 4 MPa の場合の飽和温度は，**図6.5** を読むと，250.36°C です．これから，この状態の蒸気は過熱蒸気です．なお，**付表3 の温度 200°C と 300°C を境に引かれた太線の左側が圧縮水，右側が過熱蒸気の物性値を示します．**

| 圧力 MPa<br>(飽和温度°C) | | 温　　度　　°C | | | | | | | |
|---|---|---|---|---|---|---|---|---|---|
| | | 100 | 200 | 300 | 400 | 500 | 600 | 700 | 800 |
| 3<br>(233.86) | $v$ | 0.0010420 | 0.0011550 | 0.081175 | 0.099377 | 0.11619 | 0.13244 | 0.14840 | 0.16419 |
| | $h$ | 421.28 | 852.98 | 2994.35 | 3231.57 | 3457.04 | 3682.81 | 3912.34 | 4147.03 |
| | $s$ | 1.3048 | 2.3285 | 6.5412 | 6.9233 | 7.2356 | 7.5102 | 7.7590 | 7.9885 |
| 4<br>(250.36) | $v$ | 0.0010415 | 0.0011540 | 0.058868 | 0.073432 | 0.086441 | 0.098857 | 0.11097 | 0.12292 |
| | $h$ | 422.03 | 853.39 | 2961.65 | 3214.37 | 3445.84 | 3674.85 | 3906.41 | 4142.46 |
| | $s$ | 1.3040 | 2.3269 | 6.3638 | 6.7712 | 7.0919 | 7.3704 | 7.6215 | 7.8523 |
| 5<br>(263.94) | $v$ | 0.0010410 | 0.0011530 | 0.045347 | 0.057840 | 0.068583 | 0.078703 | 0.088515 | 0.098151 |
| | $h$ | 422.78 | 853.80 | 2925.64 | 3196.59 | 3434.48 | 3666.83 | 3900.45 | 4137.87 |
| | $s$ | 1.3032 | 2.3254 | 6.2109 | 6.6481 | 6.9778 | 7.2604 | 7.5137 | 7.7459 |

　　　　　　　　　　　圧縮水　　　　　　　　　過熱蒸気

**図 6.8　図 6.5 の①と⑤の蒸気表の読み方**

---

**例題 6.1**　標準大気状態のとき，次の値を求めよ．
(1) 水がすべて蒸気になったときの体積は何倍か
(2) 水の飽和温度
(3) 飽和水と乾き飽和蒸気の比エンタルピー$h'$，$h''$，比エントロピー$s'$，$s''$
(4) 蒸発熱 $r$

**解答**
(1) 標準大気状態では，圧力は 101.3 [kPa] = 0.1013 [MPa] なので，**付表 2** の圧力 0.101325 MPa の値を読むと，それが標準大気状態の物性値です．

$$v' = 0.00104344\,[\text{m}^3/\text{kg}], \quad v'' = 1.67330\,[\text{m}^3/\text{kg}]$$

よって，次式のように求まります．

$$\frac{v''}{v'} = \frac{1.67330\,[\text{m}^3/\text{kg}]}{0.00104344\,[\text{m}^3/\text{kg}]} = 1604 \text{ 倍}$$

(2) **付表 2** から同様に，圧力 0.101325 MPa の飽和温度は 99.974°C なので，この温度で沸騰します．
(3) **付表 2** から同様に，圧力 0.101325 MPa の比エンタルピー$h'$，$h''$と比エントロピー$s'$，$s''$の値を読みます．

　　　（飽和水）　　　$h' = 418.99\,[\text{kJ/kg}], \quad s' = 1.30672\,[\text{kJ/kg}]$
　　　（飽和蒸気）　$h'' = 2675.53\,[\text{kJ/kg}], \quad s'' = 7.35439\,[\text{kJ/kg}]$

(4) 式(6.2)から$r = h'' - h'$なので，(3)で読みとった$h'$，$h''$を代入すれば求まります．なお，$h'' - h'$の値は**付表2**に表示されています．

$$r = h'' - h' = 2256.54\,[\text{kJ/kg}]$$

**例題 6.2** 図 6.9 に示す温度 190°C の水の乾き度 $x$ が 0.5 のときの比エンタルピー $h$ と比エントロピー $s$ を求めよ．

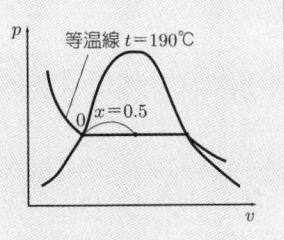

図 6.9 水の $p$-$v$ 線図

**解答** 付表 1 の 190°C の物性値を読みます．

$$h' = 807.57\,[\text{kJ/kg}], \qquad h'' = 2785.31\,[\text{kJ/kg}]$$
$$s' = 2.23578\,[\text{kJ/(kg}\cdot\text{K)}], \qquad s'' = 6.50600\,[\text{kJ/(kg}\cdot\text{K)}]$$

式(6.8)から比エンタルピー $h$ が求まります．

$$h = (1-x)\,h' + xh''$$
$$= (1-0.5) \times 807.57\,[\text{kJ/kg}] + 0.5 \times 2785.31\,[\text{kJ/kg}] = 1.80\,[\text{MJ/kg}]$$

式(6.7)から比エントロピー $s$ が求まります．

$$s = (1-x)\,s' + xs''$$
$$= (1-0.5) \times 2.23578\,[\text{kJ/(kg}\cdot\text{K)}] + 0.5 \times 6.50600\,[\text{kJ/(kg}\cdot\text{K)}]$$
$$= 4.37\,[\text{kJ/(kg}\cdot\text{K)}]$$

**例題 6.3** 圧力 0.15 MPa で，乾き度 $x$ が 0.75 のときの比エンタルピー $h$ と比エントロピー $s$ を求めよ．

**解答** 付表 2 から圧力 0.15 MPa の物性値を読みます．

$$h' = 467.08\,[\text{kJ/kg}], \qquad h'' = 2693.11\,[\text{kJ/kg}]$$
$$s' = 1.43355\,[\text{kJ/(kg}\cdot\text{K)}], \qquad s'' = 7.22294\,[\text{kJ/(kg}\cdot\text{K)}]$$

式(6.8)から比エンタルピー $h$ が求まります．

$$h = (1-x)\,h' + xh''$$
$$= (1-0.75) \times 467.08\,[\text{kJ/kg}] + 0.75 \times 2693.11\,[\text{kJ/kg}] = 2.14\,[\text{MJ/kg}]$$

式(6.7)より比エントロピー $s$ が求まります．

$$s = (1-x)s' + xs''$$
$$= (1-0.75) \times 1.43355 \,[\text{kJ/(kg·K)}] + 0.75 \times 7.22294 \,[\text{kJ/(kg·K)}]$$
$$= 5.78 \,[\text{kJ/(kg·K)}]$$

**例題 6.4** 圧力 8 MPa，温度 400°C の蒸気の比体積および比エンタルピー，比エントロピー，比内部エネルギーを求めよ．

**解答** 付表 2 から圧力 8 MPa の飽和温度は 295°C なので，この蒸気は過熱蒸気であることがわかります．そこで，付表 3 から物性値を読みます．

$$v = 0.034348 \,[\text{m}^3/\text{kg}], \quad h = 3139.31 \,[\text{kJ/kg}], \quad s = 6.3657 \,[\text{kJ/kg}]$$

これを使って，比エンタルピーの定義式(2.29)から内部エネルギーを求めます．

$$u = h - pv = 3139.31 \,[\text{kJ/kg}] - 8 \times 10^6 \,[\text{Pa}] \times 0.034348 \,[\text{m}^3/\text{kg}]$$
$$= 3139.31 \left[\frac{\text{kJ}}{\text{kg}}\right] - 274.8 \times 10^3 \left[\frac{\text{N·m}^3}{\text{m}^2 \cdot \text{kg}}\right] = 2.86 \,[\text{MJ/kg}]$$

$\boxed{\text{N·m/kg} = \text{J/kg}}$

## 6.3 線形補間法

蒸気表をみればわかるように，自分が求めようとしているすべての値が記載されているわけではありません．たとえば，**付表 1** の温度基準の水の飽和表の温度をみると，5°C の次は 10°C であり，その中間の温度に対応する比体積や比エンタルピーなどの値は記載されていません．もっと詳しい蒸気表も探せばありますが，現在ある蒸気表を使えば，補間によって求めることができます．本節ではすべての表に使える汎用性のある**線形補間法**について説明します．

いくつかの変数値に対するデータあるいは関数がわかっているとき，その途中の変数値に対するデータあるいは関数を推定することを**補間**(interpolation)といいます．一般に自然事象は，**図 6.10** の一点鎖線のように急激には変化せず，実線のように直線に近い形で変化します．線形補間法は，この性質を利用して図に示すように，● と ● の間は破線のように直線的に変化すると想定して補間を行います．図の CD が誤差を表し，変化が直線に近いほど誤差は小さくなります．

## 6.3 線形補間法

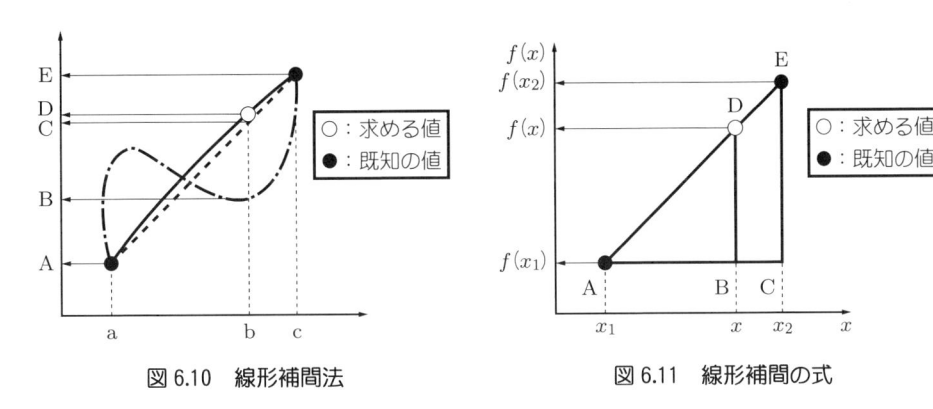

**図 6.10** 線形補間法

**図 6.11** 線形補間の式

線形補間の式は**図 6.11** で示す相似三角形を用いて図形的に導かれます. 三角形 ABD は三角形 ACE と相似なので，次式の関係が成り立ちます.

$$\frac{\text{DB}}{\text{EC}} = \frac{\text{BA}}{\text{CA}} \quad \rightarrow \quad \frac{f(x) - f(x_1)}{f(x_2) - f(x_1)} = \frac{x - x_1}{x_2 - x_1}$$

これを $f(x)$ について解くと，次式となります.

$$f(x) = f(x_1) + \frac{f(x_2) - f(x_1)}{x_2 - x_1}(x - x_1) \tag{6.9}$$

では，実際に式 (6.9) を使い，蒸気表に記載されていない温度 8°C の場合の $h'$ を求めてみます. **図 6.12** に求め方を示します.

| 温度 | | 圧力 | 比体積 m³/kg | | 密度 kg/m³ | 比エンタルピー kJ/kg | | | 比エントロピー kJ/(kg·K) | | |
|---|---|---|---|---|---|---|---|---|---|---|---|
| °C | K | MPa | $v'$ | $v''$ | $\rho'$ | $h'$ | $h''$ | $h'' - h'$ | $s'$ | $s''$ | $s'' - s'$ |
| *0 | 273.15 | 0.00061121 | 0.00100021 | 206.140 | 0.00485108 | −0.04 | 2500.89 | 2500.93 | −0.00015 | 9.15576 | 9.15591 |
| 0.01 | 273.16 | 0.00061166 | 0.00100021 | 205.997 | 0.00485443 | 0.00 | 2500.91 | 2500.91 | 0.00000 | 9.15549 | 9.15549 |
| 5 | 278.15 | 0.00087257 | 0.00100008 | 147.017 | 0.00680194 | 21.02 | 2510.07 | 2489.05 | 0.07625 | 9.02486 | 8.94861 |
| 10 | 283.15 | 0.0012282 | 0.00100035 | 106.309 | 0.00940657 | 42.02 | 2519.23 | 2477.21 | 0.15109 | 8.89985 | 8.74876 |
| 15 | 288.15 | 0.0017057 | 0.00100095 | 77.8807 | 0.0128401 | 62.98 | 2528.36 | 2465.38 | 0.22447 | 8.78037 | 8.55590 |

5°C の $h'$

$$h' = 21.02\,[\text{kJ/kg}] + \frac{(42.02 - 21.02)\,[\text{kJ/kg}]}{(10 - 5)\,[°\text{C}]} \times (8 - 5)\,[°\text{C}] = 33.62\,[\text{kJ/kg}]$$

検算 求めた $h'$ が 5 と 10°C の $h'$ の範囲内（この場合は 21.02〜42.02）にあることを必ず確認する

**図 6.12** 補間の実際のやり方

$h''$ についても，$h'$ と同様に求めることができます．

$$h'' = 2510.07\,[\text{kJ/kg}] + \frac{2519.23 - 2510.07\,[\text{kJ/kg}]}{(10-5)\,[^\circ\text{C}]} \times (8-5)\,[^\circ\text{C}]$$

$$= 2515.57\,[\text{kJ/kg}]$$

**例題 6.5** 温度 8°C の場合の比体積 $v'$, $v''$ および比エントロピー $s'$, $s''$, 比内部エネルギー $u'$, $u''$, 密度 $\rho'$ を求めよ．

**解答** 線形補間法を使って求めます．

$$v' = 0.00100008\,[\text{m}^3/\text{kg}] + \frac{(0.00100035 - 0.00100008)\,[\text{m}^3/\text{kg}]}{(10-5)\,[^\circ\text{C}]} \times (8-5)\,[^\circ\text{C}]$$

$$= 0.00100242\,[\text{m}^3/\text{kg}]$$

$$v'' = 147.017\,[\text{m}^3/\text{kg}] + \frac{(106.309 - 147.017)\,[\text{m}^3/\text{kg}]}{(10-5)\,[^\circ\text{C}]} \times (8-5)\,[^\circ\text{C}]$$

$$= 122.592\,[\text{m}^3/\text{kg}]$$

$$s' = 0.07625\,[\text{kJ/(kg·K)}] + \frac{(0.15109 - 0.07625)\,[\text{kJ/(kg·K)}]}{(10-5)\,[^\circ\text{C}]} \times (8-5)\,[^\circ\text{C}]$$

$$= 0.12115\,[\text{kJ/(kg·K)}]$$

$$s'' = 9.02486\,[\text{kJ/(kg·K)}] + \frac{(8.89985 - 9.02486)\,[\text{kJ/(kg·K)}]}{(10-5)\,[^\circ\text{C}]} \times (8-5)\,[^\circ\text{C}]$$

$$= 8.949854\,[\text{kJ/(kg·K)}]$$

このときの飽和圧力 $p_s$ も線形補間法で次式のように求まります．

$$p_s = 0.00087257\,[\text{MPa}] + \frac{(0.0012282 - 0.00087257)\,[\text{MPa}]}{(10-5)\,[^\circ\text{C}]} \times (8-5)\,[^\circ\text{C}]$$

$$= 0.00108595\,[\text{MPa}]$$

比内部エネルギー $u'$, $u''$ は，式 (2.29) から次式のように求まります．

$$u' = h' - p_s v'$$

$$= 33.62\,[\text{kJ/kg}] - 0.00108595 \times 10^6\,[\text{Pa}] \times 0.00100242\,[\text{m}^3/\text{kg}]$$

$$= 33.62\,[\text{kJ/kg}] - 0.001089 \times 10^3\,[\text{N·m}^3/(\text{m}^2\text{·kg})] = 33.62\,[\text{kJ/kg}]$$

$$u'' = h'' - p_s v''$$

$$= 2515.57\,[\text{kJ/kg}] - 0.00108595 \times 10^6\,[\text{Pa}] \times 122.5922\,[\text{m}^3/\text{kg}]$$

$$= 2515.57\,[\text{kJ/kg}] - 133.129 \times 10^3\,[\text{J/kg}] = 2382.44\,[\text{kJ/kg}]$$

密度 $\rho'$ は，線形補間法を使って次式のように求まります．

$$\rho' = 0.00680194\,[\mathrm{kg/m^3}] + \frac{(0.00940657 - 0.00680194)\,[\mathrm{kg/m^3}]}{(10-5)\,[°\mathrm{C}]} \times (8-5)\,[°\mathrm{C}]$$

$$= 0.00836472\,[\mathrm{kg/m^3}]$$

## 6.4 ランキンサイクル

**ランキンサイクル**(Rankine cycle)は，イギリス人の**ランキン**(W. Rankine, 1820-1872)によって考案された蒸気タービンの基本的なサイクルです．図6.13(a)にその機器構成，図(b)にその $T$-$s$ 線図を示します．

ランキンサイクルは，ボイラー，タービン，復水器，ポンプから構成され，作動流体としては安全性や安価などの理由から水が使われます．ボイラーで等圧加熱された過熱蒸気をタービンに送り，そこで蒸気が断熱膨張して仕事を発生します．タービンの排気は復水器で等圧冷却されて水に戻され，ポンプで水をボイラーに圧送します．単位質量あたりの作動流体の熱量や仕事は，次のようになります．

$p(1 \rightarrow 2)$**断熱圧縮** ポンプによる仕事 $\ell_\mathrm{p}$ は，$p(1 \rightarrow 2)$ による比体積の変化は無視 $(v_1 = v_2)$ でき，系の周囲から仕事がされるので，式(2.55)と(2.57)から次のように求まります．

$$\ell_\mathrm{p} = v_1 \int_1^2 \mathrm{d}p = v_1(p_2 - p_1) = h_2 - h_1 \tag{6.10}$$

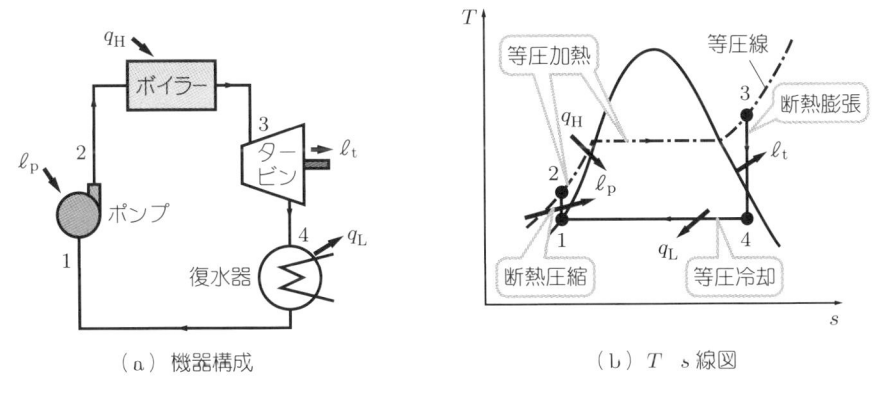

図6.13 ランキンサイクル

**$p(2 \to 3)$ 等圧加熱**　ボイラーでの加熱量 $q_\mathrm{H}$ は，熱力学の第 2 基礎式 (2.38) において等圧 $\mathrm{d}p = 0$ なので $\mathrm{d}q = \mathrm{d}h$ となり，これを積分すると次式のように求まります．

$$q_\mathrm{H} = \int_2^3 \mathrm{d}q = \int_2^3 \mathrm{d}h = h_3 - h_2 \tag{6.11}$$

**$p(3 \to 4)$ 断熱膨張**　ポンプ仕事と同様に，タービン仕事 $\ell_\mathrm{t}$ も次式のように求まります．

$$\ell_\mathrm{t} = h_3 - h_4 \tag{6.12}$$

**$p(4 \to 1)$ 等圧冷却**　復水器での放出熱量 $q_\mathrm{L}$ は，ボイラーでの加熱量と同様に，次式のように求まります．

$$q_\mathrm{L} = -\int_4^1 \mathrm{d}q = -\int_4^1 \mathrm{d}h = h_4 - h_1 \tag{6.13}$$

ランキンサイクルの正味仕事は $\ell_\mathrm{net} = \ell_\mathrm{t} - \ell_\mathrm{p}$ なので，ランキンサイクルの理論熱効率 $\eta_\mathrm{th}$ は式 (4.2) から求まります．

$$\eta_\mathrm{th} = \frac{\ell_\mathrm{net}}{q_\mathrm{H}} = \frac{\ell_\mathrm{t} - \ell_\mathrm{p}}{q_\mathrm{H}} = \frac{q_\mathrm{H} - q_\mathrm{L}}{q_\mathrm{H}} \tag{6.14}$$

さらに，式 (6.14) に式 (6.11)，(6.13) を代入すると，次式のようになります．

$$\eta_\mathrm{th} = \frac{(h_3 - h_4) - (h_2 - h_1)}{h_3 - h_2} \tag{6.15}$$

蒸気サイクルでは，ポンプ仕事はタービン仕事に比べて小さいので，無視できる場合が多いです．その場合 $h_1 \approx h_2$ と近似すると，$\eta_\mathrm{th}$ は次式のように表せます．

$$\eta_\mathrm{th} \approx \frac{h_3 - h_4}{h_3 - h_2} \approx \frac{h_3 - h_4}{h_3 - h_1} \quad \text{（ランキンサイクルの理論熱効率）} \tag{6.16}$$

以上から，各状態点の比エンタルピーがわかると，理論熱効率 $\eta_\mathrm{th}$ を始め，タービン仕事 $\ell_\mathrm{t}$，ポンプ仕事 $\ell_\mathrm{p}$，加熱量 $q_\mathrm{H}$，放出熱量 $q_\mathrm{L}$ のすべてが求まります．

---

**例題 6.6**　あるランキンサイクルのタービン入口の圧力は 20 MPa，温度は 600°C で，タービン出口の圧力は 3.0 kPa である．理論熱効率を求めよ．

## 解答

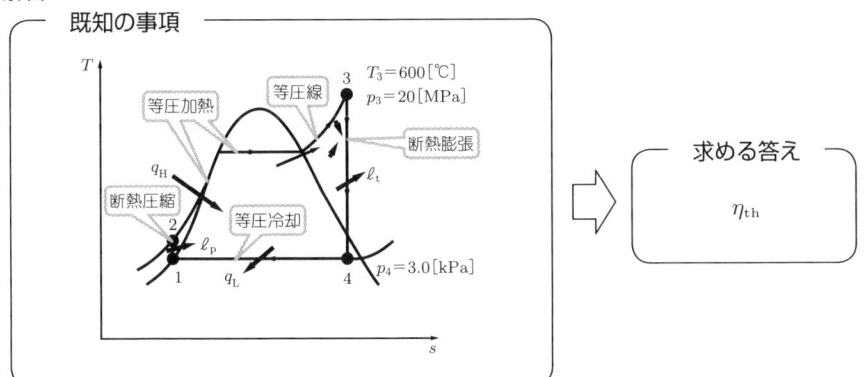

**既知の事項**

T-s線図:
- 等圧加熱, 等圧線
- $T_3 = 600\,[℃]$, $p_3 = 20\,[\text{MPa}]$
- 断熱膨張
- 断熱圧縮, 等圧冷却
- $p_4 = 3.0\,[\text{kPa}]$
- $q_\text{H}$, $q_\text{L}$, $\ell_\text{p}$, $\ell_\text{t}$

**求める答え**

$\eta_\text{th}$

各状態点の比エンタルピーを求めます.

**状態点1** 状態点1では飽和水になっているので，付表2の飽和圧力 0.003 MPa ($= 3.0\,\text{kPa}$)から物性値を読みます.

$$h_1 = h' = 100.99\,[\text{kJ/kg}], \quad h'' = 2544.88\,[\text{kJ/kg}]$$
$$s' = 0.35433\,[\text{kJ/(kg·K)}], \quad s'' = 8.57656\,[\text{kJ/(kg·K)}]$$
$$v_1 = v' = 0.00100277\,[\text{m}^3/\text{kg}]$$

**状態点2** $\ell_\text{p}$, $h_2$ は，式(6.10)から次式のように求まります.

$$\ell_\text{p} = v_1(p_2 - p_1)$$
$$= 0.00100277\,[\text{m}^3/\text{kg}] \times (20\,[\text{MPa}] - 3.0\,[\text{kPa}])$$
$$= 0.00100277\,[\text{m}^3/\text{kg}] \times (20 \times 10^3 - 3.0) \times 10^3\,[\text{N/m}^2]$$
$$= 20.05 \times 10^3 \left[\frac{\text{m}^3}{\text{m}^2} \cdot \frac{\text{N}}{\text{kg}}\right] = 20.05\,[\text{kJ/kg}]$$

$$h_2 = h_1 + \ell_\text{p} = (100.99 + 20.05)\,[\text{kJ/kg}] = 121.04\,[\text{kJ/kg}]$$

**状態点3** 過熱蒸気なので，付表3で $p_3 = 20\,[\text{MPa}]$, $T_3 = 600\,[℃]$ から下記の物性値を読みます.

$$h_3 = 3539.23\,[\text{kJ/kg}], \quad s_3 = 6.5077\,[\text{kJ/kg}]$$

**状態点4** $s_4 = s_3$ [3]なので，この状態点の乾き度 $x$ を式(6.7)を使って求めます.

$$x = \frac{s_3 - s'}{s'' - s'} = \frac{(6.5077 - 0.35433)\,[\text{kJ/(kg·K)}]}{(8.57656 - 0.35433)\,[\text{kJ/(kg·K)}]} = 0.7484$$

---

[3] 蒸気サイクルの問題を解くときは，この関係をよく利用します.

乾き度がわかったので，式(6.8)から$h_4$が求まります．

$$h_4 = (1-x)h' + xh''$$
$$= (1-0.7484) \times 100.99\,[\text{kJ/kg}] + 0.7484 \times 2544.88\,[\text{kJ/kg}]$$
$$= 1930.00\,[\text{kJ/kg}]$$

よって，$\eta_{\text{th}}$は式(6.15)と(6.16)から次式のように求まります．

$$\eta_{\text{th}} = \frac{(h_3 - h_4) - (h_2 - h_1)}{h_3 - h_2}$$
$$= \frac{[(3539.23 - 1930.00) - (121.04 - 100.99)]\,[\text{kJ/kg}]}{(3539.23 - 121.04)\,[\text{kJ/kg}]} = 0.465 = 46.5\,\%$$

$$\eta_{\text{th}} = \frac{h_3 - h_4}{h_3 - h_1}$$

> 結果はほぼ等しい．

$$= \frac{(3539.23 - 1930.00)\,[\text{kJ/kg}]}{(3539.23 - 100.99)\,[\text{kJ/kg}]} = 0.468 = 46.8\,\%$$

**補題** ここで，第5章で検討した$BWR$を計算してみましょう．式(5.49)と(6.12)から$BWR$が計算できます．

$$BWR = \frac{\ell_\text{p}}{\ell_\text{t}} = \frac{20.05\,[\text{kJ/kg}]}{(3539.23 - 1930.00)\,[\text{kJ/kg}]} = 0.0125$$

例題5.6のガスタービンの場合は0.399だったので，蒸気タービンの$BWR$がいかに小さいかがわかります．

## 6.5 再熱ランキンサイクル

ランキンサイクルにおいて，タービン入口温度を高くすると，熱効率が向上します．しかし，タービン入口温度は使用する材料によって限度があります．この問題を解決するために，**再熱ランキンサイクル**(reheat Rankine cycle)が考案されました．このサイクルはタービンでの膨張を途中で止めて，ボイラーで再度加熱し，2回に分けて膨張させます．再熱ランキンサイクルの機器構成を**図6.14(a)**に，$T$-$s$線図を**図(b)**に示します．タービンを高圧タービンと低圧タービンに分け，高圧タービンから出た蒸気をボイラーの**再熱器**で再加熱し，低圧タービンで膨張させます．

単位質量あたりの作動流体について，熱量や仕事は次のようになります．

**$p(1 \rightarrow 2)$ 断熱冷却** ポンプによる圧縮仕事$\ell_\text{p}$は，ランキンサイクルと同じです．

$$\ell_\text{p} = h_2 - h_1 \tag{6.17}$$

6.5 再熱ランキンサイクル

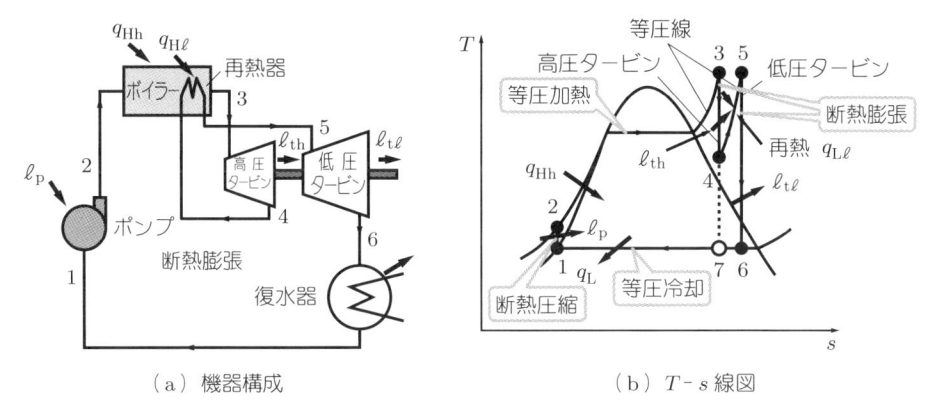

図 6.14 再熱ランキンサイクル
(a) 機器構成　(b) $T\text{-}s$ 線図

$$\ell_p = v_1(p_2 - p_1) \tag{6.18}$$

**$p(2 \to 3)$ 等圧加熱**　ボイラーでの加熱量 $q_{Hh}$ は，ランキンサイクルと同じです．

$$q_{Hh} = h_3 - h_2 \tag{6.19}$$

**$p(3 \to 4)$ 断熱膨張**　高圧タービン仕事 $\ell_{th}$ は，ランキンサイクルと同じです．

$$\ell_{th} = h_3 - h_4 \tag{6.20}$$

**$p(4 \to 5)$ 等圧加熱**　再熱器での供給熱量 $q_{H\ell}$ は，ボイラーでの加熱量と同様にして求めます．

$$q_{H\ell} = h_5 - h_4 \tag{6.21}$$

**$p(5 \to 6)$ 断熱膨張**　低圧タービン仕事 $\ell_{t\ell}$ は，高圧タービン仕事 $\ell_{th}$ と同様にして求めます．

$$\ell_{t\ell} = h_5 - h_6 \tag{6.22}$$

**$p(6 \to 1)$ 等圧冷却**　復水器での放出熱量 $q_h$ は，ランキンサイクルと同じです．

$$q_L = h_6 - h_1 \tag{6.23}$$

**加熱量**　$q_H = q_{Hh} + q_{H\ell} = (h_3 - h_2) + (h_5 - h_4) \tag{6.24}$

**タービンによる仕事**　$\ell_t = \ell_{th} + \ell_{t\ell} = (h_3 - h_4) + (h_5 - h_6) \tag{6.25}$

**正味仕事**　$\ell_{\mathrm{net}} = \ell_{\mathrm{t}} - \ell_{\mathrm{p}} = (h_3 - h_4) + (h_5 - h_6) - (h_2 - h_1)$

$$= (h_3 - h_2) + (h_5 - h_4) - (h_6 - h_1) = q_{\mathrm{H}} - q_{\mathrm{L}} \tag{6.26}$$

再熱ランキンサイクルの理論熱効率 $\eta_{\mathrm{th}}$ は，次式で求めることができます．

$$\eta_{\mathrm{th}} = \frac{\ell_{\mathrm{net}}}{q_{\mathrm{H}}} = \frac{(h_3 - h_4) + (h_5 - h_6) - (h_2 - h_1)}{(h_3 - h_2) + (h_5 - h_4)}$$

$$= \frac{(h_3 - h_4) + (h_5 - h_6) - (h_2 - h_1)}{(h_3 - h_1) + (h_5 - h_4) - (h_2 - h_1)} \tag{6.27}$$

通常，ポンプ仕事はタービン仕事に比べてはるかに小さいので，その場合 $h_1 \approx h_2$ と近似すると，式(6.27)は次式となります．

$$\eta_{\mathrm{th}} \approx \frac{(h_3 - h_4) + (h_5 - h_6)}{(h_3 - h_1) + (h_5 - h_4)} \quad \left(\begin{array}{l}\text{再熱ランキンサイクルの}\\\text{理論熱効率}\end{array}\right) \tag{6.28}$$

**図 6.14(b)** において，タービン出口の状態点 6 はランキンサイクルのそれ(状態点 7)より乾き度が大きい，すなわち**水分**が少ないことがわかります．

---

**例題 6.7**　例題 6.6 と同じく，高圧タービン入口の圧力は 20 MPa，温度は 600°C で，低圧タービン出口の圧力は 3.0 kPa の再熱ランキンサイクルがある．再熱圧力は 8.0 MPa で，600°C まで再熱される．理論熱効率を求めよ．

**解答**

既知の事項

$T_3 = 600\,[\mathrm{°C}]$，$p_3 = 20\,[\mathrm{MPa}]$
高圧タービン／低圧タービン
等圧線／等圧加熱／断熱膨張
$q_{\mathrm{inH}}$，$\ell_{\mathrm{tH}}$，再熱 $p_4 = 8\,[\mathrm{MPa}]$，$\ell_{\mathrm{tL}}$
$\ell_{\mathrm{p}}$，$q_{\mathrm{out}}$，等圧冷却，$p_6 = 3.0\,[\mathrm{kPa}]$
断熱圧縮

求める答え　$\eta_{\mathrm{th}}$

例題 6.6 の解答から次の値は既知です．

$h_1 = 100.99\,[\mathrm{kJ/kg}]$, $\quad h_2 = 121.04\,[\mathrm{kJ/kg}]$, $\quad h_3 = 3539.23\,[\mathrm{kJ/kg}]$

$$s_3 = 6.5077\,[\text{kJ/kg}]$$

**状態点 5** 物性値は，$p(4 \to 5)$ は等圧加熱なので，$p_5 = p_4 = 8\,[\text{MPa}]$，$T_5 = 600\,[°\text{C}]$ で，**付表 3** から読みます．

$$h_5 = 3642.42\,[\text{kJ/kg}], \quad s_5 = 7.0221\,[\text{kJ/(kg·K)}]$$

理論熱効率 $\eta_{\text{th}}$ は，式 (6.27) から次式のように表せます．

$$\eta_{\text{th}} = \frac{(h_3 - h_4) + (h_5 - h_6) - (h_2 - h_1)}{(h_3 - h_1) + (h_5 - h_4) - (h_2 - h_1)}$$

上式の右辺で不明なのは $h_4$ と $h_6$ なので，これを求めればよいことになります．まず $h_4$ を求めます．

**状態点 4** 高圧タービンの入口蒸気の比エントロピー $s_3$ は，$s_3 = 6.5077\,[\text{kJ/(kg·K)}]$ です．**付表 3** から，8 MPa における比エントロピーの値で $s_3$ の値がその間に含まれる温度の物性値は次のとおりです．

|  | $h$ | $s$ |
|---|---|---|
| (400°C) | 3139.31 kJ/kg, | 6.3657 kJ/(kg·K) |
| (500°C) | 3399.37 kJ/kg, | 6.7264 kJ/(kg·K) |

高圧タービン出口蒸気の比エンタルピーは，**付表 3** を用いて，入口蒸気の比エントロピーと 8.0 MPa における比エントロピーが等しくなるように，400°C の 500°C 物性値から線形補間法を使って求めることができます．

$s_3 = 6.5077\,[\text{kJ/(kg·K)}]$ に対応する比エンタルピー $h_4$ は，線形補間法により次式のように求まります．

$$h_4 = 3139.31\,[\text{kJ/kg}] + \frac{(3399.37 - 3139.31)\,[\text{kJ/kg}]}{(6.7264 - 6.3657)\,[\text{kJ/(kg·K)}]}$$

$$\times (6.5077 - 6.3657)\,[\text{kJ/(kg·K)}]$$

$$= 3241.69\,[\text{kJ/kg}]$$

**状態点 6** **付表 2** から圧力 $3.0\,[\text{kPa}] = 0.003\,[\text{MPa}]$ の飽和水と乾き飽和蒸気の物性値を読みます．

$$h_6' = 100.99\,[\text{kJ/kg}], \quad h_6'' = 2544.88\,[\text{kJ/kg}]$$
$$s_6' = 0.35433\,[\text{kJ/(kg·K)}], \quad s_6'' = 8.57656\,[\text{kJ/(kg·K)}]$$

乾き度 $x_6$ は $s_6 = s_5$ の関係と式 (6.7) を使って求めます．

$$s_6 = s_5 = (1 - x_6)\,s_6' + x_6 s_6''$$

$$x_6 = \frac{s_5 - s_6'}{s_6'' - s_6'} = \frac{(7.0221 - 0.35433)\,[\text{kJ/(kg·K)}]}{(8.57656 - 0.35433)\,[\text{kJ/(kg·K)}]} = 0.8109$$

乾き度が求まったので，$h_6$ は式 (6.8) から求まります．

$$h_6 = (1 - x_6) h'_6 + x_6 h''_6$$
$$= (1 - 0.8109) \times 100.99 \,[\text{kJ/kg}] + 0.8109 \times 2544.88 \,[\text{kJ/kg}]$$
$$= 2082.74 \,[\text{kJ/kg}]$$

よって，$\eta_{\text{th}}$ は式(6.27)から次式のように求まります．

$$\eta_{\text{th}} = \frac{(h_3 - h_4) + (h_5 - h_6) - (h_2 - h_1)}{(h_3 - h_1) + (h_5 - h_4) - (h_2 - h_1)}$$
$$= \frac{\{(3539.23 - 3241.69) + (3642.42 - 2082.74) - (121.04 - 100.99)\}\,[\text{kJ/kg}]}{\{(3539.23 - 100.99) + (3642.42 - 3241.69) - (121.04 - 100.99)\}\,[\text{kJ/kg}]}$$
$$= 0.481 = 48.1\,\%$$

例題 6.6 のランキンサイクルの理論熱効率と比較すると，絶対値で 1.6 % 効率が向上しています．

## 6.6 再生ランキンサイクル

ボイラーの加熱量を減らすと，蒸気サイクルの熱効率は向上します．タービンで膨張している途中の蒸気を取り出し(**抽気**(bleeding)という)，ボイラーへの給水を加熱するサイクルを**再生ランキンサイクル**(regenerative Rankine cycle)といいます．膨張中の蒸気を抽気するので，タービン仕事は減少しますが，ボイラーでの加熱量の減少の効果が大きいため，熱効率は向上します．サイクルの構成により次の二つの方式があります．

(1) 抽気した蒸気を復水器からの給水に混合する**混合給水加熱器型**(図 6.16 ( a ))
(2) 抽気した蒸気を給水と熱交換器で熱交換して凝縮させ，復水器に戻す**表面給水加熱器型**(図( b ))

**混合給水加熱器型**(open feedwater heater type)の $T$-$s$ 線図を図 6.16 に示します．タービンに流入する蒸気 1 kg あたりの抽気量を**抽気割合** $m$ といい，タービン出口からは残りの $(1 - m)\,[\text{kg}]$ が流出します．ポンプによる仕事を無視すると次の値が求まります．

ボイラーによる加熱量　　$q_{\text{H}} = h_5 - h_3$ 　　　　　　　　　　　　　　(6.29)

タービンによる仕事　　$\ell_{\text{t}} = h_5 - h_6 + (1 - m)(h_6 - h_7)$ 　　　　　(6.30)

復水器での放熱量　　$q_{\text{L}} = (1 - m)(h_7 - h_1)$ 　　　　　　　　　　(6.31)

理論熱効率 $\eta_{\text{th}}$ は次式のようになります．

6.6 再生ランキンサイクル 173

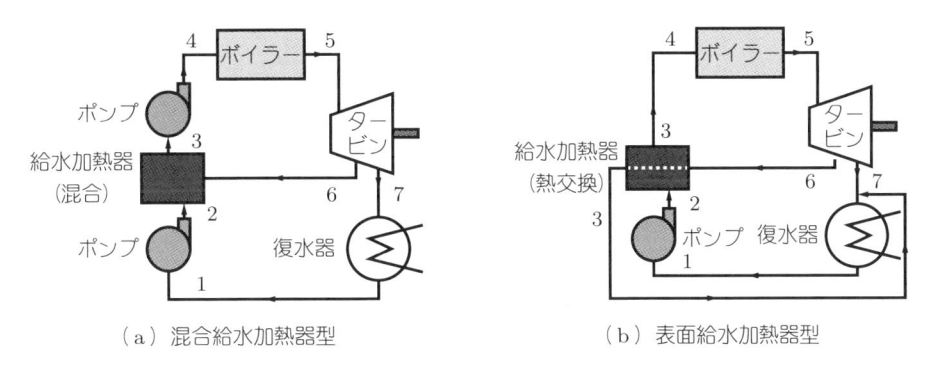

(a) 混合給水加熱器型

(b) 表面給水加熱器型

図 6.15 再生ランキンサイクル

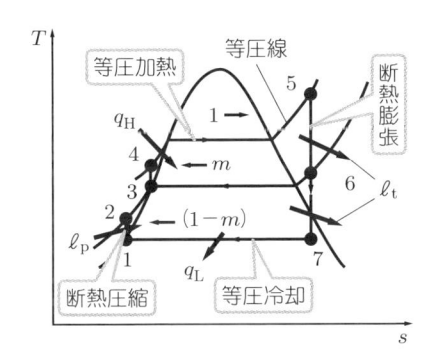

図 6.16 混合給水加熱器型の $T$-$s$ 線図

$$\eta_{\mathrm{th}} = \frac{\ell_{\mathrm{t}}}{q_{\mathrm{H}}} = \frac{h_5 - h_6 + (1-m)(h_6 - h_7)}{h_5 - h_3} \quad \left(\begin{array}{l}\text{再生ランキンサイクル}\\\text{の理論熱効率}\end{array}\right) \quad (6.32)$$

給水加熱器のエネルギー収支から次式が成り立ちます．

$$mh_6 + (1-m)h_1 = h_3$$

これから抽気割合 $m$ は，次式のように求めることができます．

$$m = \frac{h_3 - h_1}{h_6 - h_1} \tag{6.33}$$

ポンプ仕事を無視すれば，**表面給水加熱器型**(closed feedwater heater type)の熱効率も式(6.32)で求められます．同じく抽気割合は，給水加熱器のエネルギー収支から $h_2 = h_1$ とすると，次式が成り立ち，抽気割合を求めることができます．

$$mh_6 + h_1 = h_3 + mh_3$$

$$m = \frac{h_3 - h_1}{h_6 - h_3} \tag{6.34}$$

**例題 6.8** 例題 6.6 のランキンサイクルにおいて，**図 6.16** に示す混合給水加熱器をつけ，タービンで $p_6 = 1.5\,[\text{MPa}]$ まで膨張した蒸気を抽気する再生ランキンサイクルについて次の値を求めよ．
(1) 抽気した蒸気の比エンタルピー　(2) 抽気割合　(3) 理論熱効率

**解答**

既知の事項

$T_3 = 600\,[℃]$
$P_3 = 20\,[\text{MPa}]$
$P_6 = 1.5\,[\text{MPa}]$
$P_6 = 3.0\,[\text{kPa}]$

求める答え
(1) $h_6$
(2) $m$
(3) $\eta_{\text{th}}$

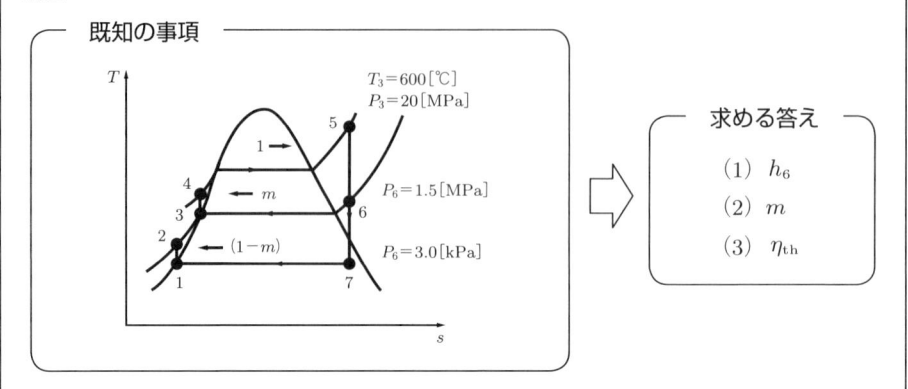

(1) 例題 6.6 の解答から次の値は既知です．

$$h_1 = h' = 100.99\,[\text{kJ/kg}], \quad h_5 = 3539.23\,[\text{kJ/kg}]$$
$$s_5 = 6.5077\,[\text{kJ/kg}], \quad h_7 = 1930.00\,[\text{kJ/kg}]$$

また，$h_3$ は抽気圧力が 1.5 MPa なので，**付表 2** の 1.4 MPa と 1.6 MPa の飽和水の比エンタルピーの値から線形補間して読みます．

$$h_3 = 844.37\,[\text{kJ/kg}]$$

よって，**付表 3** から 1.5 MPa で $s_5 = s_6 = s_7 = 6.5077\,[\text{kJ/kg}]$ に対応する比エンタルピー $h_6$ は，線形補間法によって求まります．

|  | $h$ | $s$ |
|---|---|---|
| (200°C) | 2796.02 kJ/kg, | 6.4537 kJ/(kg·K) |
| (300°C) | 3038.27 kJ/kg, | 6.9199 kJ/(kg·K) |

$$h_6 = 2796.02\,[\text{kJ/kg}] + \frac{(3038.27 - 2796.02)\,[\text{kJ/kg}]}{(6.9199 - 6.4537)\,[\text{kJ/(kg·K)}]}$$
$$\times (6.5077 - 6.4537)\,[\text{kJ/(kg·K)}]$$
$$= 2824.08\,[\text{kJ/kg}]$$

(2) $m$ は，式(6.33)から次式のように求まります．

$$m = \frac{h_3 - h_1}{h_6 - h_1} = \frac{(844.37 - 100.99)\,[\text{kJ/kg}]}{(2824.08 - 100.99)\,[\text{kJ/kg}]} = 0.273$$

(3) $\eta_{\text{th}}$ は，式(6.32)より次式のように求まります．

$$\eta_{\text{th}} = \frac{h_5 - h_6 + (1-m)(h_6 - h_7)}{h_5 - h_3}$$

$$= \frac{\{3539.23 - 2824.08 + (1-0.273) \times (2824.08 - 1930.00)\}\,[\text{kJ/kg}]}{(3539.23 - 844.37)\,[\text{kJ/kg}]}$$

$$= 0.507 = 50.7\,\%$$

例題 6.6 のランキンサイクルの理論熱効率と比較すると，絶対値で 4.2 % 効率が向上しています．

## 演習問題

**6.1** 温度 60 °C, 乾き度 0.8 のときの比エンタルピー，比エントロピー，比体積，内部エネルギーを求めよ．

**6.2** 圧力 0.33 MPa, 乾き度 0.6 のときの比エンタルピー，比エントロピーを求めよ．

**6.3** ある物質の 40 °C における蒸発熱は 2406 kJ/kg である．この温度における乾き度 0.4 の湿り蒸気の比エンタルピーは 1130 kJ/kg, 比エントロピーは 3.646 kJ/(kg·K) である．この温度の乾き飽和蒸気の次の値を求めよ．
(1) 比エンタルピー
(2) 比エントロピー

**6.4** 容器の中に 80 °C の湿り蒸気 8 kg が入っている．そのうち 6 kg が飽和水で残りが飽和蒸気である場合に次の値を求めよ．
(1) タンク内の圧力
(2) タンクの容量

**6.5** 500 °C, 10 MPa の過熱水蒸気をタービンにより 5.0 kPa まで膨張させる．蒸気タービンが可逆断熱膨張するとき，次の値を求めよ．
(1) タービン出口の乾き度
(2) 蒸気 1 kg あたりのタービン仕事
(3) 理論熱効率

**6.6** 高圧タービンの入口圧力が 15 MPa, 入口温度 600 °C で高圧タービンを出た蒸気は，再熱器で圧力 4 MPa で 600 °C まで加熱して低圧タービンに送り，5 kPa まで膨張させる．理論熱効率を求めよ．

**6.7** タービンの入口圧力 8 MPa, 温度 600 °C, タービン出口圧力 10 kPa の表面給水加熱器型再生サイクル（図 6.15 (b)）がある．タービンから抽気するときの圧力は 0.8 MPa である．ポンプ仕事は無視する．次の値を求めよ．
(1) 抽気した蒸気の比エンタルピー
(2) 抽気割合
(3) 理論熱効率

# 第7章 冷凍サイクル

**学習の目標**
- ☑ 冷凍サイクルに使用する冷媒の蒸気線図を読むことができる．
- ☑ 各種冷凍サイクルがどのような過程で構成されているかを説明できる．
- ☑ 各種冷凍サイクルの成績係数を求めることができる．

## 7.1 冷凍サイクル

4.3節で説明したように，**冷凍サイクル**は低温部から熱を奪い，高温部に熱を捨てる冷凍機とヒートポンプを作動させるサイクルのことです．冷凍機とヒートポンプの作動流体を**冷媒**といいます．

本章では下記の3種類の冷凍サイクルについて説明します．

(1) **蒸気圧縮式冷凍サイクル**：家庭用の冷蔵庫などに使用されるもっとも一般的な冷凍サイクル
(2) **空気冷凍サイクル**：主に航空機の空調装置に使用される冷凍サイクル
(3) **吸収冷凍サイクル**：主に大きな商業または工業施設の空調装置に使用される冷凍サイクル

## 7.2 蒸気圧縮式冷凍サイクル

**蒸気圧縮式冷凍サイクル**(vapor compression refrigeration cycle)の機器構成を図7.1に示します．電気などにより**圧縮機**が駆動し，作動流体である**冷媒**が**凝縮器**，**膨張弁**，**蒸発器**の順に循環します．

冷媒として以前はフロンがよく使われてきましたが，オゾン層を破壊することがわかり，最近では冷媒として**R134a**が主に使われています．冷媒の飽和温度は水の100°Cに比べて極端に低く，たとえばR134aの場合は $-26.3°C$ です．冷媒は，低温低圧で蒸発によって熱を吸収し，高温高圧の状態で凝縮によって放熱する作動流体で

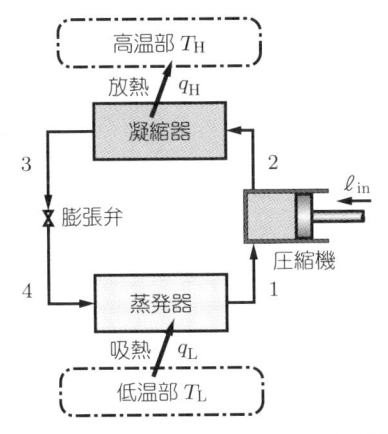

図7.1 蒸気圧縮式冷凍サイクルの機器構成

す．冷媒は水の凝固点以下でも蒸発します．また，冷媒は水の場合と同様に，圧力が高くなるに従って，飽和温度が高くなります．蒸気圧縮式冷凍サイクルは，これらの性質を利用したもので，飽和温度の低い低圧で蒸発するときに周囲から熱を奪い，飽和温度の高い高圧で凝縮するときに熱を周囲に捨てます．

各機器のはたらきは次のとおりです．

**圧縮機** 冷凍機の心臓部といわれます．低温および低圧の冷媒の乾き蒸気を高温で高圧の過熱蒸気に変える機器です．その結果，次の効果が得られます．
  (1) 凝縮器の内部の冷媒の圧力および温度を上げて，周囲の高温部に放熱します．
  (2) 蒸発器の内部の冷媒の圧力および温度を下げて，周囲の低温部から吸熱します．

**凝縮器** 圧縮機から送られてきた冷媒の過熱蒸気が周囲の高温部に放熱して，圧縮液に変える機器です．

**膨張弁** 凝縮器から送られた圧縮液を絞り膨張させ，**ジュール-トムソン効果** (次ページ参照)により低温低圧の湿り蒸気に変える機器です．

**蒸発器** 膨張弁を通過した冷媒の湿り蒸気が周囲の低温部から吸熱して，冷凍し，乾き飽和蒸気に変える機器です．

**絞り膨張**とは，**図7.2**のように，管内を流れている流体が流路の途中に，弁や細孔などがあって，流路の断面が急に狭くなると，摩擦や流れが乱れるために，流体の圧力が低下する現象をいいます．絞り膨張の前後のエンタルピは一定です．絞り膨張の前後の温度については，理想気体では一定ですが，冷媒のような実在気体については変化します．**図7.3**は**図7.2**において絞り膨張前の圧力$p_1$を一定として，絞り膨張

**図 7.2　絞り膨張**

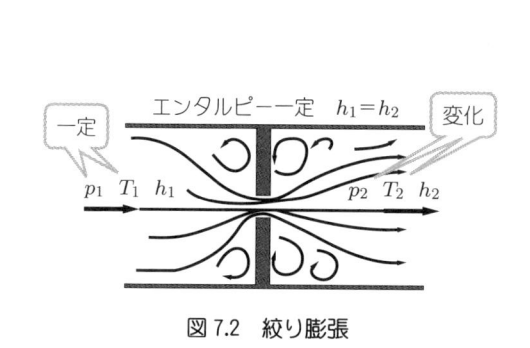

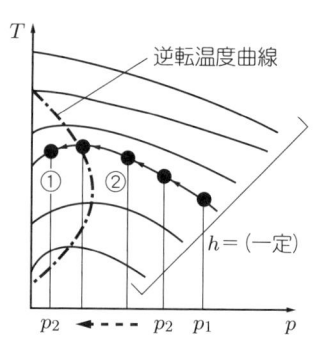

**図 7.3　ジュール-トムソン効果**

後の圧力 $p_2$ を変化させた場合の温度の変化を示します．エンタルピー一定で圧力を下げると，温度が上昇する領域②と温度が低下する領域①があることがわかります．この領域の境目の温度を**逆転温度**といい，逆転温度を結んだ曲線を**逆転温度曲線**といいます．領域①で絞り膨張を行うと温度が低下することを，**ジュール-トムソン効果**といいます．

蒸気圧縮式冷凍サイクルの $T$-$s$ 線図と $p$-$h$ 線図を**図 7.4** に示します．

単位質量あたりの冷媒について熱量や仕事は，次のようになります．

**$p(1 \rightarrow 2)$ 断熱圧縮**　飽和蒸気の冷媒が圧縮機に吸入され，断熱圧縮され高圧の過熱蒸気になります．**この過程は等エントロピー過程**です．圧縮仕事 $\ell_{\mathrm{in}}$ は式(6.10)と同様に求まります．

$$\ell_{\mathrm{in}} = h_2 - h_1 \tag{7.1}$$

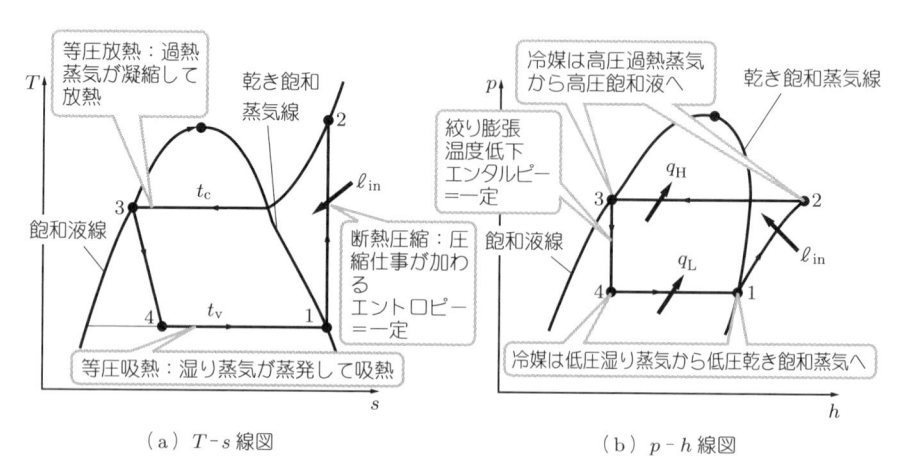

(a) $T$-$s$ 線図

(b) $p$-$h$ 線図

**図 7.4　蒸気圧縮式冷凍サイクル**

**p(2 → 3) 等圧放熱**　凝縮器において等圧で放熱し，凝縮して飽和液となります．この**凝縮**するときの温度および圧力を**凝縮温度** $t_c$ および**凝縮圧力** $p_c$ といいます．放熱量 $q_H$ は，式(6.11)と同様に求まります．

$$q_H = h_2 - h_3 \tag{7.2}$$

**p(3 → 4) 絞り膨張**　膨張弁を通過するときに絞り膨張して，低圧・低温の湿り蒸気となります．膨張弁では外部との熱や仕事の出入りがなく，冷媒のエネルギーは保存されます．

$$h_3 = h_4 \tag{7.3}$$

**p(4 → 1) 等圧吸熱**　蒸発器において等圧で吸熱されます．この**蒸発**するときの温度および圧力を**蒸発温度** $t_v$ および**蒸発圧力** $p_v$ といいます．その吸熱量 $q_L$ は，$p(2 \to 3)$ と同様に次式から求まります．

$$q_L = h_1 - h_4 \tag{7.4}$$

そこで，冷凍目的と加熱目的の**成績係数** $\varepsilon_R$ と $\varepsilon_H$ は，それぞれ次式のようになります．

$$\varepsilon_R = \frac{q_L}{\ell_{in}} = \frac{h_1 - h_4}{h_2 - h_1} \tag{7.5}$$

$$\varepsilon_H = \frac{q_H}{\ell_{in}} = \frac{h_2 - h_3}{h_2 - h_1} \tag{7.6}$$

以上から，蒸気サイクルと同様に各状態点の比エンタルピーがわかると，成績係数を始め，圧縮仕事 $\ell_{in}$，放熱量 $q_H$，吸熱量 $q_L$ のすべてが求まります．

冷媒の $t_c$，$t_v$ と高・低温部の $T_H$，$T_L$ は異なり，$t_c > T_H$，$t_v > T_L$ となります．それは，本サイクルのような実際のサイクルでは，凝縮器と蒸発器の能力に限度があるため，放熱，吸収が完全に行われないためです．

## 7.3 蒸気線図の読み方

各種の冷媒には蒸気線図が用意されています．冷凍サイクルの設計では $p$-$h$ 線図が使われるので，図7.5を使って図7.6の冷媒 R134a の $p$-$h$ 線図の読み方を説明します．図7.5の飽和液線および乾き飽和蒸気線，臨界点は，6.1.1項で説明しました．

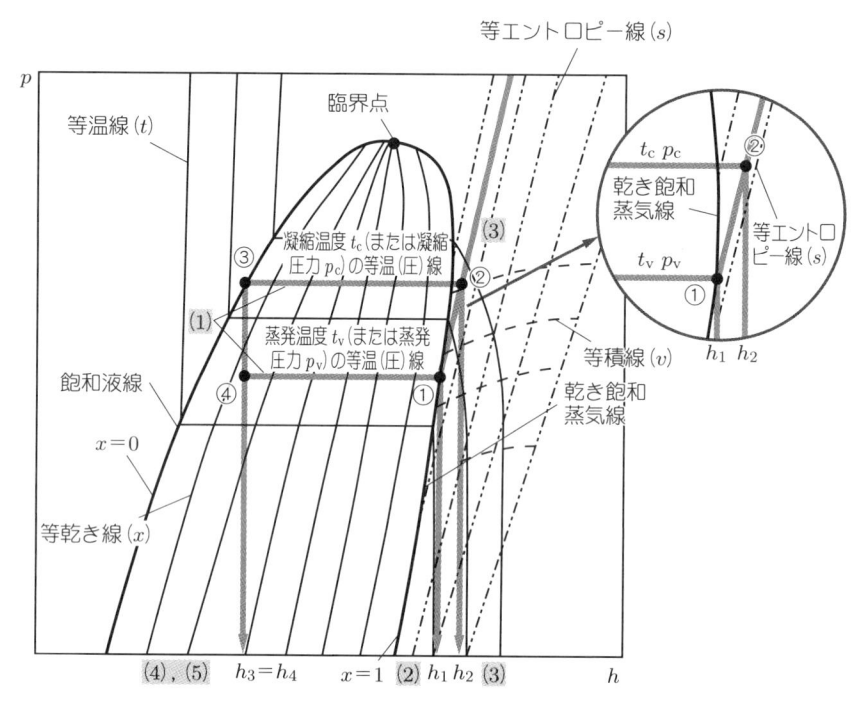

図 7.5 蒸気 $(p\text{-}h)$ 線図の読み方

等乾き線 $(x)$ および等温線 $(t)$，等積線 $(v)$，等エントロピー線 $(s)$ は，$p\text{-}h$ 線図において，それぞれの物性値の等しい値を結んだ線です．$h_1 \sim h_4$ は次のように求めます．

(1) $p\text{-}h$ 線図の湿り蒸気の範囲内に，凝縮温度 $t_c$ [°C]（または凝縮圧力 $p_c$ [MPa]）と蒸発温度 $t_v$ [°C]（または蒸発圧力 $p_v$ [MPa]）の等温線（または等圧線）を引きます．

(2) (1) で引いた蒸発温度 $t_v$（または蒸発圧力 $p_v$）の等温（圧）線と，**乾き飽和蒸気線**との交点①の $h$ の値が $h_1$ です．

(3) 交点①からその近くにある等エントロピー線に平行になるように右上方に等エントロピー線を引き，(1) で引いた凝縮温度 $t_c$（または凝縮圧力 $p_c$）の等温（圧）線の延長線との交点②の $h$ の値が $h_2$ です．

(4) (1) で引いた凝縮温度 $t_c$（または凝縮圧力 $p_c$）の等温（圧）線と，**飽和液線**との交点③の $h$ の値が $h_3$ です．

(5) (1) で引いた蒸発温度 $t_v$（または蒸発圧力 $p_v$）の等温（圧）線と，③から下ろした垂線との交点④の値が $h_4$ です．$h_3 = h_4$ です．

7.3 蒸気線図の読み方　181

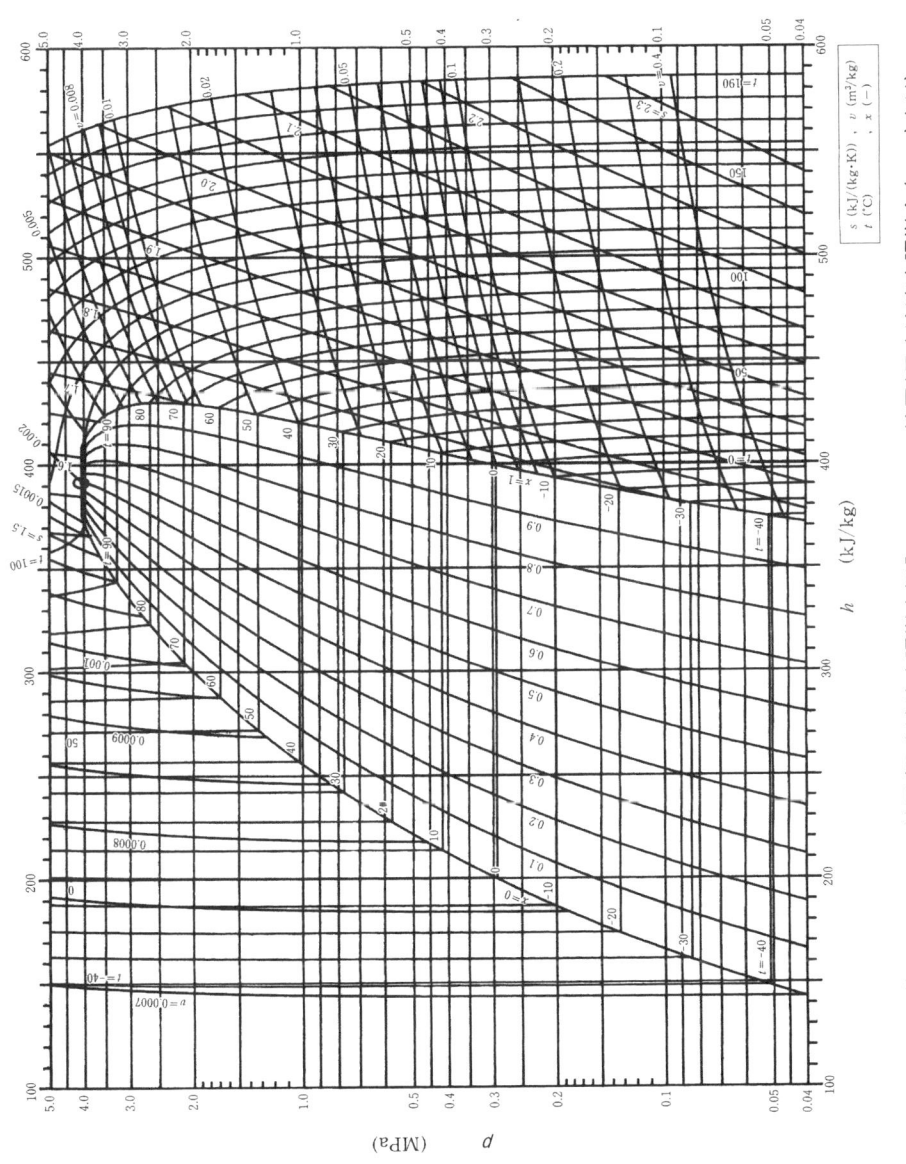

図 7.6　冷媒 R134a の $p$-$h$ 線図（日本冷凍空調学会編「R134a $p$-$h$ 線図」日本冷凍空調学会（1996）より）

**例題 7.1** R134a を冷媒とする蒸気圧縮式冷凍サイクルについて次の値を求めよ．
(1) 冷凍機として使用しているとき冷凍室の温度は $-10°C$，冷凍機の周囲温度は $30°C$ の場合の冷房成績係数
(2) ヒートポンプとして使用しているときの外気温度は $-10°C$，室内温度を $30°C$ に保つ場合の暖房成績係数
(3) (1)と(2)の理論最大成績係数
ただし，$t_c = T_H$，$t_v = T_L$ とする．

**解答**

既知の事項

求める答え
(1) $\varepsilon_R$
(2) $\varepsilon_H$
(3) $\varepsilon_{R, carnot}$
   $\varepsilon_{H, carnot}$

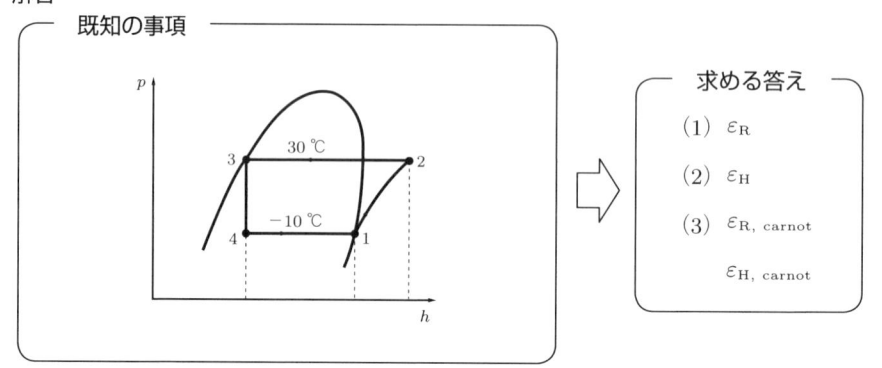

(1) 蒸発温度 $t_v$ を $-10°C$，凝縮温度 $t_c$ を $30°C$ として図 7.6 から物性値を求めます．

$$h_1 = 395\,[\text{kJ/kg}], \quad h_2 = 422\,[\text{kJ/kg}], \quad h_3 = h_4 = 241\,[\text{kJ/kg}]$$

よって，冷房成績係数は，式(7.5)から次式のように求まります．

$$\varepsilon_R = \frac{h_1 - h_4}{h_2 - h_1} = \frac{(395 - 241)\,[\text{kJ/kg}]}{(422 - 395)\,[\text{kJ/kg}]} = 5.70$$

(2) 暖房成績係数は，式(7.6)から次式のように求まります．

$$\varepsilon_H = \frac{h_2 - h_3}{h_2 - h_1} = \frac{(422 - 241)\,[\text{kJ/kg}]}{(422 - 395)\,[\text{kJ/kg}]} = 6.70$$

(3) 理論最大成績係数は，式(4.24), (4.25)から次式のように求まります．

$$\varepsilon_{R,\,carnot} = \frac{T_L}{T_H - T_L} = \frac{(273 - 10)\,[\text{K}]}{\{(273 + 30) - (273 - 10)\}\,[\text{K}]} = 6.58$$

$$\varepsilon_{H,\,carnot} = \frac{T_H}{T_H - T_L} = \frac{(273 + 30)\,[\text{K}]}{\{(273 + 30) - (273 - 10)\}\,[\text{K}]} = 7.58$$

## 7.4 空気冷凍サイクル

5.8節で述べたブレイトンサイクルを，4.4節の逆カルノーサイクルと同様に，逆に作動させると，低温部から高温部へ熱を移動させる逆ブレイトンサイクルの**空気冷凍サイクル**(air refrigeration cycle)になります．図7.7にその機器構成および$p$-$v$線図，$T$-$s$線図を示します．

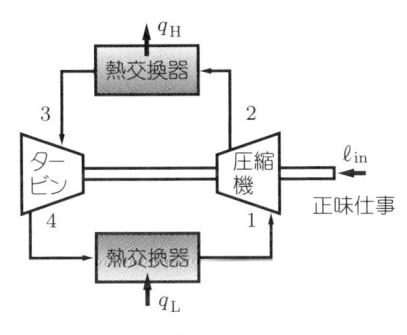

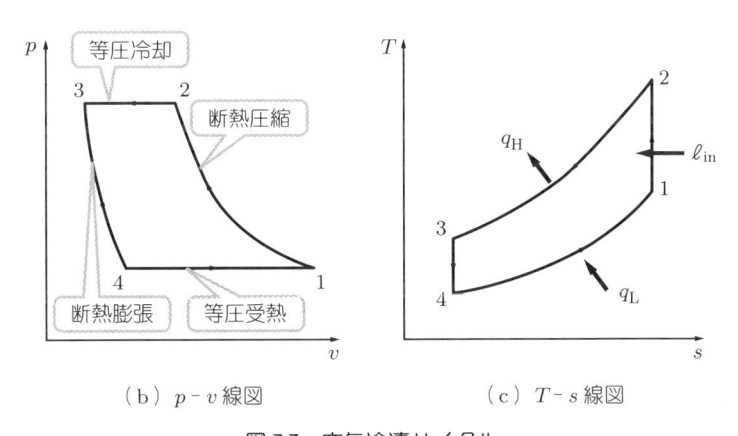

**図 7.7 空気冷凍サイクル**

単位質量あたりの冷媒について熱量や仕事は次のようになります．

$p(1 \rightarrow 2)$ **断熱圧縮** 式(3.28)から次式が得られます．

$$\frac{T_1}{T_2} = \left(\frac{p_1}{p_2}\right)^{(\kappa-1)/\kappa} \tag{7.7}$$

$p(2 \rightarrow 3)$ **等圧放熱** $q_\mathrm{H}$は式(3.16)から求まります．

$$q_\mathrm{H} = c_p(T_2 - T_3) \tag{7.8}$$

**$p(3 \to 4)$ 断熱膨張** 式(3.28)から次式が得られます.

$$\frac{T_3}{T_4} = \left(\frac{p_3}{p_4}\right)^{(\kappa-1)/\kappa} = \left(\frac{p_2}{p_1}\right)^{(\kappa-1)/\kappa} = \frac{T_2}{T_1} \tag{7.9}$$

**$p(4 \to 1)$ 等圧吸熱** $q_L$ は式(3.16)から求まります.

$$q_L = c_p(T_1 - T_4) \tag{7.10}$$

外部から受ける仕事 $\ell_{in}$ は式(4.3)から求まります.

$$\ell_{in} = q_H - q_L \tag{7.11}$$

したがって, 式(4.7)から**成績係数** $\varepsilon_R$ は次式により求まります.

$$\begin{aligned}
\varepsilon_R &= \frac{q_L}{\ell_{in}} = \frac{c_p(T_1 - T_4)}{c_p(T_2 - T_3) - c_p(T_1 - T_4)} \\
&= \frac{T_1 - T_4}{(T_2 - T_3) - (T_1 - T_4)} \\
&= \frac{1}{(T_2 - T_3)/(T_1 - T_4) - 1} = \frac{1}{T_2/T_1 - 1} \\
&= \frac{1}{(p_2/p_1)^{(\kappa-1)/\kappa} - 1}
\end{aligned} \tag{7.12}$$

式(7.9)から $\frac{T_2}{T_1} = \frac{T_3}{T_4} = \frac{T_2 - T_3}{T_1 - T_4}$

式(7.12)から空気冷凍サイクルの冷房成績係数は, 圧縮前後の温度と圧力の差が小さいほど大きくなることがわかります.

---

**例題 7.2** 空気冷凍サイクルにおいて $-10°C$, $100\,kPa$ の空気が圧縮機に吸気されている. 圧力比 $p_2/p_1$ が 8, タービン入口の温度が $30°C$ のとき次の値を求めよ.
(1) タービン出口温度 (2) 冷房成績係数

**解答**

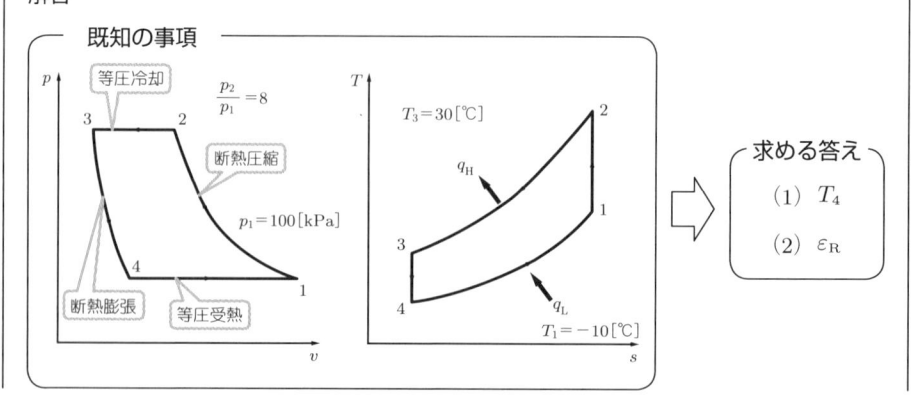

既知の事項:
- $p_2/p_1 = 8$
- $p_1 = 100\,[kPa]$
- $T_3 = 30\,[°C]$
- $T_1 = -10\,[°C]$
- 等圧冷却, 断熱圧縮, 断熱膨張, 等圧受熱

求める答え
(1) $T_4$
(2) $\varepsilon_R$

(1) 式(7.7)から$T_2$が求まります．

$$T_2 = \left(\frac{p_2}{p_1}\right)^{(\kappa-1)/\kappa} T_1 = 8^{(1.4-1)/1.4} \times (273-10)\,[\mathrm{K}] = 476\,[\mathrm{K}]$$

よって，タービン出口温度$T_4$は式(7.9)から次式のように求まります．

$$\frac{T_2}{T_1} = \frac{T_3}{T_4} \rightarrow T_4 = \frac{T_1 T_3}{T_2} = \frac{\{(273-10) \times (273+30)\}\,[\mathrm{K}]}{476\,[\mathrm{K}]}$$

$$= 167\,[\mathrm{K}] = -106\,[^\circ\mathrm{C}]$$

(2) 冷房成績係数$\varepsilon_\mathrm{R}$は，式(7.12)から次式のように求まります．

$$\varepsilon_\mathrm{R} = \frac{1}{(p_2/p_1)^{(\kappa-1)/\kappa} - 1} = \frac{1}{8^{(1.4-1)/1.4} - 1} = 1.23$$

例題 7.2 からわかるように，空気冷凍サイクルの成績係数は他の冷凍サイクルより小さいため，その利用は，冷媒が空気で安全である利点を生かせる航空機用などに限定されます．実際の航空機の空調装置は，図 7.8 のように，空気冷凍サイクルを開放サイクルで使用し，タービンから出た冷たい空気をキャビンなどに直接送ります．

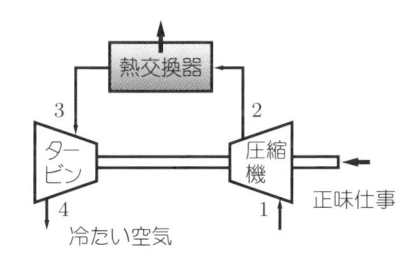

図 7.8 航空機に使用されている空気冷凍サイクル

## 7.5 吸収冷凍サイクル

塩の入った容器の蓋を開けたままにしておくと塩が湿気を吸って，ベトベトになってしまいます．塩に限らず，吸湿性の強い物質は，密封しておかない限り，飽和するまで空気中の水分を吸い続ける性質があります．この性質をうまく利用すると，水分の蒸発を助けることができます．この蒸発により潜熱が奪われ，温度が下がる現象を利用したのが，**吸収冷凍サイクル**(absorption refrigeration cycle)です．吸収冷凍機は圧縮機が不要なので，運転しているときでも静かで振動もほとんどなく，心臓のない冷凍機といわれます．図 7.9 に吸収冷凍サイクルの原理を示します．

冷媒の水が入った**蒸発器**と塩のような水を吸収しやすい性質をもつ**吸収液**の入った

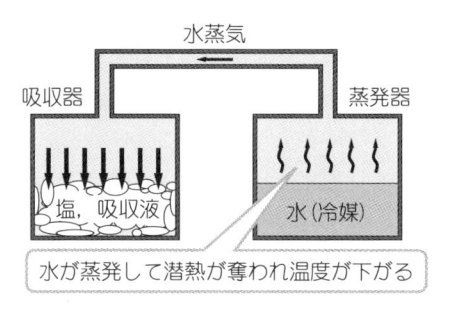

図 7.9　吸収冷凍サイクルの原理

**吸収器**を配管でつなぐと，蒸発器の中の冷媒の水が蒸発して蒸発潜熱を奪い，蒸発器の中の温度が下がります．しかし，図 7.9 の機器構成では，時間が経ち，**吸収液**が水分を十分吸収すると，**冷媒**である水の蒸発も止まります．そこで，連続して蒸発器で冷媒の蒸発を継続させる工夫が必要です．実際の吸収冷凍サイクルでは，図 7.10 のように，図の**蒸発器**と**吸収器**に**再生器**と**凝縮器**を組み合わせた構成になっています．

　この吸収冷凍サイクルでは，**吸収液**には臭化リチウム（LiBr）水溶液など，**冷媒**には水を使用します．吸収器において水蒸気で薄められたれた吸収液は再生器に送られ，再生器は吸収液を加熱して，水を蒸発させます．すると，吸収液の濃度が上昇す

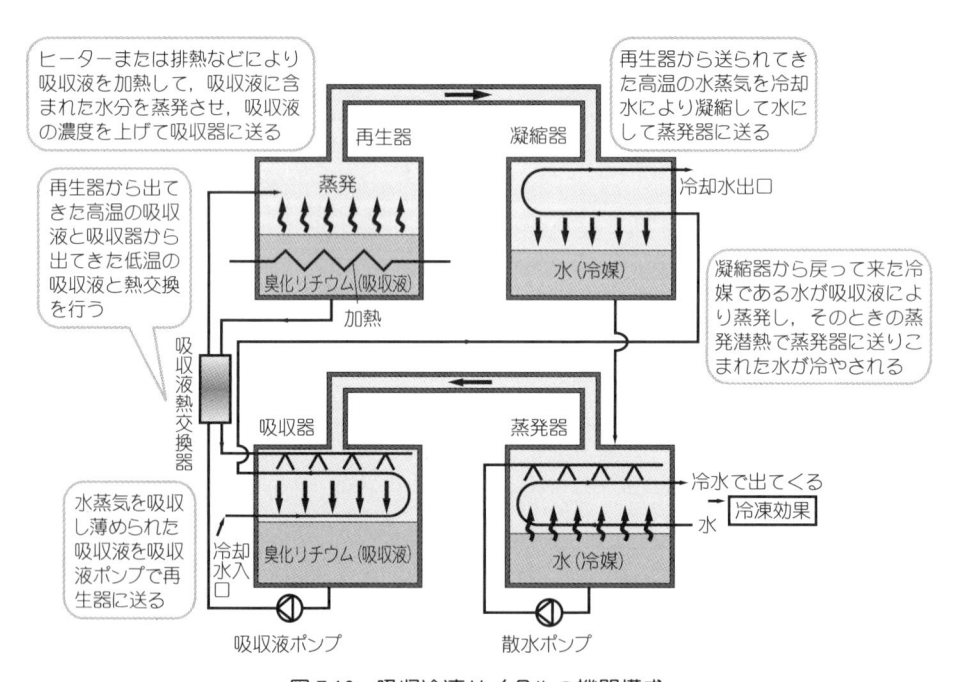

図 7.10　吸収冷凍サイクルの機器構成

るので，それを吸収器に送ります．再生器で発生した高温の水蒸気は凝縮器に送られ，冷却水により冷やして凝縮させます．凝縮器で凝縮させた冷媒(水)は蒸発器に戻します．蒸発器に戻された冷媒が水蒸気を発生する際に**蒸発潜熱**により温度が低下し，蒸発器に送られる水が冷やされ，**冷凍作用**を行います．

## 演習問題

**7.1** R134a を冷媒とする蒸気圧縮式冷凍サイクルが冷凍機として運転をしているときの蒸発温度は $-20°C$，凝縮温度は $30°C$ であった．次の値を求めよ．
  (1) 成績係数
  (2) 1 kW の冷凍効果を得るために必要な冷媒の循環量

**7.2** 冷媒 R134a を用いる蒸気圧縮式冷凍サイクルがある．凝縮器では等圧的に冷却され，凝縮温度は $40°C$ である．蒸発器では等圧的に加熱され，蒸発温度は $-10°C$ である．次の値を求めよ．
  (1) 圧縮機出口，凝縮器出口，蒸発器出口の比エンタルピー
  (2) 成績係数
  (3) 3 kW の冷凍効果を得るために必要な冷媒の循環量

**7.3** 冷媒 R134a を用いる蒸気圧縮式冷凍サイクルが，蒸発圧力 100 kPa，凝縮圧力 0.4 MPa で運転している．冷媒の循環量を 1 kg/s のとき，次の値を求めよ．
  (1) 低温部から奪う熱量
  (2) 成績係数

**7.4** 冷媒 R134a を用いる蒸気圧縮式冷凍サイクルが蒸発圧力 200 kPa，凝縮圧力 1.0 MPa でヒートポンプとして運転している．このヒートポンプが高温部に 70 MJ/h の放熱を行っているとき，次の値を求めよ．
  (1) 成績係数
  (2) 冷媒の質量流量
  (3) 圧縮機の必要動力
  (4) 圧縮機に入る冷媒の体積流量

**7.5** 空気冷凍サイクルにおいて，圧縮機により圧力 0.10 MPa，温度 $25°C$ の空気が 1.0 MPa まで可逆断熱圧縮され，冷却器により $25°C$ まで等圧冷却される．その後，タービンにより 0.10 MPa まで可逆断熱膨張し，低温空気を生成した場合，次の値を求めよ．
  (1) 生成される空気の温度
  (2) 成績係数

**7.6** 空気冷凍サイクルの圧縮機に温度 $10°C$，圧力 50 kPa の空気が入り，タービンには温度 $45°C$，圧力 250 kPa の空気が入る．冷媒である空気の質量流量は 0.08 kg/s である．次の値を求めよ．
  (1) 吸熱量
  (2) 圧縮機に必要な動力
  (3) 成績係数

# 第8章 湿り空気と空気調和

**学習の目標**
- ☑ 湿り空気の性質を説明できる．
- ☑ 湿り空気線図を読むことができる．
- ☑ 空気調和の基本的な過程を説明できる．

## 8.1 空気と空気調和

　空気がなければ人間は生きていけません．空気はそのほとんどが窒素と酸素から成っており，この2成分で空気の体積の99%を占めています．主成分の大半を占める窒素は，無色，無味，無臭の毒性がない気体です．酸素は，無色，無臭の気体です．

　室内の空気を単に暖めたり冷やしたりするだけではなく，空気中の水分を人為的に加湿したり，減湿したりして快適な環境となるように調整していくことを，単純な暖房・冷房と区分して，**空気調和**(air conditioning)といい，略して**空調**ともいいます．空気調和を学ぶ前に，まず湿り空気の性質を学びましょう．

## 8.2 湿り空気の性質

　夏に冷たいコップのまわりに水滴がついたり，やかんでお湯を沸かすと湯気が立ち周囲の空気の中に吸い込まれたりします．これらから，空気に水分が含まれていることがわかります．水分は液状の水滴に姿を変えて顔を出したり，湯気のように空気中に隠れたりします．

　**乾き空気**(dry air)は，水がまったく含まれていない仮想の空気です．実際の空気はこの乾き空気と水蒸気とが，ちょうど「ごま塩」の「ごま」と「塩」のように混ざり合っており，これを**湿り空気**(moist air)といいます(図8.1)．

　湿り空気の中の乾き空気と水蒸気は，反応することはありません．湿り空気においては，乾き空気の成分は不変で水蒸気の量のみが変化します．そこで，湿り空気を乾

図 8.1 湿り空気

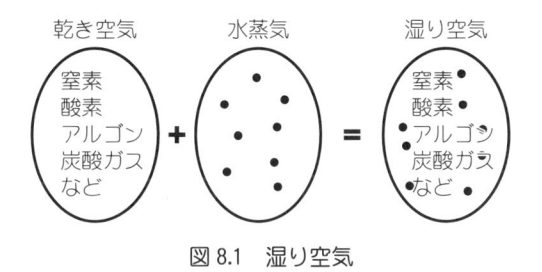

き空気と水蒸気の混合気体とみなすと取り扱いやすくなります．この乾き空気と水蒸気の割合を質量で表すと，水蒸気の占める割合はきわめて小さく，常温で乾き空気の約 1.5% 以下です．水蒸気の割合はこのように小さくても，人間の快適感に大きく影響します．すなわち，この水蒸気の割合が**空気調和**に重要な影響を与えます．湿り空気中の乾き空気の質量を水蒸気の質量 [kg] と区別するために，[kg′] または [kg(DA)] で表します．

空気調和に使われる空気の温度の範囲は通常約 $-10°C$ から $50°C$ です．この温度範囲では，乾き空気は定圧比熱一定 ($c_p = 1.006\,[\mathrm{kJ/(kg' \cdot °C)}]$) の理想気体と考えても実用上問題ありません．$0°C$ を基準点にとれば，**乾き空気の比エンタルピー $h_\mathrm{d}$** と**比エンタルピーの変化量 $\Delta h_\mathrm{d}$** は次式のように表せます．

$$h_\mathrm{d} = c_p t = 1.006\,[\mathrm{kJ/(kg' \cdot °C)}]\,t\,[°C] \quad [\mathrm{kJ/kg'}] \tag{8.1}$$

$$\Delta h_\mathrm{d} = c_p \Delta t = 1.006\,[\mathrm{kJ/(kg' \cdot °C)}]\,t\,[°C] \quad [\mathrm{kJ/kg'}] \tag{8.2}$$

式 (8.1)，(8.2) で注意が必要なのは，$t$ には絶対温度 [K] ではなく摂氏温度 [°C] を用いるということです．水蒸気の比エンタルピー $h_\mathrm{v}$ は，その水蒸気と同じ温度の水の乾き飽和蒸気の比エンタルピー $h''$ と同じと考えて実用上問題ありません．

$$h_\mathrm{v} = h'' \tag{8.3}$$

$0°C$ の乾き飽和蒸気の比エンタルピー $h''$ は $2501\,\mathrm{kJ/kg}$ で，$-10°C$ から $50°C$ の平均定圧比熱は $1.846\,\mathrm{kJ/(kg \cdot °C)}$ なので，水蒸気の比エンタルピー $h_\mathrm{v}$ は次式により求めることもできます．

$$h_\mathrm{v} = 2501 + 1.846\,t\,[°C] \quad [\mathrm{kJ/kg}] \tag{8.4}$$

この式の $t$ も摂氏温度 [°C] を用います．

また，空気調和で対象とする温度・圧力下における湿り空気とその成分に対しては，理想気体と考えても誤差は小さいので，実用上問題ありません．すると「理想気

体を混合したとき，混合気体が示す圧力（全圧）は，各成分の気体が混合室内に単独で存在するときの圧力（分圧）の総和に等しい」という**ダルトンの分圧の法則**より次式が成立します．

$$p_\mathrm{a} = p_\mathrm{d} + p_\mathrm{v} \tag{8.5}$$

$\begin{pmatrix}\text{湿り空気の全圧}\\(\text{大気圧})\end{pmatrix}$　$\begin{pmatrix}\text{乾き空気}\\\text{の分圧}\end{pmatrix}$　$\begin{pmatrix}\text{水蒸気}\\\text{の分圧}\end{pmatrix}$

次に，湿り空気に式(3.1)を適用できることを示すダルトンの分圧の法則を拡張した**ギブス–ダルトンの法則**について説明します．それは理想気体の混合気体においては，各成分気体は互いに干渉することなく，混合後の温度と体積のもとで単独に存在するのと同じように振る舞うという法則です．

## 8.3　絶対湿度と相対湿度

湿り空気中の水蒸気の量の表し方はいろいろありますが，もっとも直接的なのは乾き空気1 kgあたりどのくらい水蒸気の質量があるかで示す方法です．これを**絶対湿度**（absolute humidity）$x$ [1]といい，次式のように表します．

$$x = \frac{(\text{水蒸気の質量})}{(\text{乾き空気の質量})} = \frac{m_\mathrm{v}}{m_\mathrm{d}} \quad [\text{kg/kg}'] \tag{8.6}$$

湿り空気中の乾き空気の質量を [kg'] または [kg(DA)] で表すので，絶対湿度を $x$ [kg/kg'] または $x$ [kg/kg(DA)] で表します．気体定数を**表 8.1** に示します．式(3.1)から絶対湿度は，次式のように表すことができます．

$$\begin{aligned}x &= \frac{m_\mathrm{v}}{m_\mathrm{d}} = \frac{p_\mathrm{v}V/R_\mathrm{v}T}{p_\mathrm{d}V/R_\mathrm{d}T} = \frac{p_\mathrm{v}/R_\mathrm{v}}{p_\mathrm{d}/R_\mathrm{d}} \ [\text{kg/kg}']\\ &= 0.622\frac{p_\mathrm{v}}{p_\mathrm{d}} = 0.622\frac{p_\mathrm{v}}{p_\mathrm{a}-p_\mathrm{v}} \ [\text{kg/kg}']\end{aligned} \tag{8.7}$$

表 8.1　気体定数

| 気体 | 気体定数 |
|---|---|
| 乾き空気 $R_\mathrm{d}$ | 0.28699 [kJ/(kg'·K)] |
| 水蒸気 $R_\mathrm{v}$ | 0.4615 [kJ/(kg·K)] |

---

[1] 式(6.1)の乾き度と同じ $x$ を使用しているので，混同しないようにしてください．

## 8.3 絶対湿度と相対湿度

空気は水蒸気を無限に含むことはできません．空気中に水蒸気が一杯になり，含みきれなくなった状態を**飽和状態**といい，それを**飽和湿り空気**(saturated moist air)といいます．飽和湿り空気の水蒸気の分圧 $p_{sv}$ は，**図 6.6** に示す**付表 1** のその温度の水の飽和蒸気圧 $p''$ です．

$$p_{sv} = p'' \tag{8.8}$$

湿り空気に含まれる水蒸気の質量 $m_v$ を飽和湿り空気の質量 $m_{sv}$ で割ったものが**相対湿度**(relative humidity) $\varphi$ です．

$$\varphi = \frac{m_v}{m_{sv}} = \frac{p_v V / R_v T}{p_{sv} V / R_v T} = \frac{p_v}{p_{sv}} \quad \% \tag{8.9}$$

式(8.7)を使って式(8.9)の $p_v$ を消去します．

$$\varphi = \frac{x p_a}{(0.622 + x) p_{sv}} \quad \% \tag{8.10}$$

式(8.10)を変形すると絶対湿度 $x$ を次式で表せます．

$$x = \frac{0.622 \varphi p_{sv}}{p_a - \varphi p_{sv}} \quad [\text{kg/kg}'] \tag{8.11}$$

湿り空気中にどれだけの水蒸気を含むことができるかは，そのときの温度によって変化します．**図 8.2** のように，絶対湿度は変わらなくても相対湿度は温度により変化します．

湿り空気は乾き空気と水蒸気の混合気体なので，湿り空気の比エンタルピーは乾き空気の比エンタルピーと水蒸気の比エンタルピーの和で表せます．多くの場合，湿り

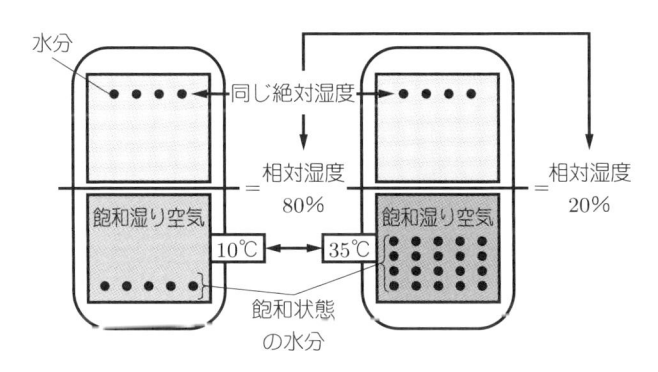

図 8.2　絶対湿度と相対湿度の関係

空気中の乾き空気の質量は一定ですが，水蒸気の質量が変化します．したがって，図 8.3 に示すように，湿り空気の比エンタルピーは湿り空気の単位質量あたりの代わりに，単位質量の乾き空気あたり [kJ/kg'] で表します．

湿り空気のエンタルピー $H_a$ は，乾き空気のエンタルピー $H_d$ に水蒸気のエンタルピー $H_v$ を加えたものです．

$$H_a = H_d + H_v = m_d h_d + m_v h_v$$

これを $m_d$ で割ると，湿り空気の比エンタルピー $h_a$ となります．

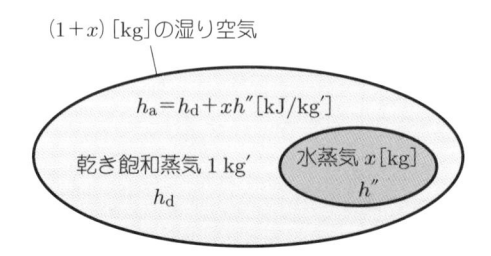

$$h_a = \frac{H_a}{m_d} = h_d + \frac{m_v}{m_d} h_v$$
$$= h_d + x h_v = h_d + x h'' \quad [\text{kJ/kg}'] \tag{8.12}$$

図 8.3 湿り空気の比エンタルピーの表し方

---

**例題 8.1** 乾き空気 1 kg に 0.01 kg の水蒸気を含んだ湿り空気の温度が 25°C のとき，湿り空気の比エンタルピー $h_a$ を求めよ．

**解答** まず，絶対湿度を式 (8.6) から求めます．

$$x = \frac{m_v}{m_d} = \frac{0.01\,[\text{kg}]}{1\,[\text{kg}']} = 0.01\,[\text{kg/kg}']$$

$h_a$ は，式 (8.1), (8.4), (8.12) から次式のように求まります．

$$h_a = h_d + x h_v = c_p t + x(2501 + 1.846 t)$$
$$= 1.006\,[\text{kJ/(kg}' \cdot {}^\circ\text{C)}] \times 25\,[{}^\circ\text{C}] + 0.01\,[\text{kg/kg}'] \times (2501 + 1.846 \times 25)\,[\text{kJ/kg}]$$
$$= 25.15\,[\text{kJ/kg}'] + 25.47\,[\text{kJ/kg}'] = 50.6\,[\text{kJ/kg}']$$

**別解** 水蒸気の比エンタルピーを付表 1 の蒸気表から求める方法

式 (8.1), (8.12) から $h_a$ を求めることもできます．

$$h_a = h_d + x h'' = c_p t + x h''$$

$$= 1.006\,[\mathrm{kJ/(kg\cdot {}^\circ C)}] \times 25\,[{}^\circ C] + 0.01\,[\mathrm{kg/kg'}] \times (2546.54)\,[\mathrm{kJ/kg}]$$

$$= 25.2\,[\mathrm{kJ/kg'}] + 25.47\,[\mathrm{kJ/kg'}] = 50.6\,[\mathrm{kJ/kg'}] \quad \boxed{\text{付表 1}}$$

**例題 8.2** $50\,\mathrm{m^3}$ の部屋に温度 $20\,{}^\circ C$ および圧力 $100\,\mathrm{kPa}$,相対湿度 $70\,\%$ の空気が入っている.次の値を求めよ.
(1) 乾き空気の分圧 $p_\mathrm{d}$  (2) 絶対湿度 $x$  (3) 湿り空気の比エンタルピー $h_\mathrm{a}$
(4) 乾き空気の質量 $m_\mathrm{d}$ と水蒸気の質量 $m_\mathrm{v}$

**解答**
(1) 式(8.9)および**付表1**から $p_\mathrm{v}$ が求まります.

$$p_\mathrm{v} = \varphi\, p_\mathrm{sv} = 0.70 \times 0.0023392\,[\mathrm{MPa}] = 1.637\,[\mathrm{kPa}]$$

よって,$p_\mathrm{d}$ は式(8.5)から次式のように求まります.

$$p_\mathrm{d} = p_\mathrm{a} - p_\mathrm{v} = 100\,[\mathrm{kPa}] - 1.637\,[\mathrm{kPa}] = 98.36\,[\mathrm{kPa}]$$

(2) $x$ は,式(8.11)から次式のように求まります.

$$x = \frac{0.622\varphi\, p_\mathrm{sv}}{p_\mathrm{a} - \varphi\, p_\mathrm{sv}} = \frac{0.622 \times 0.70 \times 0.0023392\,[\mathrm{MPa}]}{100\,[\mathrm{kPa}] - 0.70 \times 0.0023392\,[\mathrm{MPa}]} = 0.01035\,[\mathrm{kg/kg'}]$$

(3) $h_\mathrm{a}$ は,式(8.12)と**付表1**から次式のように求まります.

$$h_\mathrm{a} = h_\mathrm{d} + x h'' = c_p t + x h''$$

$$= 1.006\,[\mathrm{kJ/(kg'\cdot {}^\circ C)}] \times 20\,[{}^\circ C] + 0.01035\,[\mathrm{kg/kg'}] \times 2537.47\,[\mathrm{kJ/kg}]$$

$$= 46.4\,[\mathrm{kJ/kg'}]$$

(4) $m_\mathrm{d}$ と $m_\mathrm{v}$ は,ギブス-ダルトンの法則と式(3.1)から次式のように求まります.乾き空気と水蒸気がこの部屋全体を満たしているので,乾き空気の体積 $V_\mathrm{d}$ と水蒸気の体積 $V_\mathrm{v}$ はともに $50\,\mathrm{m^3}$ です.

$$m_\mathrm{d} = \frac{p_\mathrm{d} V_\mathrm{d}}{R_\mathrm{d} T} = \frac{98.36\,[\mathrm{kPa}] \times 50\,[\mathrm{m^3}]}{0.28699\,[\mathrm{kJ/(kg'\cdot K)}] \times 293\,[\mathrm{K}]} = 58.5 \left[ \frac{\frac{\mathrm{kg'\cdot m^3}}{\mathrm{m\cdot s^2}}}{\frac{\mathrm{kg'\cdot m^2\cdot K}}{\mathrm{s^2\cdot kg'\cdot K}}} \right]$$

$$= 58.5\,[\mathrm{kg'}]$$

$$m_\mathrm{v} = \frac{p_\mathrm{v} V_\mathrm{v}}{R_\mathrm{v} T} = \frac{1.637\,[\mathrm{kPa}] \times 50\,[\mathrm{m^3}]}{0.4615\,[\mathrm{kJ/(kg\cdot K)}] \times 293\,[\mathrm{K}]} = 0.605 \left[ \frac{\frac{\mathrm{kg\cdot m^3}}{\mathrm{m\cdot s^2}}}{\frac{\mathrm{kg\cdot m^2\cdot K}}{\mathrm{kg\cdot K\cdot s^2}}} \right]$$

$$= 0.605\,[\mathrm{kg}]$$

## 8.4 乾球温度，湿球温度，露点温度

湿り空気線図の読み方の説明の前に，**乾球温度**，**湿球温度**，**露点温度**の違いを理解しましょう．

一般的に，温度といえば，図8.4(a)のように，乾いた感温部をもつ乾球温度計を用いて，太陽などからの放射熱を受けない状態で測った**乾球温度**(dry bulb temperature)$t$のことをいいます．それに対して，図(b)のように，感温部をガーゼなどの布で包み，その一端を水につけて感温部が湿っている状態で使う湿球温度計で測った温度を**湿球温度**(wet bulb temperature)$t'$といいます．感温部表面の水蒸気分圧と空気中の水蒸気分圧に差があると，ガーゼなどの布から水分が蒸発し，熱が奪われます．そのため，不飽和空気の場合には湿球温度はつねに乾球温度より低くなります．飽和空気の場合は，感温部表面の水蒸気分圧と空気中の水蒸気分圧は等しいため，水分の蒸発が起きず，飽和空気の湿球温度と乾球温度は等しくなります．乾球温度と湿球温度の差によって，湿り空気中に含まれる水蒸気の割合を知ることができます．

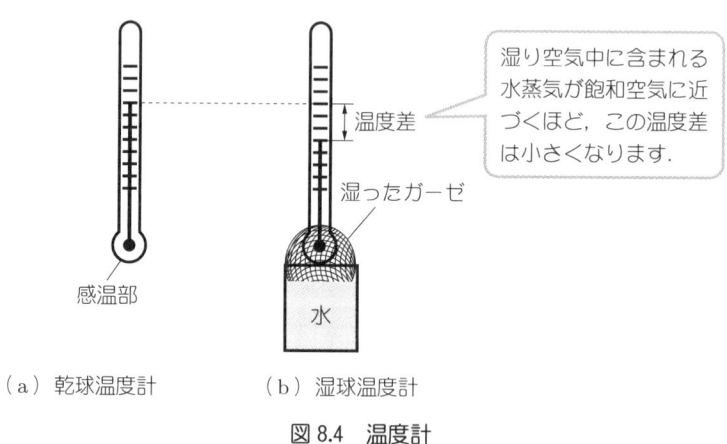

図8.4 温度計

(a) 乾球温度計　(b) 湿球温度計

湿り空気中に含まれる水蒸気が飽和空気に近づくほど，この温度差は小さくなります．

温度の高い空気は，多くの水蒸気を含むことができます．空気の温度を下げていくと，ある温度で飽和状態に達し(相対湿度$\varphi = 100\%$)，さらに温度を下げていくと水蒸気の一部が凝縮して小さな水滴，すなわち露(**結露**)が生じます．このときの温度を**露点温度**(dew point temperature)$t''$といいます．また，湿り空気を冷却して水蒸気の分圧$p_v$がある温度の飽和蒸気圧(図6.6)に等しくなると，結露をはじめます．この温度を露点温度といいます．したがって，湿り空気の水蒸気の分圧がわかれば**付表1**から露点温度を求めることができます．

**例題 8.3** 標準大気圧において，乾球温度が$25°C$，相対湿度$65\%$の湿り空気について次の値を求めよ．
(1) 水蒸気の分圧$p_v$　(2) 露点温度$t''$

**解答**
(1) **付表1**より$25°C$の飽和湿り空気の水蒸気の分圧は$p_{sv} = 0.0031697\,[\text{MPa}] = 3.17\,[\text{kPa}]$です．$p_v$は式(8.9)から次式のように求まります．
$$p_v = \varphi\, p_{sv} = 0.65 \times 3.17\,[\text{kPa}] = 2.06\,[\text{kPa}]$$

(2) 露点温度$t''$は，(1)で求めた水蒸気の分圧が飽和水蒸気になる温度を求めればよいことになります．そこで，**付表1**から$2.06\,\text{kPa}$は，表8.2のように，温度$15°C$と$20°C$の飽和蒸気圧の間にあるので，露点温度$t''$は線形補間法により次式のように求まります．

表 8.2　飽和温度と飽和蒸気圧の関係

| 飽和温度[°C] | 飽和蒸気圧 [kPa] |
|---|---|
| 15 | 1.706 |
| 20 | 2.339 |

$$t'' = 15\,[°\text{C}] + \frac{(20-15)\,[°\text{C}]}{(2.339-1.706)\,[\text{kPa}]} \times (2.06-1.706)\,[\text{kPa}] = 17.8\,[°\text{C}]$$

## 8.5　湿り空気線図の読み方

図8.5のように，図8.6の湿り空気線図には乾球温度および湿球温度，相対湿度，絶対湿度，比エンタルピー，比容積(本書では比体積を使用)などの値が示されていま

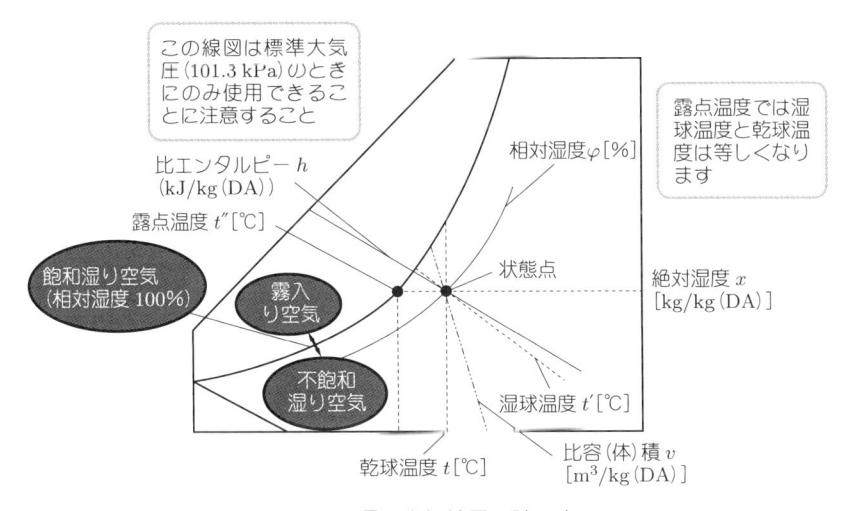

図 8.5　湿り空気線図の読み方

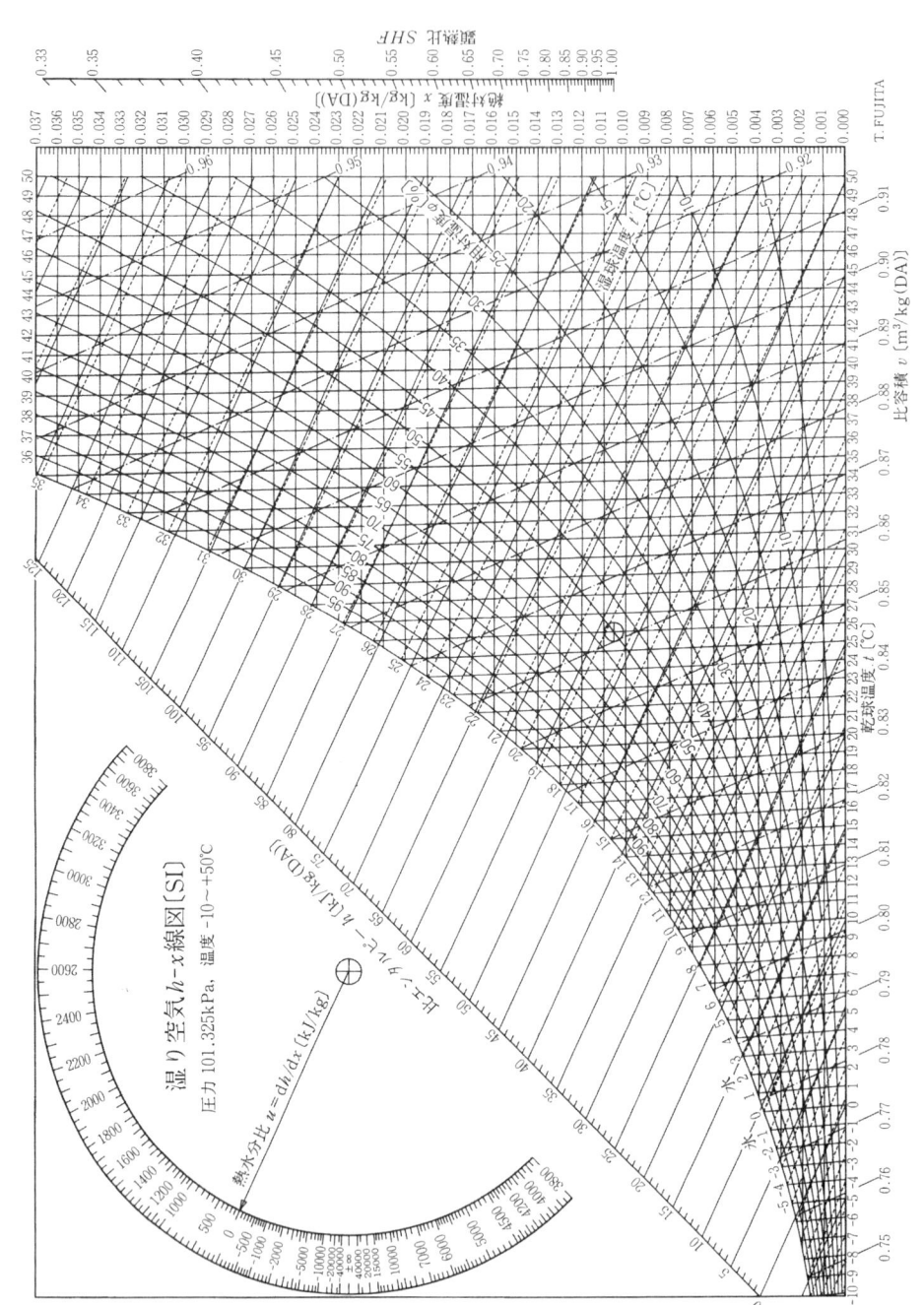

図 8.6　湿り空気線図（日本冷凍空調学会編「湿り空気表」日本冷凍空調学会 (1994) より）

## 8.5 湿り空気線図の読み方

す．これらの物性値のうち，任意の二つの物性値が既知であると，線図上の一点すなわち**状態点**が決まります．すると，他の物性値はその状態点の値を線図から読むことによって求めることができます．たとえば，図 8.5 において絶対湿度と乾球温度が既知であるとすると，既知の絶対温度一定の線と既知の乾球温度一定の線との交点が状態点になります．状態点が決まれば，たとえば相対湿度は，状態点が示す相対湿度を線図から求めることができます．

---

**例題 8.4** 湿り空気線図を用いて，標準大気圧における乾球温度 24°C，湿球温度 19°C の湿り空気の次の値を求めよ．
(1) 露点温度 $t''$ (2) 絶対湿度 $x$ (3) 相対湿度 $\varphi$ (4) 比エンタルピー $h$
(5) 比体積 $v$

---

**解答** 図 8.7 のように，図 8.6 で与えられた乾球温度と湿球温度から状態点が決まり，その状態点のそれぞれの値を読むと次のようになります．
(1) $t'' = 16.5 \, [°C]$
(2) $x = 0.0118 \, [kg/kg']$
(3) $\varphi = 63\%$
(4) $h = 53.8 \, [kJ/kg']$
(5) $v = 0.857 \, [m^3/kg']$

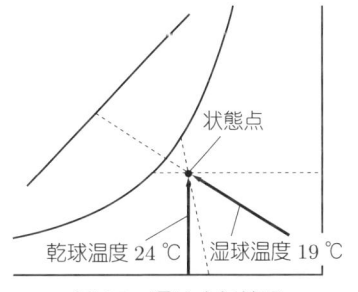

図 8.7 湿り空気線図

---

**例題 8.5** 乾球温度 45°C，絶対湿度 $0.025 \, kg/kg'$ の状態の湿り空気を 15°C まで冷やしたときの露点温度と 1 kg' あたりの結露水量 $w$ を求めよ．

---

**解答** 図 8.8 のように，図 8.6 で与えられた乾球温度と絶対湿度から状態点が決まります．状態点から等絶対湿度線を引き，相対湿度 100% の線との交点が露点なので，その温度を読むと，露点温度 $t_1'' = 28.5 \, [°C]$ です．よって，$w$ は次式のように求まります．

$w =$ (冷却前の絶対湿度) $-$ (冷却後の絶対湿度)
$\quad = x_1 - x_2$
$\quad = (0.025 - 0.0107) \, [kg/kg']$
$\quad = 0.0143 \, [kg/kg']$

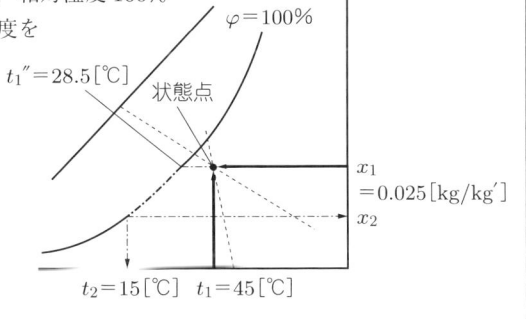

図 8.8 湿り空気線図

## 8.6 空気調和

住環境または工場施設の温度や湿度を適切な状態に保つためには，空気調和を行う必要があります．空気調和の方法には，図 8.9 のように，空気を**加熱**(heating)と**冷却**(simple cooling)，**加湿**(humidifying)と**除湿**(dehumidifying)があります．多くの場合，これらの複数を組み合わせて空気調和を行います．

図 8.10 は，実際の空気調和を湿り空気線図上に示した図です．線図の中の 1-2-3-4 で囲まれた範囲(乾球温度 22～27 °C，相対湿度 40～60 %)が適切な衣服を着た人の多くが快適と感じる温度と湿度の範囲(▨▨▨)です．

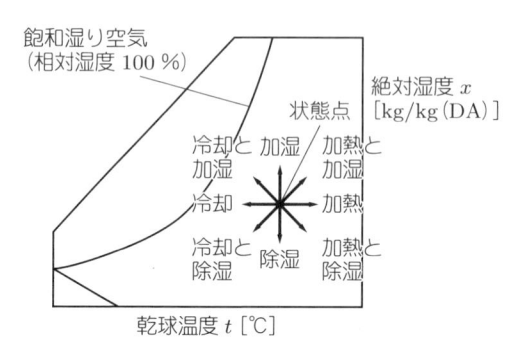

図 8.9　空気調和の各過程

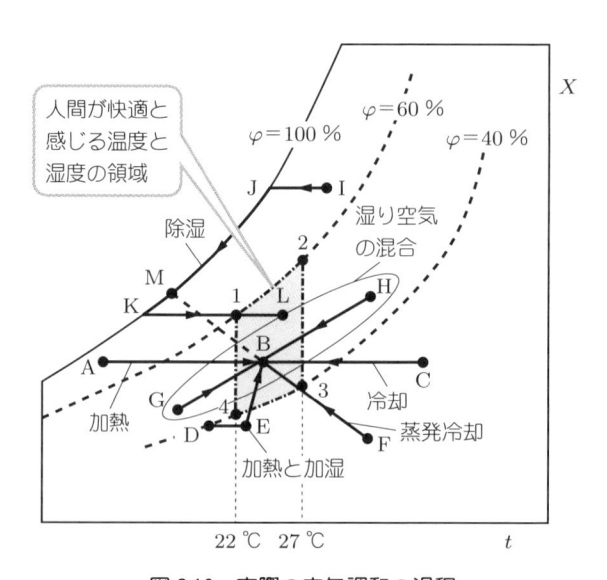

図 8.10　実際の空気調和の過程

一般の空気調和は，定常流動の状態で作動しています．したがって，質量流量の収支は次式のとおりです．ここで，水分とは水蒸気と水の総称です．

乾き空気の質量流量 $\sum_{in} \dot{m}_d = \sum_{out} \dot{m}_d$ (8.13)

水分の質量流量 $\sum_{in} \dot{m}_w = \sum_{out} \dot{m}_w$ または $\sum_{in} \dot{m}_d x = \sum_{out} \dot{m}_d x$ (8.14)

運動エネルギーと位置エネルギーを無視すると，定常流動系のエネルギー収支は次式のとおりになります．

エネルギー $\dot{Q}_{in} + \dot{L}_{in} + \sum_{in} \dot{m}h = \dot{Q}_{out} + \dot{L}_{out} + \sum_{out} \dot{m}h$ (8.15)

### ▶ 8.6.1 加熱と冷却

図 8.11 は家庭内の暖房および冷房器をモデル化した概念図です．図 8.10 の $p(A \to B)$ が湿り空気線図上の加熱の過程を示します．この過程では水分が加えられたり，取り除かれたりしないので，水分の質量は一定に保たれます．したがって，加湿および除湿のない加熱の場合は，絶対湿度は変化しません．加熱の場合は絶対湿度が一定で乾球温度が増加するので，湿り空気線図上では図 8.10 の $p(A \to B)$ のように，水平線で表示されます．加熱の場合は絶対湿度は一定ですが，相対湿度は減少して，図 8.10 の湿気の多い点 A から快適な点 B へ空気調和されます．

絶対湿度が一定の**冷却**(図の $p(C \to R)$)の場合は，乾球温度が減少し，相対湿度が増加しますが，それ以外は加熱の場合と同じです．

加熱と冷却の質量流量収支は $\dot{m}_{d1} = \dot{m}_{d2} = \dot{m}_d$ で $x_1 = x_2$ なので，エネルギー収支は次式のようになります．

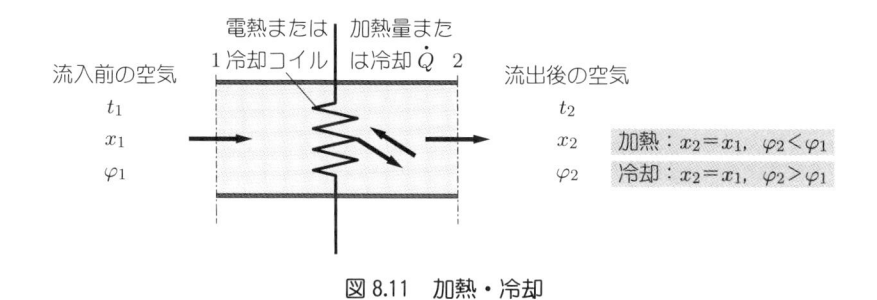

図 8.11 加熱・冷却

## 8.6.2 加熱と加湿

8.6.1 項で述べたように，加熱は相対湿度を減少させます．相対湿度を減少させないためには，加熱した空気を加湿すればよいことになります（図 8.10 の $p(\mathrm{D} \to \mathrm{E} \to \mathrm{B})$）．これを実現する装置を図 8.12 に示します．

空気をまず加熱部で暖め，次に加湿部で湿度を上げます．加湿部で蒸気が用いられる場合，加湿とともに再度加熱されて $t_3 > t_2$ となります．また，水を噴霧した場合，潜熱が奪われ加熱された空気の温度が下がり，$t_3 < t_2$ となります．

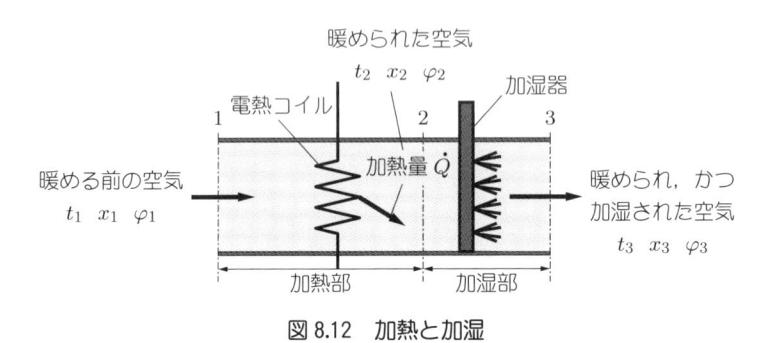

**図 8.12 加熱と加湿**

---

**例題 8.6** 空気調和装置が乾球温度 10 °C，相対湿度 30% の空気を 45 m³/min で吸入して部屋の空気を乾球温度 25 °C，相対湿度 60 % にしている．外気はまず加熱部で乾球温度 22 °C に加熱され，加湿部で高温蒸気により加湿・加熱される．このプロセスが標準大気圧のもとで起こるとき，次の値を求めよ．
(1) 加熱部で加えられる熱量　(2) 加湿部で必要な蒸気の質量流量

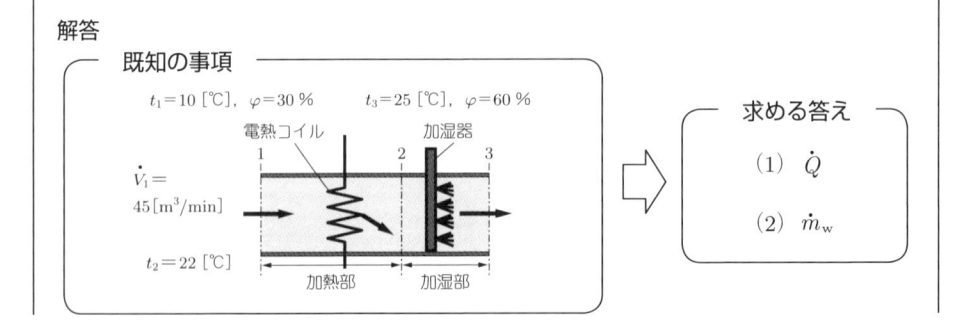

**解答**

**既知の事項**
$t_1 = 10$ [°C], $\varphi = 30$ %　　$t_3 = 25$ [°C], $\varphi = 60$ %
$\dot{V}_1 = 45$ [m³/min]
$t_2 = 22$ [°C]

**求める答え**
(1) $\dot{Q}$
(2) $\dot{m}_\mathrm{w}$

この空気調和装置は標準大気圧下で作動しているので，湿り空気線図が使用できます．

(1) 図8.13のように，図8.6での状態点 1, 2, 3 が決まり，次の物性値が求まります．

$$h_1 = 16\,[\mathrm{kJ/kg}], \quad v_1 = 0.805\,[\mathrm{m^3/kg}]$$
$$h_2 = 28\,[\mathrm{kJ/kg'}]$$

$\dot{m}_\mathrm{d}$ は体積流量 $\dot{V}$ ＝ 比体積 $v$ × 質量流量 $\dot{m}_\mathrm{d}$ の関係から求まります．

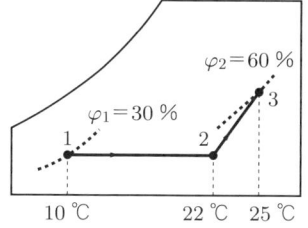

図8.13　湿り空気線図

$$\dot{m}_\mathrm{d} = \frac{\dot{V}_1}{v_1} = \frac{45\,[\mathrm{m^3/min}]}{0.805\,[\mathrm{m^3/kg}]} = 55.9\,[\mathrm{kg'/min}]$$

よって，$\dot{Q}$ は式(8.16)から次式のように求まります．

$$\dot{Q} = \dot{m}_\mathrm{d}(h_2 - h_1)$$
$$= 55.9\,[\mathrm{kg'/min}] \times (28 - 16)\,[\mathrm{kJ/kg'}] = 671\,[\mathrm{kJ/min}]$$

(2) (1)と同様に，図8.6から各状態点の絶対湿度が求まります．

$$x_1 = x_2 = 0.0023\,[\mathrm{kg/kg'}], \quad x_3 = 0.0119\,[\mathrm{kg/kg'}]$$

$\dot{m}_\mathrm{d2} = \dot{m}_\mathrm{d3} = \dot{m}_\mathrm{d}$ です．よって，$\dot{m}_\mathrm{w}$ は式(8.14)から次式のように求まります．

$$\dot{m}_\mathrm{d2}x_2 + \dot{m}_\mathrm{w} = \dot{m}_\mathrm{d3}x_3$$
$$\dot{m}_\mathrm{w} = \dot{m}_\mathrm{d}(x_3 - x_2)$$
$$= 55.9\,[\mathrm{kg'/min}] \times (0.0119 - 0.0023)\,[\mathrm{kg/kg'}] = 0.537\,[\mathrm{kg/min}]$$

### 8.6.3　除湿と加熱

空気を冷却すると絶対湿度は一定ですが，相対湿度は大きくなります．空気の温度が露点温度以下になると，空気中の水分が凝縮し除湿されます．

図8.10の $p(\mathrm{I} \to \mathrm{J} \to \mathrm{K} \to \mathrm{L})$ が，湿り空気線図上の除湿およびその後加熱するプ

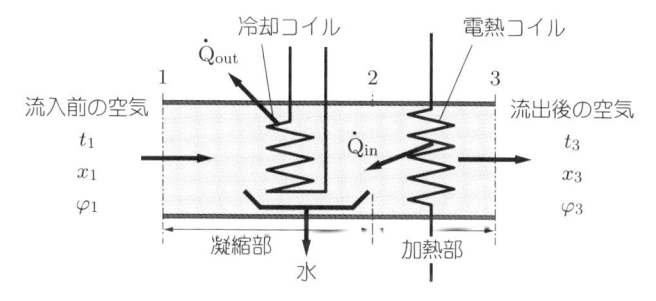

図8.14　除湿・加熱装置

ロセスです．これを実現する装置を図 8.14 に示します．暖かい湿気の多い空気が 1 に流入します．冷却コイルで冷やされると，絶対湿度は一定で相対湿度が大きくなります．凝縮部で露点温度以下に空気が冷やされて飽和空気になり（図 8.10 の点 J），水分が凝縮されます．さらに冷却を続けると，湿り空気線図の相対湿度 100 % の線上を通り 2 に到達します（図 8.10 の $p(J \to K)$）．そして，加熱部で適当な温度まで加熱されます．

**例題 8.7** 空調装置が乾球温度 30°C，相対湿度 80 % の空気を $10\,\mathrm{m^3/min}$ で吸入し冷却する．凝縮部から乾球温度 14°C の飽和空気になって加熱部に送られる．凝縮部では空気の水分が乾球温度 14°C の水となって除かれる．その後，加熱部で乾球温度 25°C に加熱される．これが標準大気圧のもとで起こるとき次の値を求めよ．
(1) 凝縮部で取り除かれる水分の質量流量　(2) 凝縮部で取り除かれる熱量
(3) 加熱部を出ていく空気の相対湿度　　(4) 加熱部で加えられる熱量

**解答**

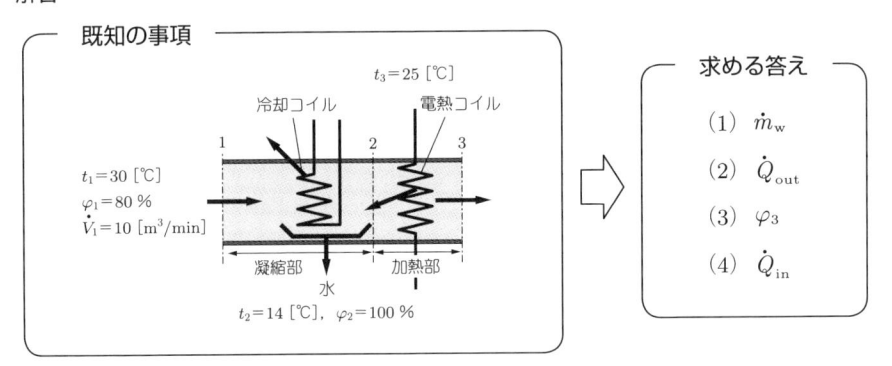

この装置は標準大気下で作動しているので，湿り空気線図が使用できます．図 8.15 のように，図 8.6 から答えに必要な物性値を読みます．

$h_1 = 85.5\,[\mathrm{kJ/kg'}]$,　$v_1 = 0.888\,[\mathrm{m^3/kg'}]$

$x_1 = 0.0216\,[\mathrm{kg/kg'}]$,　$h_2 = 39.5\,[\mathrm{kJ/kg'}]$

$x_2 = 0.010\,[\mathrm{kg/kg'}]$,　$h_3 = 50.9\,[\mathrm{kJ/kg'}]$

(1) 乾き空気の質量流量 $\dot{m}_d$ を求めます．

$$\dot{m}_d = \frac{\dot{V}_1}{v_1} = \frac{10\,[\mathrm{m^3/min}]}{0.888\,[\mathrm{m^3/kg'}]}$$

$$= 11.26\,[\mathrm{kg'/min}]$$

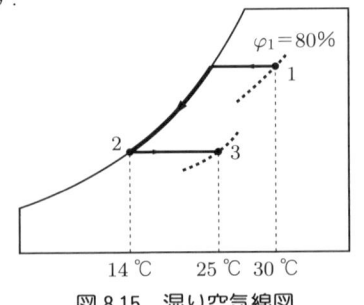

**図 8.15** 湿り空気線図

よって，水分の質量流量収支 $\dot{m}_w$ は，式 (8.14) から次式のように求まります．

$$\dot{m}_{d2}x_2 + \dot{m}_w = \dot{m}_{d1}x_1, \quad \dot{m}_{d1} = \dot{m}_{d2} = \dot{m}_d$$

$$\dot{m}_w = \dot{m}_d(x_1 - x_2) = 11.26\,[\text{kg}'/\text{min}] \times (0.0216 - 0.010)\,[\text{kg}/\text{kg}']$$
$$= 0.131\,[\text{kg}/\text{min}]$$

(2) 状態点 1 から状態点 2 の間のエネルギー収支は，式(8.15)から次式のように求まります．

$$\dot{Q}_{out} = \dot{m}_d(h_1 - h_2) - \dot{m}_w h_w$$
$$= 11.26\,[\text{kg}'/\text{min}] \times (85.5 - 39.5)\,[\text{kJ}/\text{kg}']$$
$$\quad - 0.131\,[\text{kg}/\text{min}] \times 58.8\,[\text{kJ}/\text{kg}]$$
$$= 510\,[\text{kJ}/\text{min}]$$

> 飽和水なので $h_w = h'$
> 付表 1 の 10 °C と 15 °C の $h'$ の値を線形補間しての 14 °C の $h'$ を求めます．
> $h_w = 58.8\,[\text{kJ}/\text{kg}]$

(3) 状態点 3 の相対湿度は，図 8.6 から $\varphi_3 = 51\%$ とわかります．

(4) 状態点 2 から状態点 3 の間のエネルギー収支は，式(8.16)から次式のように求まります．

$$\dot{Q}_{in} = \dot{m}_d(h_3 - h_2)$$
$$= 11.26\,[\text{kg}'/\text{min}] \times (50.9 - 39.5)\,[\text{kJ}/\text{kg}'] = 128\,[\text{kJ}/\text{min}]$$

### 8.6.4 湿り空気の混合

空気の混合 (mixing) は，空気調和を行う場合に頻繁に用いられます．図 8.16 に 2 種類の**湿り空気の混合**を示します．

湿り空気の混合は周囲への熱損失は少ないので，断熱過程と考えることができます．通常は混合の際，仕事のやりとりはなく，運動エネルギーと位置エネルギーの変化は無視できます．そこで，質量流量とエネルギー収支は次式のようになります．

（a）混合の様子　　　　（b）湿り空気線図上の表現

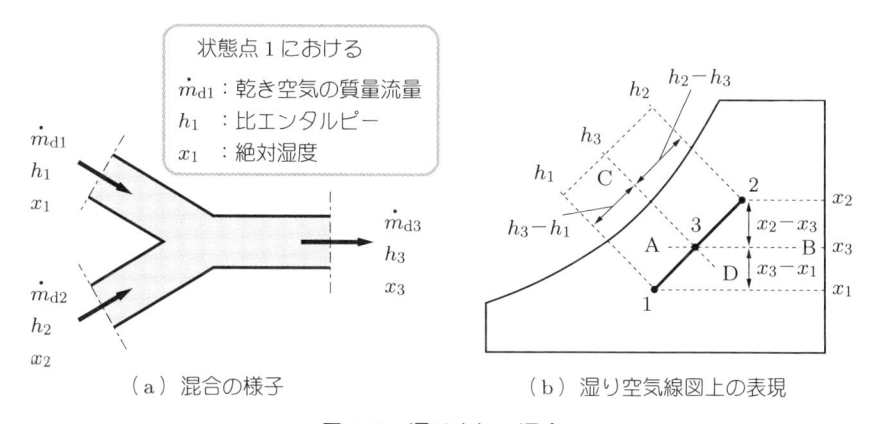

図 8.16　湿り空気の混合

乾き空気の質量流量 　　$\dot{m}_{d1} + \dot{m}_{d2} = \dot{m}_{d3}$ 　　　　　　　　　　(8.17)

水分の質量流量 　　　　$x_1 \dot{m}_{d1} + x_2 \dot{m}_{d2} = x_3 \dot{m}_{d3}$ 　　　　　　　(8.18)

エネルギー 　　　　　　$\dot{m}_{d1} h_1 + \dot{m}_{d2} h_2 = \dot{m}_{d3} h_3$ 　　　　　　　(8.19)

これらの式から $\dot{m}_{d3}$ を消去します．

$$\frac{\dot{m}_{d1}}{\dot{m}_{d2}} = \frac{x_2 - x_3}{x_3 - x_1} = \frac{h_2 - h_3}{h_3 - h_1} \tag{8.20}$$

**図 8.16(b)** のように，$(x_2 - x_3)/(x_3 - x_1)$ は線 AB 上に表され，また $(h_2 - h_3)/(h_3 - h_1)$ は線 CD 上に表されます．この両方を満たす点は，線 AB と線 CD の交点です．すなわち，状態点 1 と 2 の線上の状態点 3 です．これから二つの湿り空気(状態点 1 と 2)を混合した場合，湿り空気線図上では，混合後の湿り空気(状態点 3)は状態点 1 と 2 を結ぶ直線上にあり，距離 2-3 と距離 3-1 の比率は質量流量 $\dot{m}_{d1}$ と $\dot{m}_{d2}$ の比率に等しいことがわかります．

---

**例題 8.8** 標準大気状態で相対湿度 80 % および乾球温度 15 °C，50 m³/min の湿り空気と相対湿度 60 % および乾球温度 30 °C，20 m³/min が混合したとき，混合後の湿り空気について次の値を求めよ．
(1) 絶対湿度　(2) 比エンタルピー　(3) 相対湿度　(4) 乾球温度
(5) 体積流量

**解答**

既知の事項
$t_1 = 15$ [°C]
$\varphi_1 = 80\ \%$
$\dot{V}_1 = 50$ [m³/min]

$t_2 = 30$ [°C]
$\varphi_2 = 60\ \%$
$\dot{V}_2 = 20$ [m³/min]

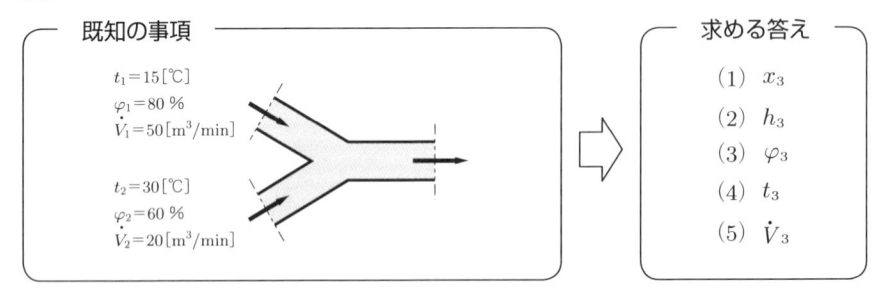

求める答え
(1) $x_3$
(2) $h_3$
(3) $\varphi_3$
(4) $t_3$
(5) $\dot{V}_3$

混合は標準大気状態で行われるので，湿り空気線図が使用できます．**図 8.17** に示すように，状態点 1 と 2 が決まります．そこで混合する前の湿り空気の物性値を**図 8.6** から読みます．

$$h_2 = 71.1\ [\text{kJ/kg}'], \quad v_2 = 0.881\ [\text{m}^3/\text{kg}'], \quad x_2 = 0.016\ [\text{kg/kg}']$$

$$h_1 = 36.8\,[\text{kJ/kg}'], \quad v_1 = 0.827\,[\text{m}^3/\text{kg}'], \quad x_1 = 0.0085\,[\text{kg/kg}']$$

(1)および(2) 混合前の湿り空気の乾き空気の質量流量 $\dot{m}_{\text{d1}}$, $\dot{m}_{\text{d2}}$ を求めます.

$$\dot{m}_{\text{d1}} = \frac{\dot{V}_1}{v_1} = \frac{50\,[\text{m}^3/\text{min}]}{0.827\,[\text{m}^3/\text{kg}']} = 60.46\,[\text{kg}'/\text{min}]$$

$$\dot{m}_{\text{d2}} = \frac{\dot{V}_2}{v_2} = \frac{20\,[\text{m}^3/\text{min}]}{0.881\,[\text{m}^3/\text{kg}']} = 22.70\,[\text{kg}'/\text{min}]$$

式(8.20)を用いて混合後の絶対湿度 $x_3$ と比エンタルピー $h_3$ を求めます.

$$\frac{\dot{m}_{\text{d1}}}{\dot{m}_{\text{d2}}} = \frac{x_2 - x_3}{x_3 - x_1} = \frac{h_2 - h_3}{h_3 - h_1}$$

$$\frac{60.46\,[\text{kg}'/\text{min}]}{22.70\,[\text{kg}'/\text{min}]} = \frac{0.016\,[\text{kg/kg}'] - x_3}{x_3 - 0.0085\,[\text{kg/kg}']}$$

$$= \frac{71.1\,[\text{kJ/kg}'] - h_3}{h_3 - 36.8\,[\text{kJ/kg}']}$$

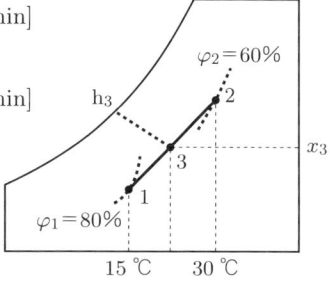

図 8.17 湿り空気の混合

上式から $x_3$ と $h_3$ が求まります.

$$x_3 = 0.0105\,[\text{kg/kg}'], \quad h_3 = 46.2\,[\text{kJ/kg}']$$

これらから湿り空気線図上の状態点 3 が決まるので,他の物性値は図 8.6 から読みます.

(3) $\varphi_3 = 75.2\,\%$  (4) $t_3 = 19.2\,[^\circ\text{C}]$  (5) $v_3 = 0.842\,[\text{m}^3/\text{kg}']$

式(8.17)から混合後の湿り空気の乾き空気の質量流量 $\dot{m}_{\text{d3}}$ を求めて $\dot{V}_3 = \dot{V}_1 + \dot{V}_2$ になるかを検算してみましょう.

$$\dot{m}_{\text{d3}} = \dot{m}_{\text{d1}} + \dot{m}_{\text{d2}} = (60.46 + 22.70)\,[\text{kg/min}] = 83.2\,[\text{kg}'/\text{min}]$$

$$\dot{V}_3 = \dot{m}_{\text{d3}} v_3 = 83.2\,[\text{kg}'/\text{min}] \times 0.842\,[\text{m}^3/\text{kg}'] = 70\,[\text{m}^3/\text{min}] = \dot{V}_1 + \dot{V}_2$$

---

**演習問題** ※すべての過程は標準大気状態の下で行われているとします.

**8.1** 部屋の空気の乾球温度が $20^\circ\text{C}$ および $100\,\text{kPa}$,相対湿度 $80\,\%$ である.次の値を求めよ.
  (1) 乾き空気の分圧
  (2) 絶対湿度
  (3) 湿り空気の比エンタルピー

**8.2** ある湿り空気の乾球温度が $t = 30\,[^\circ\text{C}]$,絶対湿度が $x = 0.018\,[\text{kg/kg}']$ であるときの比エンタルピーを求めよ.

**8.3** 乾球温度 $t = 25\,[^\circ\text{C}]$ の飽和空気の絶対湿度を求めよ.

**8.4** 乾球温度 $t = 39\,[^\circ\text{C}]$,湿球温度 $t = 23\,[^\circ\text{C}]$ のときの比体積を求めよ.

**8.5** 240 m³の部屋の空気の乾球温度が25°Cおよび98 kPa，相対湿度50％である．次の値を求めよ．
(1) 乾き空気の質量
(2) 水蒸気の質量
(3) 絶対温度

**8.6** 乾球温度 $t = 20$ [°C]，相対湿度 $\varphi = 35\％$ のとき，絶対湿度を求めよ．

**8.7** 湿り空気線図を使って表8.3の空欄部を埋めよ．

表8.3

| 乾球温度<br>[°C] | 湿球温度<br>[°C] | 相対湿度<br>[％] | 絶対湿度<br>[kg/kg′] | 露点温度<br>[°C] | 比エンタルピー<br>[kJ/kg′] |
|---|---|---|---|---|---|
| 20 | ( ① ) | ( ② ) | 0.012 | ( ③ ) | ( ④ ) |
| 20 | 10 | ( ⑤ ) | ( ⑥ ) | ( ⑦ ) | ( ⑧ ) |
| 35 | ( ⑨ ) | 60 | ( ⑩ ) | ( ⑪ ) | ( ⑫ ) |
| ( ⑬ ) | 10 | 70 | ( ⑭ ) | ( ⑮ ) | ( ⑯ ) |
| ( ⑰ ) | 25 | ( ⑱ ) | ( ⑲ ) | 19 | ( ⑳ ) |
| ( ㉑ ) | 20 | ( ㉒ ) | 0.013 | ( ㉓ ) | ( ㉔ ) |

**8.8** 例題8.6を湿り空気線図を用いずに解け．

**8.9** 空調装置によって，乾球温度12°Cおよび相対湿度30％，6 m³/minで入り，加熱され乾球温度25°Cで出ていく．次の値を求めよ．
(1) 加熱部に必要な熱量
(2) 出ていく空気の相対湿度

**8.10** 部屋の空気が除湿なしに冷やされている．最初の空気の乾球温度が35°C，相対湿度が50％，空調後の乾球温度が25°Cのとき，空調後の相対湿度を湿り空気線図を用いて求めよ．

**8.11** 空調装置によって，乾球温度5°C，相対湿度70％の空気を加熱し，乾球温度25°Cの空気にした．空気流量が50 m³/minのとき，次の値を求めよ．
(1) 加熱量
(2) 加熱後の相対湿度

**8.12** 空調装置によって，乾球温度27°C，相対湿度90％の空気を冷却・加熱で除湿し，乾球温度24°C，相対湿度40％の空気にした．単位乾き空気質量あたりの次の値を求めよ．
(1) 水分の除去量
(2) 除去された熱量
(3) 加熱量

**8.13** 乾球温度10°Cの飽和湿り空気が300 m³/h，乾球温度30°C，相対湿度60％の空気が500 m³/hの割合で混合している．混合空気の乾球温度と湿球温度を求めよ．

# 演習問題解答

## 第1章

**1.1** 開いた系：A, B, F, G, H　閉じた系：C, E, I　　孤立系：D

**1.2** 誤り．(正しい表現)「今日は風邪を引いたようなので，体温が高い．」

**1.3** 式(1.2)からこの金属の質量が求まる．

$$\rho = \frac{m}{V} = \frac{10\,[\text{kg}]}{1.126 \times 10^{-3}\,[\text{m}^3]} = 8881\,[\text{kg/m}^3]$$

表 1.1 からこの金属は銅と推定できる．

**1.4** 月面上での重力加速度 $g_\text{m}$ は，次式のように求まる．

$$g_\text{m} = \frac{1}{6} \times 9.81\,[\text{m/s}^2] = 1.635\,[\text{m/s}^2]$$

よって，式(1.1)から月面上での重量が求まる．

$$F = m \cdot g_\text{m} = 50.0\,[\text{kg}] \times 1.635\,[\text{m/s}^2]$$
$$= 81.8\,[\text{kg} \cdot \text{m/s}^2] = 81.8\,[\text{N}]$$

**1.5** (1) 式(1.3)から $T = (450 + 273)\,[\text{K}] = 723\,[\text{K}]$ となる．

(2) 式(1.3)から $t = (T - 273)\,[°\text{C}] = (700 - 273)\,[°\text{C}] = 427\,[°\text{C}]$ となる．

**1.6** 式(1.10)から必要な熱量 $Q$ が求まる．

$$Q = mc(T_2 - T_1)$$
$$= 10.0\,[\text{kg}] \times 0.499\,[\text{kJ/(kg·K)}]$$
$$\quad \times (600 - 400)\,[\text{K}]$$
$$= 998\,[\text{kJ}]$$

**1.7** 比熱は等しいので，式(1.11)から加えた水の質量が求まる．

$$m_\text{B} = \frac{m_\text{A}(T_\text{A} - T_\text{M})}{T_\text{M} - T_\text{B}}$$
$$= \frac{5\,[\text{kg}] \times (290 - 340)\,[\text{K}]}{(340 - 360)\,[\text{K}]} = 12.5\,[\text{kg}]$$

**1.8** 式(1.12)から最終平衡温度 $T_\text{M}$ が求まる．

$$T_\text{M} = \frac{m_\text{A} c_\text{A} T_\text{A} + m_\text{B} c_\text{B} T_\text{B}}{m_\text{A} c_\text{A} + m_\text{B} c_\text{B}}$$

$$= \frac{\begin{array}{c}70\,[\text{kg}] \times 1.88\,[\text{kJ/(kg·K)}] \times 283\,[\text{K}]\\ + 7\,[\text{kg}] \times 0.473\,[\text{kJ/(kg·K)}] \times 800\,[\text{K}]\end{array}}{\begin{array}{c}70\,[\text{kg}] \times 1.88\,[\text{kJ/(kg·K)}]\\ + 7\,[\text{kg}] \times 0.473\,[\text{kJ/(kg·K)}]\end{array}}$$

$$= 296\,[\text{K}]$$

**1.9** 式(1.15), (1.16)から $p_\text{abs}$ が求まる．

$$p_\text{abs} = \{\rho_\text{g} g h_1 + \rho_\text{w} g h_2$$
$$\quad + \rho_\text{m} g(0.9 - (h_1 + h_2))\} + p_\text{atm}$$
$$= \big(746\,[\text{kg/m}^3] \times 9.81\,[\text{m/s}^2] \times 0.3\,[\text{m}]$$
$$\quad + 1000\,[\text{kg/m}^3] \times 9.81\,[\text{m/s}^2] \times 0.4\,[\text{m}]$$
$$\quad + 13528\,[\text{kg/m}^3] \times 9.81\,[\text{m/s}^2]$$
$$\quad \times (0.9 - (0.3 + 0.4))\,[\text{m}]\big) + 760\,[\text{mmHg}]$$
$$= (2195 + 3924 + 26542)\,[\text{kg/m·s}^2]$$
$$\quad + 760\left[\text{mmHg}\left(\frac{\text{Pa} \cdot 133.322}{\text{mmHg} \cdot 1}\right)\right]$$
$$= 32.7\,[\text{kPa}] + 101.3\,[\text{kPa}] = 134\,[\text{kPa}]$$

**1.10** 点 A と点 B は，同じ液体でつながっているので圧力は等しい．

$$p_\text{a} + \rho_\text{m} g h_1 = p_\text{atm} + \rho g h_2$$

上式から $\rho_2$ が求まる．

$$\rho = \frac{p_\text{a} - p_\text{atm} + \rho_\text{m} g h_1}{g h_2}$$

$$= \frac{\begin{array}{c}(80 - 100)\,[\text{kPa}]\\ + 13528\,[\text{kg/m}^3] \times 9.81\,[\text{m/s}^2] \times 0.2\,[\text{m}]\end{array}}{9.81\,[\text{m/s}^2] \times 0.4\,[\text{m}]}$$

$$= 1.67 \times 10^3\,[\text{kg/m}^3]$$

**1.11**

① $10 \times 10^3 \left[\text{Pa}\left(\frac{\text{mH}_2\text{O} \cdot 1}{\text{Pa} \cdot 9806.65}\right)\right] = 1.02\,[\text{mH}_2\text{O}]$

② 式(1.16)から，$10\,[\text{kPa}] + 100\,[\text{kPa}] = 110\,[\text{kPa}]$．

③ $110\left[\text{kPa}\left(\frac{\text{mmHg} \cdot 1}{\text{Pa} \cdot 133.322}\right)\right] = 825\,[\text{mmHg}]$

④ 式(1.16)から，$200\,[\text{kPa}] - 100\,[\text{kPa}] = 100\,[\text{kPa}]$．

⑤ $100 \times 10^3 \left[\text{Pa}\left(\frac{\text{mH}_2\text{O} \cdot 1}{\text{Pa} \cdot 9806.65}\right)\right]$
$= 10.2\,[\text{mH}_2\text{O}]$

⑥ $200 \times 10^3 \left[\text{Pa}\left(\frac{\text{mmHg} \cdot 1}{\text{Pa} \cdot 133.322}\right)\right]$
$= 1500\,[\text{mmHg}]$

⑨ $30\left[\text{mmHg}\left(\frac{\text{Pa} \cdot 133.322}{\text{mmHg} \cdot 1}\right)\right]$
$= 4.00\,[\text{kPa}]$

⑦ $4.00\,[\text{kPa}] - 100\,[\text{kPa}] = -96.0\,[\text{kPa}]$

⑧ $-96.0 \times 10^3 \left[\text{Pa}\left(\dfrac{\text{mH}_2\text{O} \cdot 1}{\text{kPa} \cdot 9806.65}\right)\right]$
$= -9.79\,[\text{mH}_2\text{O}]$

⑩ $40\left[\text{mH}_2\text{O}\left(\dfrac{\text{Pa} \cdot 9806.65}{\text{mH}_2\text{O} \cdot 1}\right)\right] = 392\,[\text{kPa}]$

⑪ 式(1.16)から，$392\,[\text{kPa}] + 100\,[\text{kPa}] = 492\,[\text{kPa}]$．

⑫ $492 \times 10^3 \left[\text{Pa}\left(\dfrac{\text{mmHg} \cdot 1}{\text{Pa} \cdot 133.322}\right)\right] = 3690\,[\text{mmHg}]$

**1.12** 羽根車がこの系にする仕事は，式(1.17)から求まる．
$L_1 = F \times S = -200\,[\text{kg}] \times 9.81\,[\text{m/s}^2] \times 4\,[\text{m}]$
$= -7848\,[\text{J}]$

シリンダーのピストンにより系が周囲にする仕事は，ピストンの面積を $A$，シリンダーの内圧を $p_c$，ピストンの移動量を $h$，ピストン容積増加分を $V$ とし，内圧に絶対圧を使用すると，式(1.17)から求まる．
$L_2 = pAh = (p_c + p_\text{atm})V$
$= (150 + 101)[\text{kPa}] \times 0.003\,[\text{m}^3]$
$= 753\,[\text{J}]$

よって，この系が周囲にする仕事 $L$ が求まる．
$L = L_1 + L_2 = (-7848 + 753)[\text{J}] = -7.10\,[\text{kJ}]$
すなわち，この系は周囲から 7.10 kJ の仕事をされる．

## 第 2 章

**2.1** 式(2.8)から加速するのに必要なエネルギー $L$ が求まる．
$L = \dfrac{1}{2}mV^2 = \dfrac{1}{2} \times 800\,[\text{kg}] \times (100\,[\text{km/h}])^2$
$= 400\,[\text{kg}] \times \left(100\left[\dfrac{\text{km}\left(\frac{\text{m}\cdot 1000}{\text{km}\cdot 1}\right)}{\text{h}\left(\frac{\text{s}\cdot 3600}{\text{h}\cdot 1}\right)}\right]\right)^2$
$= 400 \times 772\,[\text{kg}\cdot\text{m}^2/\text{s}^2] = 309\,[\text{kJ}]$

**2.2** この系は周囲とエネルギーの授受はないので，式(2.12)より次式が成立する．
$\Delta E_\text{system} = E_\text{final} - E_\text{initial} = 0$
位置エネルギーは変化しないので，上式は式(2.13)から次式となる．
$\Delta E_\text{system} = \Delta U + \Delta KE = 0$
$\Delta U = -\Delta KE = -(KE_2 - KE_1)$

衝突前のこの系の運動エネルギー $KE_1$ は，式(2.8)より求まる．
$KE_1 = \dfrac{1}{2}m_\text{truck}V_{\text{truck},1}^2$
$= \dfrac{1}{2} \times 2000\,[\text{kg}] \times (25\,[\text{m/s}])^2 = 625\,[\text{kJ}]$

衝突後のこの系の運動エネルギー $KE_2$ も同様に求まる．
$KE_2 = \dfrac{1}{2}m_\text{truck}V_{\text{truck},2}^2 + \dfrac{1}{2}m_\text{car}V_{\text{car},2}^2$
$= \dfrac{1}{2} \times 2000\,[\text{kg}] \times (12\,[\text{m/s}])^2$
$\quad + \dfrac{1}{2} \times 1000\,[\text{kg}] \times (22\,[\text{m/s}])^2$
$= 386\,[\text{kJ}]$

よって，内部エネルギーの変化は，次式のように求まる．
$\Delta U = U_2 - U_1 = -(KE_2 - KE_1)$
$= -(386\,[\text{kJ}] - 625\,[\text{kJ}]) = 239\,[\text{kJ}]$

**2.3** 式(1.10)，(2.8)，表 1.2 から次式のように上昇温度 $\Delta T$ が求まる．
$mc\Delta T = \dfrac{1}{2}mV^2$
$\Delta T = \dfrac{V^2}{2 \times c} = \dfrac{(80\,[\text{m/s}])^2}{2 \times 0.473\,[\text{kJ/(kg\cdot K)}]}$
$= 6.77\,[\text{K}]$

**2.4** この系が閉じた系でしかも完全に断熱されているので，熱量の授受はない($Q = 0$)．また，この系は静止系なので，式(2.16)から次式が成立する．
$\Delta U = -L$
仕事は周囲から与えられているので 1.3.10 項から符号はマイナス($-$)で，モーターは 1 時間作動させたので，内部エネルギーの変化 $\Delta U$ は次式のように求まる．
$\Delta U = -L = -(-2\,[\text{HP}] \times 1\,[\text{h}])$
$= 2\left[\text{HP}\left(\dfrac{\text{W}\cdot 745.7}{\text{HP}\cdot 1}\right)\right] \times 1\left[\text{h}\left(\dfrac{\text{s}\cdot 3600}{\text{h}\cdot 1}\right)\right]$
$= 5.37\,[\text{MJ}]$

**2.5** 式(2.16)を各過程 $p(1 \to 2, 3 \to 4, 4 \to 1)$ に適用すると，①，④，⑤が求まる．
$0\,[\text{kJ}] = (-100-①)[\text{kJ}] \quad \to \quad ① = -100\,[\text{kJ}]$
$300\,[\text{kJ}] = (④-500)[\text{kJ}] \quad \to \quad ④ = 800\,[\text{kJ}]$
$-1500\,[\text{kJ}] = (0-⑤)[\text{kJ}] \quad \to \quad ⑤ = 1500\,[\text{kJ}]$

問題の系は，四つの過程で1サイクルを構成しているので，式(2.20)が成立する．よって，③が求まる．

$$\sum \Delta U = (0 + ③ + 300 - 1500)\,[\mathrm{kJ}] = 0$$
$$③ = 1200\,[\mathrm{kJ}] = 1.20\,[\mathrm{kJ}]$$

同様に式(2.21)も成立し，②が求まる．

$$\sum Q = \sum L$$
$$(-100 + 700 + 800 + 0)\,[\mathrm{kJ}]$$
$$= (-100 + ② + 500 + 1500)\,[\mathrm{kJ}]$$
$$② = -500\,[\mathrm{kJ}]$$

**2.6** ピストンの質量を $m$，上昇量を $h$，ピストンの断面積を $A$，大気圧を $p_{\mathrm{atm}}$ ($= 1.013 \times 10^5\,[\mathrm{Pa}]$)，重力加速度を $g$ ($= 9.81\,[\mathrm{m/s^2}]$) とすると，式(2.7)，(2.22)からピストンを 0.15 m 上昇させるのに必要な仕事 $L$ が求まる．

$$L = mgh + p_{\mathrm{atm}} A h$$
$$= 15\,[\mathrm{kg}] \times 9.81\,[\mathrm{m/s^2}] \times 0.15\,[\mathrm{m}] + 1.013$$
$$\quad \times 10^5\,[\mathrm{N/m^2}] \times \frac{\pi}{4} \times (0.1\,[\mathrm{m}])^2 \times 0.15\,[\mathrm{m}]$$
$$= 22.1\,[(\mathrm{kg \cdot m/s^2})\mathrm{m}] + 119.3\,[\mathrm{N \cdot m}]$$
$$= 141.4\,[\mathrm{J}]$$

よって，式(2.16)から内部エネルギーの変化 $\Delta U$ が求まる．

$$\Delta U = Q - L = 400\,[\mathrm{J}] - 141.4\,[\mathrm{J}] = 259\,[\mathrm{J}]$$

**2.7** 部屋は断熱されているので，式(2.16)は $\Delta U = -L$ となる．この系(部屋)は，外部(周囲)からの電力により仕事をされているので，符号はマイナス(−)になり，仕事は式(1.18)から求まる．

$$L = -4\,[\mathrm{HP}] \times 1\,[\mathrm{h}]$$
$$= -4\left[\mathrm{HP}\left(\frac{\mathrm{W} \cdot 745.7}{\mathrm{HP} \cdot 1}\right)\right] \times 1\left[\mathrm{h}\left(\frac{\mathrm{s} \cdot 3600}{\mathrm{h} \cdot 1}\right)\right]$$
$$= -10.7\,[\mathrm{MJ}]$$

よって，内部エネルギーの変化 $\Delta U$ が求まる．

$$\Delta U = -L = 10.7\,[\mathrm{MJ}]$$

この系(部屋)には，ファンにより周囲から仕事がされるので，内部エネルギーは増加する．

**2.8** 式(2.51)からタービンの出力 $\dot{L}'_{12}$ が求まる．

$$\dot{L}'_{12} = -\dot{m}\left\{(h_2 - h_1) + \frac{(\omega_2^2 - \omega_1^2)}{2}\right\}$$

$$= -3.0\,[\mathrm{kg/s}]\left\{(2100 - 3000)\,[\mathrm{kJ/kg}]\right.$$
$$\left. + \frac{(120^2 - 30^2)}{2}\,[(\mathrm{m/s})^2]\right\}$$
$$= 2700\,[\mathrm{kJ/s}] - 20250\,[\mathrm{kg \cdot m^2/(s^2 \cdot s)}]$$
$$= 2700\,[\mathrm{kW}] - 20\,[\mathrm{kJ/s}] = 2.68\,[\mathrm{MW}]$$

**2.9** 式(2.51)から必要な動力 $\dot{L}'_{12}$ が求まる．

$$\dot{L}'_{12} = -\dot{m}\{(h_2 - h_1) + (\omega_2^2 - \omega_1^2)/2\}$$
$$= -350\,[\mathrm{kg/h}] \times \left((450 - 300)\,[\mathrm{kJ/kg}]\right.$$
$$\left. + \frac{(110^2 - 60^2)[(\mathrm{m/s})^2]}{2}\right)$$
$$= -350\left[\mathrm{kg}/\left(\mathrm{h}\left(\frac{\mathrm{s} \cdot 3600}{\mathrm{h} \cdot 1}\right)\right)\right]$$
$$\quad \times (150\,[\mathrm{kJ/kg}] + 4250\,[(\mathrm{m/s})^2])$$
$$= -14.6\,[\mathrm{kJ/s}] - 413\,[\mathrm{kg \cdot m^2/(s^2 \cdot s)}]$$
$$= -14.6\,[\mathrm{kW}] - 0.4\,[\mathrm{kW}] = -15.0\,[\mathrm{kW}]$$

**2.10** (1) 冷却水の質量流量 $\dot{m}_c$ は，式(2.54)から求まる．

$$\dot{m}_c = \frac{\dot{m}_h(h_{h1} - h_{h2})}{(h_{c2} - h_{c1})} = \frac{\dot{m}_h c_p (T_{h1} - T_{h2})}{(h_{c2} - h_{c1})}$$

$$= \frac{\begin{array}{c}56\,[\mathrm{kg/min}] \times 2.16\,[\mathrm{kJ/(kg \cdot K)}] \\ \times (368 - 303)\,[\mathrm{K}]\end{array}}{(209.34 - 62.98)\,[\mathrm{kJ/kg}]}$$

$$= 53.7\,[\mathrm{kg/min}]$$

(2) 冷媒から冷却水への供給熱量 $\dot{Q}_{12}$ は，式(2.54)から求まる．

$$\dot{Q}_{12} = \dot{m}_c(h_{c2} - h_{c1})$$
$$= 53.7\,[\mathrm{kg/min}] \times (209.34 - 62.98)[\mathrm{kJ/kg}]$$
$$= 7860\,[\mathrm{kJ/min}]$$
$$= 7860\left[\mathrm{kJ}/\left(\min\left(\frac{\mathrm{s} \cdot 60}{\min \cdot 1}\right)\right)\right]$$
$$= 131\,[\mathrm{kW}]$$

## 第3章

**3.1** (1) 表 3.1 から窒素の気体定数は $R = 296.79\,[\mathrm{J/(kg \cdot K)}]$ なので，式(3.1)から充填されている窒素の質量 $m$ が求まる．

$$m = \frac{p_1 V}{R T_1} = \frac{900\,[\mathrm{kPa}] \times 3\,[\mathrm{m^3}]}{296.79\,[\mathrm{J/(kg \cdot K)}] \times 288\,[\mathrm{K}]}$$
$$= 31.6\,[\mathrm{kg}]$$

(2) 表 3.1 から窒素の定積比熱は $c_v = 0.744\,[\mathrm{kJ/(kg \cdot K)}]$ なので，式(3.20)から加熱後の温

度 $T_2$ が求まる.

$$T_2 = T_1 + \frac{mq_{12}}{mc_v} = T_1 + \frac{Q_{12}}{mc_v}$$

$$= 288\,[\mathrm{K}] + \frac{800\,[\mathrm{kJ}]}{31.59\,[\mathrm{kg}] \times 0.744\,[\mathrm{kJ/(kg \cdot K)}]}$$

$$= 322\,[\mathrm{K}]$$

よって,式(3.18)から加熱後の圧力 $p_2$ が求まる.

$$p_2 = p_1 \frac{T_2}{T_1} = 900\,[\mathrm{kPa}] \times \frac{322\,[\mathrm{K}]}{288\,[\mathrm{K}]}$$

$$= 1.01\,[\mathrm{MPa}]$$

**3.2** (1) 式(3.32)から圧縮後の体積 $V_2$ が求まる.

$$V_2^n = V_1^n \left(\frac{p_1}{p_2}\right)$$

$$V_2 = V_1 \left(\frac{p_1}{p_2}\right)^{1/n}$$

$$= 4\,[\mathrm{m}^3] \times \left(\frac{800\,[\mathrm{kPa}]}{15\,[\mathrm{MPa}]}\right)^{1/1.3} = 0.420\,[\mathrm{m}^3]$$

(2) 式(3.33)から圧縮後の温度 $T_2$ が求まる.

$$T_2 = T_1 \left(\frac{V_1}{V_2}\right)^{n-1}$$

$$= 300\,[\mathrm{K}] \times \left(\frac{4\,[\mathrm{m}^3]}{0.420\,[\mathrm{m}^3]}\right)^{1.3-1} = 590\,[\mathrm{K}]$$

**3.3**

② 式(3.1)は式(1.2)を使って次式のように変形でき,$\rho$ が求まる.

$$\rho = \frac{p}{RT} = \frac{100\,[\mathrm{kPa}]}{286.99\,[\mathrm{J/(kg \cdot K)}] \times 290\,[\mathrm{K}]}$$

$$= 1.20\,[\mathrm{kg/m^3}]$$

① 式(1.2)から $v$ が求まる.

$$v = \frac{1}{\rho} = \frac{1}{1.20\,[\mathrm{kg/m^3}]} = 0.833\,[\mathrm{m^3/kg}]$$

③ 式(3.1)から $p$ が求まる.

$$p = \frac{RT}{v} = \frac{286.99\,[\mathrm{J/(kg \cdot K)}] \times 273\,[\mathrm{K}]}{2\,[\mathrm{m^3/kg}]}$$

$$= 39.2\,[\mathrm{kPa}]$$

④ $\rho = \dfrac{1}{v} = \dfrac{1}{2\,[\mathrm{m^3}/kg]} = 0.500\,[\mathrm{kg}/m^3]$

⑤ 式(3.1)から $T$ が求まる.

$$T = \frac{pv}{R} = \frac{500\mathrm{k}\,[\mathrm{Pa}] \times 0.1\,[\mathrm{m^3/kg}]}{286.99\,[\mathrm{J/(kg \cdot K)}]}$$

$$= 174\,[\mathrm{K}]$$

⑥ $\rho = \dfrac{1}{v} = \dfrac{1}{0.1\,[\mathrm{m^3/kg}]} = 10.0\,[\mathrm{kg/m^3}]$

⑧ $v = \dfrac{1}{\rho} = \dfrac{1}{3\,[\mathrm{kg/m^3}]} = 0.333\,[\mathrm{m^3/kg}]$

⑦ 式(3.1)から $p$ が求まる.

$$p = \frac{RT}{v} = \frac{286.99\,[\mathrm{J/(kg \cdot K)}] \times 650\,[\mathrm{K}]}{0.333\,[\mathrm{m^3/kg}]}$$

$$= 560\,[\mathrm{kPa}]$$

⑩ $v = \dfrac{1}{\rho} = \dfrac{1}{2\,[\mathrm{kg/m^3}]} = 0.500\,[\mathrm{m^3/kg}]$

⑨ $T = \dfrac{pv}{R} = \dfrac{200\,[\mathrm{kPa}] \times 0.500\,[\mathrm{m^3/kg}]}{286.99\,[\mathrm{J/(kg \cdot K)}]}$

$$= 348\,[\mathrm{K}]$$

**3.4**

**等温過程**

① 式(3.13)から $L_{12} = Q_{12} = 50\,[\mathrm{kJ}]$.

④ $T_1$ は $T_2$ と等しいので,$T_1 = T_2 = 423\,[\mathrm{K}]$.

⑦ 式(3.1)から $V_2$ が求まる.

$$V_2 = \frac{mRT_2}{p_2}$$

$$= \frac{0.5\,[\mathrm{kg}] \times 286.99\,[\mathrm{J/(kg \cdot K)}] \times 423\,[\mathrm{K}]}{60\,[\mathrm{kPa}]}$$

$$= 1.01\,[\mathrm{J/(N/m^2)}] = 1.01\,[\mathrm{m^3}]$$

⑤ 式(3.13)から $p_1$ が求まる.

$$L_{12} = m\ell_{12} = mRT_1 \ln \frac{p_1}{p_2}$$

$$50\,[\mathrm{kJ}] = 0.5\,[\mathrm{kg}] \times 286.99\,[\mathrm{J/(kg \cdot K)}]$$
$$\times 423\,[\mathrm{K}] \times \ln \frac{p_1}{60\,[\mathrm{kPa}]}$$

$$\ln \frac{p_1}{60\,[\mathrm{kPa}]} = 0.824$$

$$\frac{p_1}{60\,[\mathrm{kPa}]} = 2.718^{0.824} = 2.279$$

$$p_1 = 137\,[\mathrm{kPa}]$$

⑥ 式(3.1)から $V_1$ が求まる.

$$V_1 = \frac{mRT_1}{p_1}$$

$$= \frac{0.5\,[\mathrm{kg}] \times 286.99\,[\mathrm{J/(kg \cdot K)}] \times 423\,[\mathrm{K}]}{137\,[\mathrm{kPa}]}$$

$$= 0.443\,[\mathrm{J/(N/m^2)}] = 0.443\,[\mathrm{m^3}]$$

②,③ 式(2.36),(2.37)より $T_1 = T_2$ なので,$\Delta U = \Delta H = 0$.

**等圧過程**

⑫ $p_2 = p_1 = 600\,[\mathrm{kPa}]$

⑩ 式(3.17)から $\Delta H = Q_{12} = 150\,[\mathrm{kJ}]$ となる.

⑪ 式(3.17)から次式が成り立ち,$T_2$ を求めることができる.

$$Q_{12} = mc_p(T_2 - T_1)$$
$$150\,[\text{kJ}] = 0.5\,[\text{kg}] \times 1.006\,[\text{kJ}/(\text{kJ}\cdot\text{K})]$$
$$\times (T_2 - 523)\,[\text{K}]$$
$$T_2 = 821\,[\text{K}]$$

⑬ 式(3.1)から$V_1$が求まる.
$$V_1 = \frac{mRT_1}{p_1}$$
$$= \frac{0.5\,[\text{kg}] \times 286.99\,[\text{J}/(\text{kg}\cdot\text{K})] \times 523\,[\text{K}]}{600\,[\text{kPa}]}$$
$$= 0.125\,[\text{m}^3]$$

⑭ 式(3.14)から$V_2$が求まる.
$$V_2 = \frac{T_2}{T_1}V_1 = \frac{821\,[\text{K}]}{523\,[\text{K}]} \times 0.125\,[\text{m}^3]$$
$$= 0.196\,[\text{m}^3]$$

⑧ 式(3.15)から$L_{12}$が求まる.
$$L_{12} = mR(T_2 - T_1)$$
$$= 0.5\,[\text{kg}] \times 286.99\,[\text{J}/(\text{kg}\cdot\text{K})]$$
$$\times (821 - 523)\,[\text{K}]$$
$$= 42.8\,[\text{kJ}]$$

⑨ 式(3.17)より,$\Delta U = Q_{12} - L_{12} = 150\,[\text{kJ}]$
$-42.8\,[\text{kJ}] = 107\,[\text{kJ}]$.

**等積過程**

㉑ 式(3.1)から$V_2$が求まる.
$$V_2 = \frac{mRT_2}{p_2}$$
$$= \frac{0.5\,[\text{kg}] \times 286.99\,[\text{J}/(\text{kg}\cdot\text{K})] \times 821\,[\text{K}]}{200\,[\text{kPa}]}$$
$$= 0.589\,[\text{m}^3]$$

⑳ $V_1 = V_2$なので,$V_1 = 0.589\,[\text{m}^3]$.

⑱ 式(2.37)から次式が成立する.
$$T_1 = T_2 - \frac{\Delta H}{mc_p}$$
$$= 821\,[\text{K}] - \frac{100\,[\text{kJ}]}{0.5\,[\text{kg}] \times 1.006\,[\text{kJ}/(\text{kg}\cdot\text{K})]}$$
$$= 622\,[\text{K}]$$

⑰ 式(2.36)から$\Delta U$が求まる.
$$\Delta U = mc_v(T_2 - T_1)$$
$$= 0.5\,[\text{kg}] \times 0.719\,[\text{kJ}/(\text{kg}\cdot\text{K})]$$
$$\times (821 - 622)\,[\text{K}]$$
$$= 71.5\,[\text{kJ}]$$

⑮ $Q_{12} = \Delta U$なので,$Q_{12} = 71.5\,[\text{kJ}]$.

⑲ 式(3.1)から$p_1$が求まる.
$$p_1 = \frac{mRT_1}{V_1}$$

$$= \frac{0.5\,[\text{kg}] \times 286.99\,[\text{J}/(\text{kg}\cdot\text{K})] \times 622\,[\text{K}]}{0.589\,[\text{m}^3]}$$
$$= 152 \times 10^3\,[\text{J}/\text{m}^3] = 152\,[\text{kPa}]$$

⑯ 式(3.19)より,$L_{12} = 0$.

**断熱過程**

㉒ $Q_{12} = 0$
㉖ 式(3.27)から$T_2$が求まる.
$$T_2 = T_1 \frac{v_1^{\kappa-1}}{v_2^{\kappa-1}}$$
$$= 373\,[\text{K}] \times \frac{(0.50\,[\text{m}^3]/0.5\,[\text{kg}])^{1.4-1}}{(0.1\,[\text{m}^3]/0.5\,[\text{kg}])^{1.4-1}}$$
$$= 710\,[\text{K}]$$

㉗ 式(3.1)から$p_1$が求まる.
$$p_1 = \frac{mRT_1}{V_1}$$
$$= \frac{0.5\,[\text{kg}] \times 286.99\,[\text{J}/(\text{kg}\cdot\text{K})] \times 373\,[\text{K}]}{0.50\,[\text{m}^3]}$$
$$= 107 \times 10^3\,[\text{J}/\text{m}^3] = 107\,[\text{kPa}]$$

㉘ 式(3.1)から$p_2$が求まる.
$$p_2 = \frac{mRT_2}{V_2}$$
$$= \frac{0.5\,[\text{kg}] \times 286.99\,[\text{J}/(\text{kg}\cdot\text{K})] \times 710\,[\text{K}]}{0.1\,[\text{m}^3]}$$
$$= 1.02 \times 10^3\,[\text{kPa}]$$

㉓ 式(3.30)から$L_{12}$が求まる.
$$L_{12} = mc_v(T_1 - T_2) = 0.5\,[\text{kg}]$$
$$\times 0.719\,[\text{kJ}/(\text{kg}\cdot\text{K})] \times (373 - 710)\,[\text{K}]$$
$$= -121\,[\text{kJ}]$$

㉔ 式(3.31)から$\Delta U$が求まる.
$$\Delta U = -L_{12} = 121\,[\text{kJ}]$$

㉕ 式(2.37)から$\Delta H$が求まる.
$$\Delta H = mc_p(T_2 - T_1) = 0.5\,[\text{kg}]$$
$$\times 1.006\,\text{kJ}/(\text{kg}\cdot\text{K}) \times (710 - 373)\,[\text{K}]$$
$$= 170\,[\text{kJ}]$$

## 第4章

**4.1** このエンジンの単位時間あたりの高温熱源の熱量$\dot{Q}$は,次式から求まる.
$$\dot{Q}_\text{H} = F_c \times \rho \times F_Q$$
$$= 30\,[\ell/\text{h}] \times 0.8\,[\text{g/cm}^3] \times 44\,[\text{MJ/kg}]$$
$$= 1056 \times 10^3\,\left[\text{kJ}/\left(\text{h}\left(\frac{\text{s}\cdot 3600}{\text{h}\cdot 1}\right)\right)\right]$$
$$= 293.3\,[\text{kW}]$$

よって,式(4.6)から熱効率$\eta$が求まる.

$$\eta = \frac{\dot{L}_{\text{net}}}{\dot{Q}_{\text{H}}} = \frac{65\,[\text{kW}]}{293.3\,[\text{kW}]} = 22.2\,\%$$

**4.2** (1) 式(4.5)から正味仕事 $\dot{L}_{\text{net}}$ が求まる.

$$\begin{aligned}\dot{L}_{\text{net}} &= \dot{Q}_{\text{H}} - \dot{Q}_{\text{L}} - \dot{Q}_{\text{loss}} \\ &= (300 - 170 - 10)\,[\text{GJ/h}] \\ &= 120 \times 10^9 \left[\text{J}/\left(\text{h}\left(\frac{\text{s}\cdot 3600}{\text{h}\cdot 1}\right)\right)\right] \\ &= 33.3\,[\text{MW}]\end{aligned}$$

(2) 式(4.6)から熱効率 $\eta$ が求まる.

$$\begin{aligned}\eta &= \frac{\dot{L}_{\text{net}}}{\dot{Q}_{\text{H}}} = \frac{33.3\,[\text{MW}]}{300\,[\text{GJ/h}]} \\ &= 0.111\left[(\text{MW/GJ})/\left(\text{h}\left(\frac{\text{s}\cdot 3600}{\text{h}\cdot 1}\right)\right)\right] = 40.0\,\%\end{aligned}$$

**4.3** (1) 式(4.7)から冷凍機の消費電力 $\dot{L}_{\text{net}}$ が求まる.

$$\begin{aligned}\dot{L}_{\text{net}} &= \frac{\dot{Q}_{\text{L}}}{\varepsilon_{\text{R}}} = \frac{65\,[\text{kJ/min}]}{1.3} \\ &= 50\left[\text{kJ}/\left(\min\left(\frac{\text{s}\cdot 60}{\min\cdot 1}\right)\right)\right] = 0.83\,[\text{kW}]\end{aligned}$$

(2) 式(4.5)から排出する熱量 $\dot{Q}_{\text{H}}$ が求まる.

$$\begin{aligned}\dot{Q}_{\text{H}} &= \dot{L}_{\text{net}} + \dot{Q}_{\text{L}} = (50 + 65)\,[\text{kJ/min}] \\ &= 115\left[\text{kJ}/\left(\min\left(\frac{\text{s}\cdot 60}{\min\cdot 1}\right)\right)\right] = 1.92\,[\text{kW}]\end{aligned}$$

**4.4** 部屋を $25\,°\text{C}$ に保つためにヒートポンプが供給する必要な熱量 $\dot{Q}_{\text{H}}$ は,次式のように求まる.

$$\begin{aligned}\dot{Q}_{\text{H}} &= \dot{Q}_{\text{out}} - \dot{Q}_{\text{in}} = (65 - 5)\,[\text{MJ/h}] \\ &= 60 \times 10^3 \left[\text{kJ}/\left(\text{h}\left(\frac{\text{s}\cdot 3600}{\text{h}\cdot 1}\right)\right)\right] = 16.7\,[\text{kW}]\end{aligned}$$

よって,式(4.8)からヒートポンプに必要な動力 $\dot{L}_{\text{net}}$ が求まる.

$$\dot{L}_{\text{net}} = \frac{\dot{Q}_{\text{H}}}{\varepsilon_{\text{H}}} = \frac{16.7\,[\text{kW}]}{2.6} = 6.42\,[\text{kW}]$$

**4.5** 式(4.15)から最大熱効率 $\eta_{\text{carnot}}$ が求まる.

$$\begin{aligned}\eta_{\text{carnot}} &= 1 - \frac{T_{\text{L}}}{T_{\text{H}}} = 1 - \frac{(273 + 15)\,[\text{K}]}{(273 + 200)\,[\text{K}]} \\ &= 39.1\,\%\end{aligned}$$

式(4.6)から高温熱源から供給される熱量 $\dot{Q}_{\text{H}}$ が求まる.

$$\dot{Q}_{\text{H}} = \frac{\dot{L}_{\text{net}}}{\eta} = \frac{20\,[\text{kW}]}{0.391} = 51\,[\text{kW}]$$

式(4.5)から低温熱源へ排出される熱量 $\dot{Q}_{\text{L}}$ が求まる.

$$\dot{Q}_{\text{L}} = \dot{Q}_{\text{H}} - \dot{L}_{\text{net}} = (51 - 20)\,[\text{kW}] = 31\,[\text{kW}]$$

**4.6** 式(4.15)から高温熱源の温度 $T_{\text{H}}$ が求まる.

$$T_{\text{H}} = \frac{T_{\text{L}}}{1 - \eta_{\text{carnot}}} = 703\,[\text{K}] = 430\,[°\text{C}]$$

**4.7** 式(4.15)からそれぞれ次式が成立する.

$$\eta_1 = 1 - \frac{T_{1\text{L}}}{T_{1\text{H}}} = 1 - \frac{T_{1\text{L}}}{(273 + 300)\,[\text{K}]}$$

$$\eta_2 = 1 - \frac{T_{2\text{L}}}{T_{1\text{L}}} = 1 - \frac{(273 + 40)\,[\text{K}]}{T_{1\text{L}}}$$

$\eta_1 = 1.25\eta_2$ に上式を代入する.

$$\left(1 - \frac{T_{1\text{L}}}{(273 + 300)\,[\text{K}]}\right)$$
$$= 1.25 \times \left(1 - \frac{(273 + 40)\,[\text{K}]}{T_{1\text{L}}}\right)$$

ここで $T_{1\text{L}} = x$ とおくと,次式のように求まる.

$$\left(1 - \frac{x}{(273 + 300)\,[\text{K}]}\right)$$
$$= 1.25 \times \left(1 - \frac{(273 + 40)\,[\text{K}]}{x}\right)$$

$$\frac{573\,[\text{K}] - x}{1.25 \times 573\,[\text{K}]} = \frac{x - 313\,[\text{K}]}{x}$$

$$\begin{aligned}x &= \frac{-143 \pm \sqrt{143^2 + 4\times 224186}}{2} \\ &= \begin{cases}407\,[\text{K}] \\ -550\,[\text{K}]\end{cases}\end{aligned}$$

よって,$T_{1\text{L}} = 407\,[\text{K}]$ または $134\,[°\text{C}]$.

**4.8** カルノー機関の高熱源の温度 $T_{\text{H}}$ は式(4.15)から求まる.

$$T_{\text{H}} = \frac{T_{\text{L}}}{1 - \eta_{\text{carnot}}} = \frac{273\,[\text{K}]}{0.3} = 910\,[\text{K}]$$

逆カルノーサイクルで作動させたときの成積係数は式(4.24)から求まる.

$$\begin{aligned}\varepsilon_{\text{R,carnot}} &= \frac{T_{\text{L}}}{T_{\text{H}} - T_{\text{L}}} = \frac{273\,[\text{K}]}{(910 - 273)\,[\text{K}]} \\ &= 0.429\end{aligned}$$

**4.9** 最小正味動力を求めるので,逆カルノーサイクルで作動していると考える.式(4.25)からこのヒートポンプの成積係数が求まる.

$$\begin{aligned}\varepsilon_{\text{H,carnot}} &= \frac{T_{\text{H}}}{T_{\text{H}} - T_{\text{L}}} \\ &= \frac{(273 + 22)\,[\text{K}]}{((273 + 22) - (273 - 2))\,[\text{K}]} = 12.3\end{aligned}$$

部屋の中の温度を $22\,°\text{C}$ に保つためにヒートポンプから供給する熱量 $\dot{Q}_{\text{H}}$ を $[\text{kW}]$ に換算する.

$$\dot{Q}_\mathrm{H} = 80 \left[\frac{\mathrm{MJ}}{\mathrm{h}}\right]$$
$$= 80 \left[\mathrm{k} \times 10^3 \mathrm{J} / \left(\mathrm{h} \left(\frac{\mathrm{s} \cdot 3600}{\mathrm{h} \cdot 1}\right)\right)\right]$$
$$= 22.2\,[\mathrm{kW}]$$

よって，式(4.8)から正味動力 $\dot{L}_\mathrm{net}$ が求まる．
$$\dot{L}_\mathrm{net} = \frac{\dot{Q}_\mathrm{H}}{\varepsilon_\mathrm{H}} = \frac{22.2\,[\mathrm{kW}]}{12.3} = 1.80\,[\mathrm{kW}]$$
$$= 1.80 \left[\mathrm{kW}\left(\frac{\mathrm{HP} \cdot 1}{\mathrm{kW} \cdot 0.7457}\right)\right] = 2.41\,[\mathrm{HP}]$$

**4.10** (1) 熱源から340 kJの熱量が失われても熱源の温度は変化しないので，式(4.43)からエントロピーの変化量が求まる．
$$S_2 - S_1 = \int_1^2 \frac{\delta Q}{T} = \frac{-340\,[\mathrm{kJ}]}{(273+800)\,[\mathrm{K}]}$$
$$= -0.317\,[\mathrm{kJ/K}]$$

(2) (1)と同様に，エントロピーの変化量が求まる．
$$S_2 - S_1 = \int_1^2 \frac{\delta Q}{T} = \frac{300\,[\mathrm{kJ}]}{(273+25)\,[\mathrm{K}]}$$
$$= 1.01\,[\mathrm{kJ/K}]$$

(3) $Q = mc(T_2 - T_1)$より，$mc = 0.486\,[\mathrm{kJ/K}]$．式(4.59)から物質のエントロピーの変化量が求まる．
$$\Delta S = m\Delta s = mc \ln \frac{T_2}{T_1}$$
$$= 0.486\,[\mathrm{kJ/K}] \times \ln \frac{(273+100)\,[\mathrm{K}]}{(273+800)\,[\mathrm{K}]}$$
$$= -0.514\,[\mathrm{kJ/K}]$$

(4) 式(3.1)から容器の空気が140 kPaになったときの温度 $T_2$ が求まる．
$$T_2 = \frac{p_2 V}{mR} = \frac{140\,[\mathrm{kPa}] \times 3\,[\mathrm{m^3}]}{3\,[\mathrm{kg}] \times 286.99\,[\mathrm{J/(kg \cdot K)}]}$$
$$= 488\,[\mathrm{K}]$$

よって，式(4.56)から空気のエントロピーの変化量が求まる．
$$\Delta S = m\Delta s = m \left(c_v \ln \frac{T_2}{T_1} - R \ln \frac{v_2}{v_1}\right)$$
$$= 3[\mathrm{kg}] \times \left\{0.719[\mathrm{kJ/(kg \cdot K)}]\right.$$
$$\left. \times \ln \frac{(488)\,[\mathrm{K}]}{(273+800)\,[\mathrm{K}]} - 0\right\}$$
$$= -1.70\,[\mathrm{kJ/K}]$$

(5) 表1.2の水の比熱の値を用いて，式(1.10)から攪拌した後の温度 $T_2$ が求まる．
$$Q = mc(T_2 - T_1)$$
$$T_2 = \frac{Q}{mc} + T_1$$
$$= \frac{500\,[\mathrm{W}] \times 2\,[\mathrm{min}]}{1[\mathrm{kg}] \times 4.179[\mathrm{kJ/(kg \cdot K)}]} + 20$$
$$= 34.4\,[^\circ\mathrm{C}]$$

よって，式(4.59)から水のエントロピーの変化量が求まる．
$$\Delta S = m\Delta s = 1\,[\mathrm{kg}] \times 4.179\,[\mathrm{kJ/kg \cdot K}]$$
$$\times \ln \frac{273+34.4}{273+20} = 0.200\,[\mathrm{kJ/K}]$$

**4.11** 空気を理想気体と考えると，式(4.57)からエントロピーの変化量が求まる．
$$\Delta S = mc_p \ln \frac{T_2}{T_1} - mR \ln \frac{p_2}{p_1}$$
$$= -mR \ln \frac{p_2}{p_1}$$
$$= -1\,[\mathrm{kg}] \times 286.99\,[\mathrm{J/(kg \cdot K)}]$$
$$\times \ln \frac{0.1\,[\mathrm{MPa}]}{1\,[\mathrm{MPa}]}$$
$$= 661\,[\mathrm{J/K}]$$

## 第5章

**5.1** (1) 最高圧力は図5.28から $p_3$ である．
$p(1 \to 2)$は断熱過程なので，式(5.5)から $T_2$ が求まる．
$$T_2 = T_1 \left(\frac{v_1}{v_2}\right)^{\kappa-1} = 288\,[\mathrm{K}] \times 9^{1.4-1}$$
$$= 694\,[\mathrm{K}]$$

同様に，式(3.26)から $p_2$ が求まる．
$$p_2 = p_1 \left(\frac{v_1}{v_2}\right)^\kappa = 101\,[\mathrm{kPa}] \times 9^{1.4}$$
$$= 2189\,[\mathrm{kPa}]$$

$p(2 \to 3)$は等積過程なので，式(3.18)から $p_3$ が求まる．
$$p_3 = p_2 \left(\frac{T_3}{T_2}\right) = 2189\,[\mathrm{kPa}] \times \left(\frac{2073\,[\mathrm{K}]}{694\,[\mathrm{K}]}\right)$$
$$= 6.54\,[\mathrm{MPa}]$$

(2) $p(3 \to 4)$は断熱過程なので，式(5.7)から膨張終わりの温度 $T_4$ が求まる．
$$T_4 = T_3 \left(\frac{v_3}{v_4}\right)^{\kappa-1} = T_3 \left(\frac{v_2}{v_1}\right)^{\kappa-1}$$

$$= T_3 \left(\frac{1}{v_1/v_2}\right)^{\kappa-1}$$
$$= 2073\,[\mathrm{K}] \times \left(\frac{1}{9}\right)^{1.4-1} = 861\,[\mathrm{K}]$$

(3) 式(5.10)から理論熱効率 $\eta_{\mathrm{th}}$ が求まる．
$$\eta_{\mathrm{th}} = 1 - \frac{1}{\varepsilon^{\kappa-1}} = 1 - \frac{1}{9^{1.4-1}} = 58.5\,\%$$

**5.2** 式(5.10), (4.15)からオットーサイクルの熱効率 $\eta_{\mathrm{otto}}$ とカルノーサイクルの熱効率 $\eta_{\mathrm{carnot}}$ が求まる．

(1) $\eta_{\mathrm{otto}} = 1 - \dfrac{1}{\varepsilon^{\kappa-1}} = 1 - \dfrac{1}{10^{1.4-1}} = 60.2\,\%$

(2) $\eta_{\mathrm{carnot}} = 1 - \dfrac{T_{\mathrm{L}}}{T_{\mathrm{H}}} = 1 - \dfrac{293\,[\mathrm{K}]}{1150\,[\mathrm{K}]} = 74.5\,\%$

**5.3** (1) 式(5.10)から $\eta_{\mathrm{th}}$ が求まる．
$$\eta_{\mathrm{th}} = 1 - \frac{1}{\varepsilon^{\kappa-1}} = 1 - \frac{1}{10^{1.4-1}} = 60.2\,\%$$

(2) $p(1 \to 2)$ は断熱過程なので，$T_2$ は式(5.5)から求まる．
$$T_2 = T_1 \left(\frac{v_1}{v_2}\right)^{\kappa-1} = 288\,[\mathrm{K}] \times (10)^{1.4-1}$$
$$= 723\,[\mathrm{K}]$$

式(5.6), (5.8), (5.9)から次式が成立する．
$$\ell_{\mathrm{net}} = c_v(T_3 - T_2) - c_v(T_4 - T_1)$$

上式に既知値を代入すると，次式を得る．
$$1000\,[\mathrm{kJ/kg}] = 0.719\,[\mathrm{kJ/(kg \cdot K)}]$$
$$\times (T_3 - 723 - T_4 + 288)\,[\mathrm{K}]$$

$p(3 \to 4)$ は断熱過程なので，式(5.7)から次式を得る．
$$T_3 = T_4 \left(\frac{v_4}{v_3}\right)^{\kappa-1} = T_4\,[\mathrm{K}] \times (10)^{1.4-1}$$
$$= 2.512\,T_4\,[\mathrm{K}]$$

上記二式より，$T_3$ と $T_4$ が求まる．
$$T_3 = 2.512 \times 1208\,[\mathrm{K}] = 3034\,[\mathrm{K}]$$
$$T_4 = \frac{3034\,[\mathrm{K}]}{2.512} = 1208\,[\mathrm{K}]$$

よって，式(4.15)から $\eta_{\mathrm{carnot}}$ が求まる．
$$\eta_{\mathrm{carnot}} = 1 - \frac{T_1}{T_3} = 1 - \frac{288\,[\mathrm{K}]}{3034\,[\mathrm{K}]} = 90.5\,\%$$

(3) $v_1$ は式(3.1)から求まる．
$$v_1 = \frac{RT_1}{p_1} = \frac{286.99\,[\mathrm{J/(kg \cdot K)}] \times 288\,[\mathrm{K}]}{101.3\,[\mathrm{kPa}]}$$
$$= 0.816\,[\mathrm{m^3/kg}]$$

よって，式(5.4)から平均有効圧力 $MEP$ が求まる．

$$MEP = \frac{L_{\mathrm{net}}}{V_{\max} - V_{\min}} = \frac{1000\,[\mathrm{kJ/kg}]}{(1-(1/10))\,v_1}$$
$$= \frac{1000\,[\mathrm{kJ/kg}]}{(1-(1/10)) \times 0.816\,[\mathrm{m^3/kg}]}$$
$$= 1362\,[\mathrm{kPa}]$$

**5.4** (1) $p(1 \to 2)$ は断熱過程なので，$T_2$, $p_2$ は式(5.5), (3.26)から求まる．
$$T_2 = T_1 \left(\frac{V_1}{V_2}\right)^{\kappa-1} = 293\,[\mathrm{K}] \times 9^{0.4} = 706\,[\mathrm{K}]$$
$$p_2 = p_1 \left(\frac{V_1}{V_2}\right)^{\kappa} = 101.3\,[\mathrm{kPa}] \times (9)^{1.4}$$
$$= 2196\,[\mathrm{kPa}]$$

$p(2 \to 3)$ は等積過程なので，$q_{\mathrm{H}}$ は式(5.6)から求まる．
$$q_{\mathrm{H}} = c_v(T_3 - T_2) = 0.719\,[\mathrm{kJ/(kg \cdot K)}]$$
$$\times (1773 - 706)\,[\mathrm{K}] = 767\,[\mathrm{kJ/kg}]$$

状態点2の容積はわかっているので，6気筒内の空気の作動流体の質量 $m$ は，式(3.1)から求まる．
$$m = \frac{p_2 V_2}{RT_2} = \frac{2196\,[\mathrm{kPa}] \times 5 \times 10^{-4}\,[\mathrm{m^3}]}{286.99\,[\mathrm{J/(kg \cdot K)}] \times 706\,[\mathrm{K}]}$$
$$= 5.42 \times 10^{-3}\,[\mathrm{kg}]$$

よって，1サイクルあたりに供給される熱量 $Q_{\mathrm{H}}$ が求まる．
$$Q_{\mathrm{H}} = m q_{\mathrm{H}} = 5.42 \times 10^{-3}\,[\mathrm{kg}] \times 767\,[\mathrm{kJ/kg}]$$
$$= 4.16\,[\mathrm{kJ/cycle}]$$

(2) 式(5.10)から $\eta_{\mathrm{th}}$ が求まる．
$$\eta_{\mathrm{th}} = 1 - \frac{1}{\varepsilon^{\kappa-1}} = 1 - \frac{1}{9^{1.4-1}} = 58.5\,\%$$

(3) $L_{\mathrm{net}}$ は式(4.2)から求まる．
$$L_{\mathrm{net}} = \eta_{\mathrm{th}} Q_{\mathrm{H}} = 0.585 \times 4.16\,[\mathrm{kJ/cycle}]$$
$$= 2.434\,[\mathrm{kJ/cycle}]$$

この熱機関は4サイクルなので，2回転するごとに1サイクルが完了する．したがって，4000 rpm で作動しているときの出力 $P$ は次式で求まる．
$$P = L_{\mathrm{net}} \times \frac{[\mathrm{rpm \cdot cycle}]}{2}$$
$$= 2.434\,[\mathrm{kJ/cycle}] \times \frac{4000}{2}\,[\mathrm{cycle \cdot rpm}]$$
$$= 2.439 \times 2000 \times \left[\mathrm{kJ} / \left(\min\left(\frac{\mathrm{s} \cdot 60}{\min \cdot 1}\right)\right)\right]$$
$$= 81.1\,[\mathrm{kW}]$$

(4) 式(5.4)から平均有効圧力 $MEP$ が求まる．

$$MEP = \frac{L_{\text{net}}}{V_{\text{max}} - V_{\text{min}}}$$

$$= \frac{2.434\,[\text{kJ}]}{(V_1 - V_2)} = \frac{2.434\,[\text{kJ}]}{(1 - (V_2/V_1))\,V_1}$$

$$= \frac{2.434\,[\text{kJ}]}{(1 - (1/9)) \times 9 \times 5 \times 10^{-4}\,[\text{m}^3]}$$

$$= 609\,[\text{kPa}]$$

**5.5** (1) 状態点 1　式(3.1)から$v_1$が求まる．

$$v_1 = \frac{RT_1}{p_1} = \frac{286.99\,[\text{J}/(\text{kg}\cdot\text{K})] \times 293\,[\text{K}]}{101.3\,[\text{kPa}]}$$

$$= 0.830\,[\text{m}^3/\text{kg}]$$

状態点 2　$v_1/v_2 = 9.5$ なので，$v_2$が求まる．

$$v_2 = \frac{v_1}{9.5} = \frac{0.830\,[\text{m}^3/\text{kg}]}{9.5} = 0.087\,[\text{m}^3/\text{kg}]$$

$p(1 \to 2)$は断熱過程なので，式(3.26), (5.5) から$p_2$, $T_2$が求まる．

$$p_2 = p_1 \left(\frac{v_1}{v_2}\right)^\kappa = 101.3\,[\text{kPa}] \times (9.5)^{1.4}$$

$$= 2368\,[\text{kPa}]$$

$$T_2 = T_1 \left(\frac{v_1}{v_2}\right)^{\kappa-1} = 293\,[\text{K}] \times (9.5)^{1.4-1}$$

$$= 721\,[\text{K}]$$

状態点 3　$p(2 \to 3)$は等積過程なので，$v_3 = v_2 = 0.087\,[\text{m}^3/\text{kg}]$になる．$p(2 \to 3)$は等積過程で供給熱量$Q_\text{H}$が既知なので，式(5.6)から$T_3$が求まる．

$$T_3 = \frac{Q_\text{H}}{mc_v} + T_2$$

$$= \frac{950\,[\text{kJ}]}{1\,[\text{kg}] \times 0.719\,[\text{kJ}/(\text{kg}\cdot\text{K})]} + 721\,[\text{K}]$$

$$= 2042\,[\text{K}]$$

式(3.1)から$p_3$が求まる．

$$p_3 = \frac{RT_3}{v_3} = \frac{286.99\,[\text{J}/(\text{kg}\cdot\text{K})] \times 2042\,[\text{K}]}{0.087\,[\text{m}^3/\text{kg}]}$$

$$= 6736\,[\text{kPa}]$$

状態点 4　$p(4 \to 1)$は等積過程なので，$v_4 = v_1 = 0.830\,[\text{m}^3/\text{kg}]$になる．$p(3 \to 4)$は断熱過程なので，式(3.26), (5.7) から$p_4$, $T_4$が求まる．

$$p_4 = p_3 \left(\frac{v_3}{v_4}\right)^\kappa$$

$$= 6736\,[\text{kPa}] \times \left(\frac{0.087\,[\text{m}^3/\text{kg}]}{0.830\,[\text{m}^3/\text{kg}]}\right)^{1.4}$$

$$= 286\,[\text{kPa}]$$

$$T_4 = T_3 \left(\frac{v_3}{v_4}\right)^{\kappa-1}$$

$$= 2042\,[\text{K}] \times \left(\frac{0.087\,[\text{m}^3/\text{kg}]}{0.830\,[\text{m}^3/\text{kg}]}\right)^{1.4-1}$$

$$= 828\,[\text{K}]$$

以上の結果をまとめると下表になる．

| 状態 | $p$ [kPa] | $T$ [K] | $v$ [m$^3$/kg] |
|---|---|---|---|
| 1 | 101.3 | 293 | 0.830 |
| 2 | 2368 | 721 | 0.087 |
| 3 | 6736 | 2042 | 0.087 |
| 4 | 286 | 828 | 0.830 |

(2) $p(4 \to 1)$は等積過程なので，$Q_\text{L}$は式(5.8)から求まる．

$$Q_\text{L} = mq_\text{L} = mc_v(T_4 - T_1)$$

$$= 1\,[\text{kg}] \times 0.719\,[\text{kJ}/(\text{kg}\cdot\text{K})]$$

$$\times (828 - 293)\,[\text{K}] = 385\,[\text{kJ}]$$

よって，式(4.4)から理論熱効率$\eta_\text{th}$が求まる．

$$\eta_\text{th} = 1 - \frac{Q_\text{L}}{Q_\text{H}} = 1 - \frac{385\,[\text{kJ}]}{950\,[\text{kJ}]} = 59.5\,\%$$

(3) $L_\text{net}$は式(5.9)から求まる．

$$L_\text{net} = Q_\text{H} - Q_\text{L} = (950 - 385)\,[\text{kJ}] = 565\,[\text{kJ}]$$

よって，式(5.4)から平均有効圧力$MEP$が求まる．

$$MEP = \frac{L_\text{net}}{V_\text{max} - V_\text{min}} = \frac{565\,[\text{kJ}]}{m(v_1 - v_2)}$$

$$= \frac{565\,[\text{kJ}]}{1\,[\text{kg}] \times (0.830 - 0.087)\,[\text{m}^3/\text{kg}]}$$

$$= 760\,[\text{kPa}]$$

(4) 式(4.15)からカルノーサイクルでの熱効率$\eta_\text{carnot}$が求まる．

$$\eta_\text{carnot} = 1 - \frac{T_\text{L}}{T_\text{H}} = 1 - \frac{T_3}{T_1} = 1 - \frac{293\,[\text{K}]}{2042\,[\text{K}]}$$

$$= 85.7\,\%$$

**5.6** (1) $p(1 \to 2)$は断熱過程なので，$T_2$は式(5.5)から求まる．

$$T_2 = T_1 \left(\frac{v_1}{v_2}\right)^{\kappa-1} = 303\,[\text{K}] \times 7^{1.4-1} = 660\,[\text{K}]$$

よって，$p(2 \to 3)$は等積過程なので，式(5.6)から供給される熱量$q_\text{H}$が求まる．

$$q_\text{H} = c_v(T_3 - T_2)$$

$$= 0.719\,[\text{kJ}/(\text{kg}\cdot\text{K})] \times (1873 - 660)\,[\text{K}]$$

$$= 872\,[\text{kJ}/\text{kg}]$$

(2) $p(3 \to 4)$は断熱過程なので，$T_4$は式(5.7)から求まる．

$$T_4 = T_3 \left(\frac{v_3}{v_4}\right)^{\kappa-1} = T_3 \left(\frac{v_2}{v_1}\right)^{\kappa-1}$$
$$= 1873\,[\text{K}] \times \left(\frac{1}{7}\right)^{1.4-1} = 860\,[\text{K}]$$

$p(4 \to 1)$ は等積過程なので，$q_\text{L}$ は式 (5.8) から求まる．

$$q_\text{L} = c_v (T_4 - T_1)$$
$$= 0.719\,[\text{kJ/(kg·K)}] \times (860 - 303)\,[\text{K}]$$
$$= 400\,[\text{kJ/kg}]$$

よって，式 (5.10) から理論熱効率 $\eta_\text{th}$ が求まる．

$$\eta_\text{th} = 1 - \frac{1}{\varepsilon^{\kappa-1}} = 1 - \frac{1}{7^{1.4-1}} = 54.1\,\%$$

(3) $\ell_\text{net}$ は式 (5.9) から求まる．

$$\ell_\text{net} = q_\text{H} - q_\text{L} = (872 - 400)\,[\text{kJ/kg}]$$
$$= 472\,[\text{kJ/kg}]$$

$v_1$ は式 (3.1) から求まる．

$$v_1 = \frac{RT_1}{p_1} = \frac{286.99\,[\text{J/(kg·K)}] \times 303\,[\text{K}]}{85\,[\text{kPa}]}$$
$$= \frac{286.99\,[\text{N·m/(kg·K)}] \times 303\,[\text{K}]}{85 \times 10^3\,[\text{N/m}^2]}$$
$$= 1.023\,[\text{m}^3/\text{kg}]$$

よって，式 (5.4) から平均有効圧力 $MEP$ が求まる．

$$MEP = \frac{\ell_\text{net}}{v_\text{max} - v_\text{min}} = \frac{472\,[\text{kJ/kg}]}{(v_1 - v_2)}$$
$$= \frac{472\,[\text{kJ/kg}]}{(1 - (1/7))\, v_1}$$
$$= \frac{472\,[\text{kJ/kg}]}{(6/7) \times 1.023\,[\text{m}^3/\text{kg}]} = 538\,[\text{kPa}]$$

**5.7** (1) $p(1 \to 2)$ は断熱過程なので，$T_2$ は式 (5.16) から求まる．

$$T_2 = T_1 \varepsilon^{\kappa-1} = 288\,[\text{K}] \times 15^{1.4-1} = 851\,[\text{K}]$$

$p(2 \to 3)$ は等圧過程なので，$T_3$ は式 (5.18) から求まる．

$$T_3 = T_2 \sigma = 851\,[\text{K}] \times 2 = 1702\,[\text{K}]$$

$p(3 \to 4)$ は断熱過程なので，$T_4$ は式 (5.19) から求まる．

$$T_4 = T_1 \sigma^\kappa = 288\,[\text{K}] \times 2^{1.4} = 760\,[\text{K}]$$

よって，式 (5.17), (5.20), (5.21) から単位質量あたりの正味仕事 $\ell_\text{net}$ が求まる．

$$\ell_\text{net} = c_p (T_3 - T_2) - c_v (T_4 - T_1)$$
$$= 1.006\,[\text{kJ/(kg·K)}] \times (1702 - 851)\,[\text{K}]$$
$$\quad - 0.719\,[\text{kJ/(kg·K)}] \times (760 - 288)\,[\text{K}]$$
$$= 856\,[\text{kJ/kg}] - 339\,[\text{kJ/kg}] = 517\,[\text{kJ/kg}]$$

(2) 式 (5.1) から理論熱効率 $\eta_\text{th}$ が求まる．

$$\eta_\text{th} = \frac{\ell_\text{net}}{q_\text{H}} = \frac{517\,[\text{kJ/kg}]}{856\,[\text{kJ/kg}]} = 0.604 = 60.4\,\%$$

(3) $v_1$ は式 (3.1) から求まる．

$$v_1 = \frac{RT_1}{p_1} = \frac{286.99\,[\text{J/(kg·K)}] \times 288\,[\text{K}]}{101.3\,[\text{kPa}]}$$
$$= 0.816\,[\text{m}^3/\text{kg}]$$

よって，式 (5.4) から平均有効圧力 $MEP$ が求まる．

$$MEP = \frac{\ell_\text{net}}{v_\text{max} - v_\text{min}} = \frac{\ell_\text{net}}{v_1 - v_2}$$
$$= \frac{\ell_\text{net}}{\{1 - (1/(v_1/v_2))\} v_1}$$
$$= \frac{\ell_\text{net}}{(1 - 1/15)\, V_1}$$
$$= \frac{517\,[\text{kJ/kg}]}{(1 - 1/15) \times 0.816\,[\text{m}^3/\text{kg}]}$$
$$= 679\,[\text{kPa}]$$

**5.8** (1) **状態点 1** 式 (3.1) から $V_1$ が求まる．

$$V_1 = \frac{mRT_1}{p_1}$$
$$= \frac{0.25\,[\text{kg}] \times 286.99\,[\text{J/(kg·K)}] \times 298\,[\text{K}]}{101.3\,[\text{kPa}]}$$
$$= 0.211\,[\text{m}^3]$$

**状態点 2** 式 (5.24) から $T_2$ が求まる．

$$T_2 = T_1 \left(\frac{V_1}{V_2}\right)^{\kappa-1} = 298\,[\text{K}] \times (18)^{1.4-1}$$
$$= 947\,[\text{K}]$$

$V_2$ は圧縮比が与えられているので，次式のように求まる．

$$V_2 = \frac{V_1}{18} = \frac{0.211\,[\text{m}^3]}{18} = 0.0117\,[\text{m}^3]$$

式 (3.1) から $p_2$ が求まる．

$$p_2 = \frac{mRT_2}{V_2}$$
$$= \frac{0.25\,[\text{kg}] \times 286.99\,[\text{J/(kg·K)}] \times 947\,[\text{K}]}{0.0117\,[\text{m}^3]}$$
$$= 5.81\,[\text{MPa}]$$

**状態点 3** 式 (5.26) から $T_3$ が求まる．

$$T_3 = \frac{Q_v}{m c_v} + T_2$$
$$= \frac{250\,[\text{kJ}]}{0.25\,[\text{kg}] \times 0.719\,[\text{kJ/(kg·K)}]} + 947\,[\text{K}]$$
$$= 2338\,[\text{K}]$$

$p(2 \to 3)$ は等積過程なので，$V_3 = V_2 = 0.0117\,[\text{m}^3]$ である．式 (3.1) から $p_3$ が求まる．

$$p_3 = \frac{mRT_3}{V_3}$$

$$= \frac{0.25\,[\text{kg}] \times 286.99\,[\text{J/(kg·K)}] \times 2338\,[\text{K}]}{0.0117\,[\text{m}^3/\text{kg}]}$$

$$= 14.3\,[\text{MPa}]$$

**状態点 4** $p(3 \to 4)$ は定圧過程なので，$p_4 = p_3 = 14.3\,[\text{MPa}]$ となる．式(5.28)から $T_4$ が求まる．

$$T_4 = \frac{Q_p}{mc_p} + T_3$$

$$= \frac{250\,[\text{kJ}]}{0.25\,[\text{kg}] \times 1.006\,[\text{kJ/(kg·K)}]} + 2338\,[\text{K}]$$

$$= 3332\,[\text{K}]$$

式(3.1)から $V_4$ が求まる．

$$V_4 = \frac{mRT_4}{p_4}$$

$$= \frac{0.25\,[\text{kg}] \times 286.99\,[\text{J/(kg·K)}] \times 3332\,[\text{K}]}{14.3\,[\text{MPa}]}$$

$$= 0.0167\,[\text{m}^3]$$

**状態点 5** $p(5 \to 1)$ は等積過程なので，$v_5 = v_1 = 0.211\,[\text{m}^3]$ となる．式(5.29)から $T_5$ が求まる．

$$T_5 = T_4\left(\frac{V_4}{V_5}\right)^{\kappa-1}$$

$$= 3332\,[\text{K}] \times \left(\frac{0.0167\,[\text{m}^3]}{0.211\,[\text{m}^3]}\right)^{1.4-1}$$

$$= 1208\,[\text{K}]$$

式(3.1)から $p_5$ が求まる．

$$p_5 = \frac{mRT_5}{V_5}$$

$$= \frac{0.25\,[\text{kg}] \times 286.99\,[\text{J/(kg·K)}] \times 1208\,[\text{K}]}{0.211\,[\text{m}^3/\text{kg}]}$$

$$= 411\,[\text{kPa}]$$

以上の結果をまとめると下表になる．

| 状態 | $p$ | $T\,[\text{K}]$ | $V\,[\text{m}^3]$ |
|---|---|---|---|
| 1 | 101.3 kPa | 298 | 0.211 |
| 2 | 5.81 MPa | 947 | 0.0117 |
| 3 | 14.3 MPa | 2338 | 0.0117 |
| 4 | 14.3 MPa | 3332 | 0.0167 |
| 5 | 411 kPa | 1208 | 0.211 |

(2) 式(5.33)から理論熱効率 $\eta_{th}$ が求まる．

$$\eta_{th} = 1 - \frac{(T_5 - T_1)}{(T_3 - T_2) + \kappa(T_4 - T_3)}$$

$$= 1 - \frac{(1208 - 298)\,[\text{K}]}{(2338 - 947)\,[\text{K}] + 1.4 \times (3332 - 2338)\,[\text{K}]}$$

$$= 67.3\,\%$$

(3) 式(5.30)から $Q_L$ が求まる．

$$Q_L = mq_L = mc_v(T_5 - T_1)$$

$$= 0.25\,[\text{kg}] \times 0.719\,[\text{kJ/(kg·K)}]$$
$$\quad \times (1208 - 298)\,[\text{K}]$$

$$= 164\,[\text{kJ}]$$

$L_{net}$ は式(5.31)から求まる．

$$L_{net} = Q_H - Q_L = (500 - 164)\,[\text{kJ}] = 336\,[\text{kJ}]$$

よって，式(5.4)から平均有効圧力 $MEP$ が求まる．

$$MEP = \frac{L_{net}}{V_{max} - V_{min}} = \frac{336\,[\text{kJ}]}{(0.211 - 0.0117)\,[\text{m}^3]}$$

$$= 1.69\,[\text{MPa}]$$

**5.9** (1) $p(1 \to 2)$ は断熱過程なので，$T_2$ は式(5.16)から求まる．

$$T_2 = T_1\left(\frac{p_2}{p_1}\right)^{(\kappa-1)/\kappa}$$

$$= 288\,[\text{K}] \times \left(\frac{8.2 \times 10^3\,[\text{kPa}]}{101.3\,[\text{kPa}]}\right)^{(1.4-1)/1.4}$$

$$= 1011\,[\text{K}]$$

$T_3$ は式(5.17)から求まる．

$$T_3 = \frac{q_H}{c_p} + T_2$$

$$= \frac{1850\,[\text{kJ/kg}]}{1.006\,[\text{kJ/(kg·K)}]} + 1011\,[\text{K}] = 2850\,[\text{K}]$$

$v_1$ は式(3.1)から求まる．

$$v_1 = \frac{RT_1}{p_1} = \frac{286.99\,[\text{J/(kg·K)}] \times 288\,[\text{K}]}{101.3\,[\text{kPa}]}$$

$$= 0.816\,[\text{m}^3/\text{kg}]$$

同様に，$v_2$，$v_3$ が求まる．

$$v_2 = \frac{RT_2}{p_2} = \frac{286.99\,[\text{J/(kg·K)}] \times 1011\,[\text{K}]}{8.2 \times 10^6\,[\text{Pa}]}$$

$$= 0.0354\,[\text{m}^3/\text{kg}]$$

$$v_3 = \frac{RT_3}{p_3} = \frac{286.99\,[\text{J/(kg·K)}] \times 2850\,[\text{K}]}{8.2 \times 10^6\,[\text{Pa}]}$$

$$= 0.100\,[\text{m}^3/\text{kg}]$$

したがって，$\sigma$，$\varepsilon$ が求まる．

$$\sigma = \frac{v_3}{v_2} = \frac{0.100\,[\text{m}^3/\text{kg}]}{0.0354\,[\text{m}^3/\text{kg}]} = 2.825$$

$$\varepsilon = \frac{v_1}{v_2} = \frac{0.816\,[\text{m}^3/\text{kg}]}{0.0354\,[\text{m}^3/\text{kg}]} = 23.05$$

よって，式(5.22)から理論熱効率 $\eta_{th}$ が求まる．

$$\eta_{th} = 1 - \frac{\sigma^\kappa - 1}{\varepsilon^{\kappa-1}\kappa(\sigma - 1)}$$

$$= 1 - \frac{2.825^{1.4} - 1}{23.05^{1.4-1} \times 1.4 \times (2.825 - 1)}$$
$$= 63.4\,\%$$

(2) 式(5.1)から$\ell_{\mathrm{net}}$が求まる．
$$\ell_{\mathrm{net}} = \eta_{\mathrm{th}} q_{\mathrm{H}}$$
$$= 0.634 \times 1850\,[\mathrm{kJ/kg}] = 1173\,[\mathrm{kJ/kg}]$$

よって，式(5.4)から平均有効圧力 $MEP$ が求まる．
$$MEP = \frac{\ell_{\mathrm{net}}}{v_{\max} - v_{\min}} = \frac{\ell_{\mathrm{net}}}{v_1 - v_2}$$
$$= \frac{1173\,[\mathrm{kJ}/kg]}{(0.816 - 0.0354)\,[\mathrm{m}^3/\mathrm{kg}]} = 1.50\,[\mathrm{MPa}]$$

**5.10** (1) 式(5.33)から理論熱効率$\eta_{\mathrm{th}}$が求まる．
$$\eta_{\mathrm{th}} = 1 - \frac{1}{\varepsilon^{\kappa-1}} \cdot \frac{\xi \sigma^{\kappa} - 1}{(\xi-1) + \kappa \xi (\sigma-1)}$$
$$= 1 - \frac{1}{17^{1.4-1}}$$
$$\times \frac{1.3 \times 2^{1.4} - 1}{(1.3-1) + 1.4 \times 1.3 \times (2-1)} = 63.1\,\%$$

(2) 式(5.24)から$T_2$が求まる．
$$T_2 = T_1 \left(\frac{v_1}{v_2}\right)^{\kappa-1} = T_1 \varepsilon^{\kappa-1}$$
$$= 303\,[\mathrm{K}] \times 17^{1.4-1} = 941\,[\mathrm{K}]$$

式(5.25)から$T_3$が求まる．
$$T_3 = T_2 \left(\frac{p_3}{p_2}\right) = T_2 \xi$$
$$= 941\,[\mathrm{K}] \times 1.3 = 1223\,[\mathrm{K}]$$

式(5.27)から$T_4$が求まる．
$$T_4 = T_3 \left(\frac{v_4}{v_3}\right) = T_3 \sigma = 1223\,[\mathrm{K}] \times 2$$
$$= 2446\,[\mathrm{K}]$$

よって，式(5.26), (5.28)から供給熱量$q_{\mathrm{H}}$が求まる．
$$q_{\mathrm{H}} = q_v + q_p = c_v (T_3 - T_2) + c_p (T_4 - T_3)$$
$$= 0.719\,[\mathrm{kJ/(kg \cdot K)}] \times (1223 - 941)\,[\mathrm{K}]$$
$$+ 1.006\,[\mathrm{kJ/(kg \cdot K)}] \times (2446 - 1223)\,[\mathrm{K}]$$
$$= 1.43\,[\mathrm{MJ/kg}]$$

(3) 式(5.1)から単位質量あたりの正味仕事$\ell_{\mathrm{net}}$が求まる．
$$\ell_{\mathrm{net}} = \eta_{\mathrm{th}} q_{\mathrm{H}} = 0.631 \times 1433\,[\mathrm{kJ/kg}]$$
$$= 904\,[\mathrm{kJ/kg}]$$

(4) 式(3.1)から$v_1$が求まる．
$$v_1 = \frac{R T_1}{p_1} = \frac{286.99\,[\mathrm{J/(kg \cdot K)}] \times 303\,[\mathrm{K}]}{101.3\,[\mathrm{kPa}]}$$

$$= 0.858\,[\mathrm{m}^3/\mathrm{kg}]$$

よって，式(5.4)から平均有効圧力 $MEP$ が求まる．
$$MEP = \frac{\ell_{\mathrm{net}}}{v_{\max} - v_{\min}} = \frac{\ell_{\mathrm{net}}}{v_1 - v_2}$$
$$= \frac{\ell_{\mathrm{net}}}{\{1 - 1/(v_1/v_2)\} v_1} = \frac{\ell_{\mathrm{net}}}{(1 - 1/17) v_1}$$
$$= \frac{904\,[\mathrm{kJ/kg}]}{(1 - 1/17) \times 0.858\,[\mathrm{m}^3/\mathrm{kg}]}$$
$$= 1.12\,[\mathrm{MPa}]$$

**5.11** このガスタービンの熱効率$\eta_{\mathrm{th}}$は，式(5.45)から求まる．
$$\eta_{\mathrm{th}} = 1 - \frac{1}{\gamma^{(\kappa-1/\kappa)}}$$
$$= 1 - \frac{1}{((850/101.3)\,[\mathrm{kPa}])^{1.4-1/1.4}}$$
$$= 45.5\,\%$$

式(5.1)からガスタービンに供給される熱量$\dot{Q}_{\mathrm{H}}$が求まる．
$$\dot{Q}_{\mathrm{H}} = \frac{\dot{L}'_{\mathrm{net}}}{\eta_{\mathrm{th}}} = \frac{850\,[\mathrm{kW}]}{0.455} = 1868\,[\mathrm{kJ/s}]$$

式(5.40)から$T_2$が求まる．
$$T_2 = T_1 \left(\frac{p_2}{p_1}\right)^{\kappa-1/\kappa}$$
$$= 293\,[\mathrm{K}] \times \left(\frac{850\,[\mathrm{kPa}]}{101.3\,[\mathrm{kPa}]}\right)^{1.4-1/1.4}$$
$$= 538\,[\mathrm{K}]$$

よって，式(5.41)から空気流量$\dot{m}$が求まる．
$$\dot{m} = \frac{\dot{Q}_{\mathrm{H}}}{c_p (T_3 - T_2)}$$
$$= \frac{1868\,[\mathrm{kJ/s}]}{1.006\,[\mathrm{kJ/(kg \cdot K)}] \times (1080 - 538)\,[\mathrm{K}]}$$
$$= 3.43\,[\mathrm{kg/s}]$$

**5.12** 式(5.53)から理論熱効率$\eta_{\mathrm{th}}$が求まる．
$$\eta_{\mathrm{th}} = 1 - \frac{T_1}{T_3} \gamma^{\frac{\kappa-1}{\kappa}}$$
$$= 1 - \frac{293\,[\mathrm{K}]}{1080\,[\mathrm{K}]}$$
$$\times \left(\frac{850\,[\mathrm{kPa}]}{101.3\,[\mathrm{kPa}]}\right)^{1.4-1/1.4}$$
$$= 50.2\,\%$$

**5.13** (1) 例題5.8と同様に，理想的な中間冷却器，再熱器，再生器を装着した場合の理論熱効率$\eta_{\mathrm{th}}$の次式が成立する．

$$\eta_{\text{th}} = \frac{(T_6 - T_7) + (T_8 - T_9) - (T_2 - T_1) - (T_4 - T_3)}{(T_6 - T_5) + (T_8 - T_7)}$$

ここで, $T_6 = T_8 = 1080\,[\text{K}]$, $T_1 = T_3 = 293\,[\text{K}]$ である.

式(5.59)から $p_2$ が求まる.

$$p_2 = p_7 = (p_6 p_9)^{1/2}$$
$$= (850\,[\text{kPa}] \times 101.3\,[\text{kPa}])^{1/2} = 293\,[\text{kPa}]$$

$p(1 \to 2)$ は断熱圧縮なので, 式(3.28)から $T_2$ が求まる.

$$T_2 = T_4 = T_1 \left(\frac{p_2}{p_1}\right)^{\kappa - 1/\kappa}$$
$$= 293\,[\text{K}] \times \left(\frac{293\,[\text{kPa}]}{101.3\,[\text{kPa}]}\right)^{1.4-1/1.4}$$
$$= 397\,[\text{K}]$$

同じく $p(6 \to 7)$ は断熱膨張なので, $T_7 = T_9 = T_5$ となり, $T_7$, $T_9$, $T_5$ が求まる.

$$T_7 = T_9 = T_5 = T_6 \left(\frac{p_7}{p_6}\right)^{\kappa - 1/\kappa}$$
$$= 1080\,[\text{K}] \times \left(\frac{293\,[\text{kPa}]}{850\,[\text{kPa}]}\right)^{1.4-1/1.4}$$
$$= 797\,[\text{K}]$$

よって, $\eta_{\text{th}}$ が求まる.

$$\eta_{\text{th}} = \frac{\left\{\begin{array}{c}(1080 - 797) + (1080 - 797)\\ -(397 - 293) - (397 - 293)\end{array}\right\}\,[\text{K}]}{\{(1080 - 797) + (1080 - 797)\}\,[\text{K}]}$$
$$= 63.3\,\%$$

(2) 再生器がないので燃焼器で, その分だけの熱量を供給する必要がある. 例題5.8(2)と同様に, 供給する必要のある熱量は次式のようになる.

$$q_{\text{regen}} = c_p(T_5 - T_4)$$

$\eta_{\text{th}}$ は, 例題5.8(2)と同様に, 次式となる.

$$\eta_{\text{th}} = \frac{\begin{array}{c}c_p(T_6 - T_7) + c_p(T_8 - T_9)\\ -c_p(T_2 - T_1) - c_p(T_4 - T_3)\end{array}}{c_p(T_6 - T_5) + c_p(T_5 - T_4) + c_p(T_8 - T_7)}$$
$$= \frac{\begin{array}{c}(1080 - 797) + (1080 - 797)\\ -(397 - 293) - (397 - 293)\end{array}}{(1080 - 797) + (797 - 397) + (1080 - 797)}$$
$$= 37.1\,\%$$

**5.14** (1) $T_1 = T_3 = 298\,[\text{K}]$, $T_6 = T_8 = 2073\,[\text{K}]$ である. 式(5.56)から $p_2 = p_7$ が求まる.

$$p_2 = p_7 = (p_1 p_4)^{1/2}$$
$$= (100\,[\text{kPa}] \times 900\,[\text{kPa}])^{1/2} = 300\,[\text{kPa}]$$

$p(1 \to 2)$ は断熱圧縮なので, 式(5.40)から $T_2 = T_4$ が求まる.

$$T_2 = T_4 = T_1 \left(\frac{p_2}{p_1}\right)^{\kappa - 1/\kappa}$$
$$= 298\,[\text{K}] \times \left(\frac{300\,[\text{kPa}]}{100\,[\text{kPa}]}\right)^{1.4-1/1.4} = 408\,[\text{K}]$$

同様に, $p(6 \to 7)$ は断熱膨張なので, $T_7 = T_9 = T_5$ が求まる.

$$T_7 = T_9 = T_5 = T_6 \left(\frac{p_7}{p_6}\right)^{\kappa - 1/\kappa}$$
$$= 2073\,[\text{K}] \times \left(\frac{300\,[\text{kPa}]}{900\,[\text{kPa}]}\right)^{1.4-1/1.4}$$
$$= 1515\,[\text{K}]$$

(a) 式(5.54), (5.57)から正味仕事 $\dot{L}'_{\text{net}}$ が求まる.

$$\dot{L}'_{\text{net}} = \dot{L}'_{\text{t}} - \dot{L}'_{\text{c}}$$
$$= \dot{m} c_p \{(T_6 - T_7) + (T_8 - T_9)$$
$$\quad - (T_2 - T_1) - (T_4 - T_3)\}$$
$$= 2\,[\text{kg}] \times 1.006\,[\text{kJ/(kg·K)}]$$
$$\quad \times \{(2073 - 1515) + (2073 - 1515)$$
$$\quad - (408 - 298) - (408 - 298)\}\,[\text{K}]$$
$$= 1.80\,[\text{MW}]$$

(b), (c) $p(5 \to 6)$ および $p(7 \to 8)$ は等圧加熱なので, 式(3.16)から加熱量 $\dot{Q}_{\text{H}}$, 再熱量 $\dot{Q}_{\text{r}}$ が求まる.

$$\dot{Q}_{\text{H}} = \dot{Q}_{\text{r}} = c_p \dot{m}(T_6 - T_5)$$
$$= 1.006\,[\text{kJ/(kg·K)}] \times 2\,[\text{kg/s}]$$
$$\quad \times (2073 - 1515)\,[\text{K}]$$
$$= 1.12\,[\text{MW}]$$

(d), (e) $p(10 \to 1)$ および $p(2 \to 3)$ は等圧冷却なので, 式(3.16)から放熱量 $\dot{Q}_{\text{L}}$, 中間冷却量 $\dot{Q}_{\text{intcool}}$ が求まる.

$$\dot{Q}_{\text{L}} = \dot{Q}_{\text{intcool}} = c_p \dot{m}(T_3 - T_2)$$
$$= 1.006\,[\text{kJ/(kg·K)}] \times 2\,[\text{kg/s}]$$
$$\quad \times (298 - 408)\,[\text{K}]$$
$$= -221\,[\text{kW}]$$

(2) 式(5.1)から理論熱効率 $\eta_{\text{th}}$ が求まる.

$$\eta_{\text{th}} = \frac{\dot{L}'_{\text{net}}}{\dot{Q}_{\text{H}} + \dot{Q}_{\text{r}}} = \frac{1.80\,[\text{MW}]}{(1.12 + 1.12)\,[\text{MW}]}$$
$$= 80.4\,\%$$

**5.15** (1) 式(5.66)から $T_2$ が, 式(5.67)から $p_2$ が求まる.

$$T_2 = T_1 + \frac{\omega_a^2}{2c_p}$$

$$= 220\,[\mathrm{K}] + \frac{(300\,[\mathrm{m/s}])^2}{2\times 1.006\,[\mathrm{kJ/(kg\cdot K)}]}$$
$$= 265\,[\mathrm{K}]$$
$$p_2 = p_1\left(\frac{T_2}{T_1}\right)^{\kappa/\kappa-1}$$
$$= 25\,[\mathrm{kPa}]\times \left(\frac{265\,[\mathrm{K}]}{220\,[\mathrm{K}]}\right)^{1.4/1.4-1}$$
$$= 48\,[\mathrm{kPa}]$$
式(5.68)から$T_3$が求まる.
$$T_3 = T_2\xi^{\kappa-1/\kappa} = 265\,[\mathrm{K}]\times 10^{1.4-1/1.4}$$
$$= 512\,[\mathrm{K}]$$
式(5.70)から$T_5$が求まる.
$$T_5 = T_4 - (T_3 - T_2)$$
$$= (1300 - (512 - 265))\,[\mathrm{K}] = 1053\,[\mathrm{K}]$$
式(5.68)から$p_3$が求まる.
$$p_3 = \xi\, p_2 = 10\times 48\,[\mathrm{kPa}] = 480\,[\mathrm{kPa}]$$
式(5.71)から$p_5$が求まる.
$$p_5 = p_4\left(\frac{T_5}{T_4}\right)^{\kappa/\kappa-1}$$
$$= 480\,[\mathrm{kPa}]\times \left(\frac{1053\,[\mathrm{K}]}{1300\,[\mathrm{K}]}\right)^{1.4/1.4-1}$$
$$= 230\,[\mathrm{kPa}]$$
$p_6 = p_1$なので,式(5.72)から$T_6$が求まる.
$$T_6 = T_5\left(\frac{p_6}{p_5}\right)^{\kappa-1/\kappa}$$
$$= 1053\,[\mathrm{K}]\times \left(\frac{25\,[\mathrm{kPa}]}{230\,[\mathrm{kPa}]}\right)^{1.4-1/1.4}$$
$$= 559\,[\mathrm{K}]$$
式(5.73)から$\omega_\mathrm{j}$が求まる.
$$\omega_\mathrm{j} = \sqrt{2c_p(T_5 - T_6)}$$
$$= \sqrt{2\times 1.006\,[\mathrm{kJ/(kg\cdot K)}]}$$
$$\quad\times \sqrt{(1053 - 559)\,[\mathrm{K}]}$$
$$= 997\,[\mathrm{m/s}]$$
よって,式(5.76)から正味推力$F_\mathrm{net}$が求まる.
$$F = \dot{m}(\omega_\mathrm{j} - \omega_\mathrm{a})$$
$$= 30\,[\mathrm{kg/s}]\times (997 - 300)[\mathrm{m/s}] = 20.9\,[\mathrm{kN}]$$
(2) 式(5.69)から燃焼における加熱率$\dot{Q}_\mathrm{c}$が求まる.
$$\dot{Q}_\mathrm{c} = mq_\mathrm{H} = \dot{m}c_p(T_4 - T_3)$$
$$= 30\,[\mathrm{kg/s}]\times 1.006\,[\mathrm{kJ/(kg\cdot K)}]$$
$$\quad\times (1300 - 512)\,[\mathrm{K}]$$
$$= 23.8\,[\mathrm{MW}]$$

よって,$\dot{m}_\mathrm{f}\cdot F_\mathrm{Q} = \dot{Q}_\mathrm{c}$から燃量流量$\dot{m}_\mathrm{f}$が求まる.
$$\dot{m}_\mathrm{f} = \frac{\dot{Q}_\mathrm{c}}{F_\mathrm{Q}} = \frac{23.8\times 10^3\,[\mathrm{kJ/s}]}{43500\,[\mathrm{kJ/kg}]} = 0.547\,[\mathrm{kg/s}]$$

**5.16** $\omega_\mathrm{a} = 0$なので,式(5.66)から$T_2 = T_1 = 300\,[\mathrm{K}]$となる.式(5.67)から$p_2$が求まる.
$$p_2 = p_1\left(\frac{T_2}{T_1}\right)^{\kappa/\kappa-1}$$
$$= 100\,[\mathrm{kPa}]\times \left(\frac{300\,[\mathrm{K}]}{300\,[\mathrm{K}]}\right)^{1.4/1.4-1}$$
$$= 100\,[\mathrm{kPa}]$$
式(5.68)から$T_3$が求まる.
$$T_3 = T_2\xi^{\kappa-1/\kappa} = 300\,[\mathrm{K}]\times 12^{1.4-1/1.4}$$
$$= 610\,[\mathrm{K}]$$
式(5.69)から$T_4$が求まる.
$$T_4 = \frac{\dot{m}_\mathrm{f} F_\mathrm{Q}}{\dot{m}_\mathrm{a} c_p} + T_3$$
$$= \frac{8700\,[\mathrm{kJ/s}]}{10.06\,[\mathrm{kJ/(s\cdot K)}]} + 610\,[\mathrm{K}] = 1475\,[\mathrm{K}]$$
式(5.70)から$T_5$が求まる.
$$T_5 = T_4 - (T_3 - T_2)$$
$$= (1475 - (610 - 300))\,[\mathrm{K}] = 1165\,[\mathrm{K}]$$
式(5.68)から$p_3$が求まる.
$$p_3 = \varphi\, p_2 = 12\times 100\,[\mathrm{kPa}] = 1200\,[\mathrm{kPa}]$$
式(5.71)から$p_5$が求まる.
$$p_5 = p_4\left(\frac{T_5}{T_4}\right)^{\kappa/\kappa-1}$$
$$= 1200\,[\mathrm{kPa}]\times \left(\frac{1165\,[\mathrm{K}]}{1475\,[\mathrm{K}]}\right)^{1.4/1.4-1}$$
$$= 525\,[\mathrm{kPa}]$$
$p_6 = p_1$なので,式(5.72)から$T_6$が求まる.
$$T_6 = T_5\left(\frac{p_6}{p_5}\right)^{\kappa-1/\kappa}$$
$$= 1165\,[\mathrm{K}]\times \left(\frac{100\,[\mathrm{kPa}]}{525\,[\mathrm{kPa}]}\right)^{1.4-1/1.4}$$
$$= 725\,[\mathrm{K}]$$
式(5.73)から$\omega_\mathrm{j}$が求まる.
$$\omega_\mathrm{j} = \sqrt{2c_p(T_5 - T_6)}$$
$$= \sqrt{\begin{array}{c}2\times 1.006\,[\mathrm{kJ/(kg\cdot K)}]\\ \times (1165 - 725)\,[\mathrm{K}]\end{array}}$$
$$= 941\,[\mathrm{m/s}]$$
本エンジンは地上で停止している,すなわち$\omega_\mathrm{a} = 0$なので,式(5.76)から正味推力$F_\mathrm{net}$が求まる.

$$F_{\text{net}} = \dot{m}_a (\omega_j - \omega_a)$$
$$= 10\,[\text{kg/s}] \times 941\,[\text{m/s}] = 9.41\,[\text{kN}]$$

## 第6章

**6.1** 付表1から60°Cの物性値が得られる.
$h' = 251.15\,[\text{kJ/kg}]$
$h'' = 2608.85\,[\text{kJ/kg}]$
$s' = 0.83122\,[\text{kJ/(kg·K)}]$
$s'' = 7.90817\,[\text{kJ/(kg·K)}]$
$v' = 0.00101711\,[\text{m}^3/\text{kg}]$
$v'' = 7.66766\,[\text{m}^3/\text{kg}]$

式(6.8)から比エンタルピー $h$ が求まる.
$h = (1-x)\,h' + x h''$
$= (1-0.8) \times 251.15\,[\text{kJ/kg}]$
$\quad + 0.8 \times 2608.85\,[\text{kJ/kg}]$
$= 2137.31\,[\text{kJ/kg}]$

式(6.7)から比エントロピー $s$ が求まる.
$s = (1-x)\,s' + x s''$
$= (1-0.8) \times 0.83122\,[\text{kJ/(kg·K)}]$
$\quad + 0.8 \times 7.90817\,[\text{kJ/(kg·K)}]$
$= 6.49278\,[\text{kJ/(kg·K)}]$

式(6.5)から比体積 $v$ が求まる.
$v = (1-x)\,v' + x v''$
$= (1-0.8) \times 0.00101711\,[\text{m}^3/\text{kg}]$
$\quad + 0.8 \times 7.66766\,[\text{m}^3/\text{kg}]$
$= 6.134331422\,[\text{m}^3/\text{kg}]$

比エンタルピーの定義式(2.29)から内部エネルギー $u$ が求まる.
$u = h - pv$
$= 2137.31\,[\text{kJ/kg}] - 0.019946 \times 10^6\,[\text{Pa}]$
$\quad \times 6.134331422\,[\text{m}^3/\text{kg}]$
$= 2137.31\,[\text{kJ/kg}]$
$\quad - 122.36 \times 10^3\,[\text{N·m}^3/(\text{m}^2\cdot\text{kg})]$
$= 2014.95\,[\text{kJ/kg}]$

**6.2** 付表2から0.3 MPaおよび0.4 MPaのときの$h'$, $h''$, $s'$, $s''$が得られる.

(0.3 MPa)
$h' = 561.46\,[\text{kJ/kg}],\quad h'' = 2724.89\,[\text{kJ/kg}]$
$s' = 1.67176\,[\text{kJ/(kg·K)}]$
$s'' = 6.99157\,[\text{kJ/(kg·K)}]$

(0.4 MPa)
$h' = 604.72\,[\text{kJ/kg}],\quad h'' = 2738.06\,[\text{kJ/kg}]$

$s' = 1.77660\,[\text{kJ/(kg·K)}]$
$s'' = 6.89542\,[\text{kJ/(kg·K)}]$

上記の数値を使って線形補間法により0.33 MPaのときの$h'$, $h''$, $s'$, $s''$が求まる.

$h' = 561.46\,[\text{kJ/kg}]$
$\quad + \dfrac{(604.72 - 561.46)\,[\text{kJ/kg}]}{(0.4 - 0.3)\,[\text{MPa}]}$
$\quad \times (0.33 - 0.3)\,[\text{MPa}]$
$= 574.44\,[\text{kJ/kg}]$

$h'' = 2724.89\,[\text{kJ/kg}]$
$\quad + \dfrac{(2738.06 - 2724.89)\,[\text{kJ/kg}]}{(0.4 - 0.3)\,[\text{MPa}]}$
$\quad \times (0.33 - 0.3)\,[\text{MPa}]$
$= 2728.84\,[\text{kJ/kg}]$

$s' = 1.67176\,[\text{kJ/(kg·K)}]$
$\quad + \dfrac{(1.77660 - 1.67176)\,[\text{kJ/(kg·K)}]}{(0.4 - 0.3)\,[\text{MPa}]}$
$\quad \times (0.33 - 0.3)\,[\text{MPa}]$
$= 1.70321\,[\text{kJ/(kg·K)}]$

$s'' = 6.99157\,[\text{kJ/(kg·K)}]$
$\quad + \dfrac{(6.89542 - 6.99157)\,[\text{kJ/(kg·K)}]}{(0.4 - 0.3)\,[\text{MPa}]}$
$\quad \times (0.33 - 0.3)\,[\text{MPa}]$
$= 6.96273\,[\text{kJ/(kg·K)}]$

よって,式(6.8)から比エンタルピー $h$ が,式(6.7)から比エントロピー $s$ が求まる.
$h = (1-x)\,h' + x h''$
$= (1-0.6) \times 574.44\,[\text{kJ/kg}]$
$\quad + 0.6 \times 2728.84\,[\text{kJ/kg}]$
$= 1867.08\,[\text{kJ/kg}]$

$s = (1-0.6) \times 1.70321\,[\text{kJ/(kg·K)}]$
$\quad + 0.6 \times 6.96273\,[\text{kJ/(kg·K)}]$
$= 4.85892\,[\text{kJ/(kg·K)}]$

**6.3** (1) 式(6.2), (6.8)から$h'$を消去し,既知の数値を代入すると,比エンタルピー$h''$が求まる.
$h'' = h + (1-x)\,r$
$= 1130\,[\text{kJ/kg}] + (1-0.4) \times 2406\,[\text{kJ/kg}]$
$= 2574\,[\text{kJ/kg}]$

(2) 式(6.4), (6.7)から$s'$を消去し,既知の数値を代入すると,比エントロピー$s''$が求まる.

$$s'' = s + (1-x)\frac{r}{T_s}$$
$$= 3.646\,[\text{kJ}/(\text{kg}\cdot\text{K})] + (1-0.4)$$
$$\times \frac{2406\,[\text{kJ/kg}]}{(273+40)\,[\text{K}]}$$
$$= 8.258\,[\text{kJ}/(\text{kg}\cdot\text{K})]$$

**6.4** （1）タンクの中には湿り蒸気が入っている．タンク内の圧力は飽和圧力 $p_s$ であり，付表1から得られる．
$$p_s = 0.047415\,[\text{MPa}]$$
（2）式(6.1)から乾き度 $x$ が求まる．
$$x = \frac{m_v}{m_t} = \frac{(8-6)\,[\text{kg}]}{8\,[\text{kg}]} = 0.25$$

付表1から80°Cの湿り空気の比体積 $v$ が得られる．
$v' = 0.00102904\,[\text{m}^3/\text{kg}]$, $v'' = 3.40527\,[\text{m}^3/\text{kg}]$
式(6.5)から湿り空気の比体積 $v$ が求まる．
$$v = (1-x)v' + xv''$$
$$= (1-0.25) \times 0.00102904\,[\text{m}^3/\text{kg}]$$
$$+ 0.25 \times 3.40527\,[\text{m}^3/\text{kg}]$$
$$= 0.8521\,[\text{m}^3/\text{kg}]$$

よって，タンクの容量 $V$ が次式のように求まる．
$$V = m_t v = 8\,[\text{kg}] \times 0.8521\,[\text{m}^3/\text{kg}] = 6.82\,[\text{m}^3]$$

**6.5** （1）図6.13(b)の状態点1では飽和水になっているので，付表2の飽和圧力 0.005 MPa ($= 5.0$ kPa) から物性値を読みとる．
$$h_1 = h' = 137.77\,[\text{kJ/kg}]$$
$$h'' = 2560.77\,[\text{kJ/kg}]$$
$$s' = 0.47625\,[\text{kJ}/(\text{kg}\cdot\text{K})]$$
$$s'' = 8.39391\,[\text{kJ}/(\text{kg}\cdot\text{K})]$$

図6.13(b)の状態点3では過熱蒸気なので，付表3の $p_3 = 10\,[\text{MPa}]$，$T_3 = 500\,[°\text{C}]$ から下記の物性値を読みとる．
$h_3 = 3375.06\,[\text{kJ/kg}]$, $s_3 = 6.5993\,[\text{kJ}/(\text{kg}\cdot\text{K})]$
図6.13(b)の状態点4は $s_4 = s_3$ なので，この状態点の乾き度 $x$ は式(6.7)を使って求まる．
$$x = \frac{s_3 - s'}{s'' - s'}$$
$$= \frac{(6.5993 - 0.47625)\,[\text{kJ}/(\text{kg}\cdot\text{K})]}{(8.39391 - 0.47625)\,[\text{kJ}/(\text{kg}\cdot\text{K})]}$$
$$= 0.77334$$

（2）タービン仕事は式(6.12)から求まる．乾き度がわかったので，式(6.8)から $h_4$ が求まる．
$$h_4 = (1-x)h' + xh''$$
$$= (1 - 0.77334) \times 137.77\,[\text{kJ/kg}]$$
$$+ 0.77334 \times 2560.77\,[\text{kJ/kg}]$$
$$= 2011.57\,[\text{kJ/kg}]$$
$$\ell_t = h_3 - h_4 = (3375.06 - 2011.57)\,[\text{kJ/kg}]$$
$$= 1363.49\,[\text{kJ/kg}]$$

（3）理論熱効率 $\eta_{th}$ は式(6.16)から求まる．
$$\eta_{th} \approx \frac{h_3 - h_4}{h_3 - h_1}$$
$$= \frac{(3375.06 - 2011.57)\,[\text{kJ/kg}]}{(3375.06 - 137.77)\,[\text{kJ/kg}]}$$
$$= 0.421 = 42.1\,\%$$

**6.6** 各状態点の比エンタルピーを求める．
**状態点1** 飽和水になっているので，付表2の飽和圧力 0.005 MPa ($= 5.0$ kPa) から各物性値が得られる．
$$h_1 = h' = 137.77\,[\text{kJ/kg}]$$
$$h'' = 2560.77\,[\text{kJ/kg}]$$
$$s' = 0.47625\,[\text{kJ}/(\text{kg}\cdot\text{K})]$$
$$s'' = 8.39391\,[\text{kJ}/(\text{kg}\cdot\text{K})]$$
$$v_1 = v' = 0.00100532\,[\text{m}^3/\text{kg}]$$

**状態点2** 式(6.10)から $\ell_p$ が求まる．
$$\ell_p = v_1(p_2 - p_1)$$
$$= 0.00100532\,[\text{m}^3/\text{kg}]$$
$$\times (15\,[\text{MPa}] - 5.0\,[\text{kPa}])$$
$$= 0.00100532\,[\text{m}^3/\text{kg}]$$
$$\times (15 \times 10^3 - 5.0) \times 10^3\,[\text{N/m}^2]$$
$$= 15.07\,[\text{kJ/kg}]$$

式(6.10)から $h_2$ が求まる．
$$h_2 = h_1 + \ell_p$$
$$= (137.77 + 15.07)\,[\text{kJ/kg}]$$
$$= 152.84\,[\text{kJ/kg}]$$

**状態点3** 過熱蒸気なので，付表3の $p_3 = 15\,[\text{MPa}]$，$T_3 = 600\,[°\text{C}]$ から各物性値が得られる．
$$h_3 = 3583.31\,[\text{kJ/kg}]$$
$$s_3 = 6.6797\,[\text{kJ}/(\text{kg}\cdot\text{K})]$$

**状態点5** $p(4 \to 5)$ は等圧加熱なので，付表3の $p_5 = p_4 = 4\,[\text{MPa}]$，$T_5 = 600\,[°\text{C}]$ から各物性値が得られる．
$$h_5 = 3674.85\,[\text{kJ/kg}]$$

$s_5 = 7.3704 \, [\text{kJ}/(\text{kg} \cdot \text{K})]$

**状態点 4** 高圧タービンの入口蒸気の比エントロピーは，$s_3 = 6.6797 \, [\text{kJ}/(\text{kg} \cdot \text{K})]$ である．付表 3 から 4 MPa における比エントロピーの値で $s_3$ の値がその間に含まれる温度の物性値は次のとおりである．

(300°C)　2961.65 kJ/kg　6.3638 kJ/(kg · K)
(400°C)　3214.37 kJ/kg　6.7712 kJ/(kg · K)

$s_3 = 6.6797 \, [\text{kJ}/(\text{kg} \cdot \text{K})]$ に対応する比エンタルピー $h_4$ は，線形補間法により求まる．

$$h_4 = 2961.65 \, [\text{kJ/kg}]$$
$$+ \frac{(3214.37 - 2961.65) \, [\text{kJ/kg}]}{(6.7712 - 6.3638) \, [\text{kJ}/(\text{kg} \cdot \text{K})]}$$
$$\times (6.6797 - 6.3638) \, [\text{kJ}/(\text{kg} \cdot \text{K})]$$
$$= 3157.61 \, [\text{kJ/kg}]$$

**状態点 6** 状態点 1 で求めた $0.005 \, \text{MPa} \, (= 5.0 \, \text{kPa})$ の物性値 $s_6 = s_5$ と式 (6.7) から乾き度 $x_6$ が求まる．

$$s_6 = s_5 = (1 - x_6) s' + x_6 s''$$
$$x_6 = \frac{s_5 - s'}{s'' - s'}$$
$$= \frac{(7.3704 - 0.47625) \, [\text{kJ}/(\text{kg} \cdot \text{K})]}{(8.39391 - 0.47625) \, [\text{kJ}/(\text{kg} \cdot \text{K})]}$$
$$= 0.8707$$

乾き度が求まったので，式 (6.8) から $h_6$ が求まる．

$$h_6 = (1 - x_6) h'_6 + x_6 h''_6$$
$$= (1 - 0.8707) \times 137.77 \, [\text{kJ/kg}]$$
$$+ 0.8707 \times 2560.77 \, [\text{kJ/kg}]$$
$$= 2247.48 \, [\text{kJ/kg}]$$

よって，式 (6.27) から理論熱効率 $\eta_{\text{th}}$ が求まる．

$$\eta_{\text{th}} = \frac{(h_3 - h_4) + (h_5 - h_6) - (h_2 - h_1)}{(h_3 - h_1) + (h_5 - h_4) - (h_2 - h_1)}$$

$$= \frac{\left\{\begin{array}{l}(3583.31 - 3157.61)\\+ (3674.85 - 2247.48)\\- (152.84 - 137.77)\end{array}\right\} [\text{kJ/kg}]}{\left\{\begin{array}{l}(3583.31 - 137.77)\\+ (3674.85 - 3157.61)\\- (152.84 - 137.77)\end{array}\right\} [\text{kJ/kg}]}$$

$$= 46.6 \, \%$$

**6.7** (1) **状態点 1** 飽和水になっているので付表 2 の飽和圧力 $0.01 \, \text{MPa} \, (= 10 \, \text{kPa})$ から各物性値が得られる．

$h_1 = h' = 191.81 \, [\text{kJ/kg}]$

$h'' = 2583.89 \, [\text{kJ/kg}]$
$s' = 0.64922 \, [\text{kJ}/(\text{kg} \cdot \text{K})]$
$s'' = 8.14889 \, [\text{kJ}/(\text{kg} \cdot \text{K})]$
$v_1 = v' = 0.00101026 \, [\text{m}^3/\text{kg}]$

**状態点 5** 過熱蒸気なので，付表 3 の $p_3 = 8 \, [\text{MPa}]$，$T_3 = 600 \, [°\text{C}]$ から各物性値が得られる．

$h_5 = 3642.42 \, [\text{kJ/kg}]$，$s_5 = 7.0221 \, [\text{kJ/kg}]$

**状態点 7** $s_7 = s_5$ なので，式 (6.7) からこの状態点の乾き度 $x$ が求まる．

$$x = \frac{s_5 - s'}{s'' - s'}$$
$$= \frac{(7.0221 - 0.64922) \, [\text{kJ}/(\text{kg} \cdot \text{K})]}{(8.14889 - 0.64922) \, [\text{kJ}/(\text{kg} \cdot \text{K})]}$$
$$= 0.8498$$

乾き度 $x$ がわかったので，式 (6.8) から $h_7$ が求まる．

$$h_7 = (1 - x) h' + x h''$$
$$= (1 - 0.8498) \times 191.81 \, [\text{kJ/kg}]$$
$$+ 0.8498 \times 2583.89 \, [\text{kJ/kg}]$$
$$= 2224.60 \, [\text{kJ/kg}]$$

また，$h_3$ は抽気圧力が 0.8 MPa なので，付表 2 から得られる．

$h_3 = h' = 721.02 \, [\text{kJ/kg}]$

付表 3 から 0.8 MPa で $s_5 = s_6 = s_7 = 7.0221 \, [\text{kJ/kg}]$ に対応する比エンタルピーを線形補間法により求まる．

(200°C)　2839.77 kJ/kg　6.8176 kJ/(kg · K)
(300°C)　3056.92 kJ/kg　7.2345 kJ/(kg · K)

よって，蒸気の比エンタルピー $h_6$ が求まる．

$$h_6 = 2839.77 \, [\text{kJ/kg}]$$
$$+ \frac{(3056.92 - 2839.77) \, [\text{kJ/kg}]}{(7.2345 - 6.8176) \, [\text{kJ}/(\text{kg} \cdot \text{K})]}$$
$$\times (7.0221 - 6.8176) \, [\text{kJ}/(\text{kg} \cdot \text{K})]$$
$$= 2946.29 \, [\text{kJ/kg}]$$

(2) 式 (6.34) から抽気割合 $m$ が求まる．

$$m = \frac{h_3 - h_1}{h_6 - h_3}$$
$$= \frac{(721.02 - 191.81) \, [\text{kJ/kg}]}{(2946.29 - 721.02) \, [\text{kJ/kg}]} = 0.238$$

(3) 式 (6.32) から理論熱効率 $\eta_{\text{th}}$ が求まる．

$$\eta_{\text{th}} = \frac{h_5 - h_6 + (1 - m)(h_6 - h_7)}{h_5 - h_3}$$

$$= \frac{\begin{Bmatrix}(3642.42 - 2946.29) \\ +(1-0.238)\times(2946.29-2224.60)\end{Bmatrix}[\text{kJ/kg}]}{(3642.42-721.02)\,[\text{kJ/kg}]}$$

$= 42.7\,\%$

## 第7章

**7.1** (1) 図7.6 から各物性値が得られる.

$h_1 = 388\,[\text{kJ/kg}]$, $s_1 = 1.748\,[\text{kJ/(kg·K)}]$

$h_2 = 424\,[\text{kJ/kg}]$, $h_3 = 241\,[\text{kJ/kg}] = h_4$

よって, 式(7.5)から成績係数 $\varepsilon_R$ が求まる.

$$\varepsilon_R = \frac{h_1 - h_4}{h_2 - h_1} = \frac{(388-241)[\text{kJ/kg}]}{(424-388)[\text{kJ/kg}]} = 4.08$$

(2) $p(4 \to 1)$ で熱を吸収し冷凍するので, 式(7.4)から吸熱量 $q_L$ が求まる.

$q_L = h_1 - h_4 = (388 - 241)\,[\text{kJ/kg}]$
$\quad = 147\,[\text{kJ/kg}]$

1 kW の冷凍効果を得るために必要な冷媒の循環量を $\dot{m}_R$ とすると, 次式が成立する.

$q_L\,[\text{kJ/kg}] \times \dot{m}_R\,[\text{kg/s}] = 1\,[\text{kW}] = 1\,[\text{kJ/s}]$

$\dot{m}_R$ は次式から求まる.

$$\dot{m}_R = \frac{1\,[\text{kJ/s}]}{147\,[\text{KJ/kg}]} = 0.00680\,[\text{kg/s}]$$

**7.2** (1) 図7.6 から蒸発器出口の比エンタルピー $h_1$, 圧縮機出口の比エンタルピー $h_2$, 凝縮器出口の比エンタルピー $h_3$ が得られる.

$h_1 = 393\,[\text{kJ/kg}]$, $h_2 = 428\,[\text{kJ/kg}]$

$h_3 = 258\,[\text{kJ/kg}] = h_4$

(2) 式(7.5)から成績係数 $\varepsilon_R$ が求まる.

$$\varepsilon_R = \frac{h_1 - h_4}{h_2 - h_1} = \frac{(393-258)\,[\text{kJ/kg}]}{(428-393)\,[\text{kJ/kg}]} = 3.86$$

(3) $p(4 \to 1)$ で熱を吸収し冷凍するので, 式(7.4)から吸熱量 $q_L$ が求まる.

$q_L = h_1 - h_4 = (393 - 258)\,[\text{kJ/kg}]$
$\quad = 135\,[\text{kJ/kg}]$

3 kW の冷凍効果を得るために必要な冷媒の循環量を $\dot{m}_R$ とすると, 次式が成立する.

$q_L\,[\text{kJ/kg}] \times \dot{m}_R\,[\text{kg/s}] = 3\,[\text{kJ/s}]$

よって, $\dot{m}_R$ が求まる.

$$\dot{m} = \frac{3\,[\text{kJ/s}]}{135\,[\text{kJ/kg}]} = 0.0222\,[\text{kg/s}]$$

**7.3** 図7.6 から各状態点のエンタルピーが求まる.

$h_1 = 383\,[\text{kJ/kg}]$, $h_2 = 412\,[\text{kJ/kg}]$

$h_3 = h_4 = 212\,[\text{kJ/kg}]$

(1) 冷媒の質量流量を $\dot{m}_R$ とすると, 式(7.4)から低温部から奪う熱量 $Q_L$ が求まる.

$Q_L = \dot{m}_R q_L = \dot{m}_R (h_1 - h_4)$
$\quad = 1\,[\text{kg/s}] \times (383 - 212)[\text{kJ/kg}] = 171\,[\text{kW}]$

(2) 式(7.5)から成績係数 $\varepsilon_R$ が求まる.

$$\varepsilon_R = \frac{h_1 - h_4}{h_2 - h_1} = \frac{(383-212)\,[\text{kJ/kg}]}{(412-383)\,[\text{kJ/kg}]} = 5.90$$

**7.4** 図7.6 から各状態点のエンタルピーが求まる.

$h_1 = 394\,[\text{kJ/kg}]$, $h_2 = 427\,[\text{kJ/kg}]$

$h_3 = h_4 = 254\,[\text{kJ/kg}]$

(1) 式(7.6)から成績係数 $\varepsilon_H$ が求まる.

$$\varepsilon_H = \frac{h_2 - h_3}{h_2 - h_1} = \frac{(427-254)\,[\text{kJ/kg}]}{(427-394)\,[\text{kJ/kg}]} = 5.24$$

(2) 式(7.2)から冷媒の質量流量 $\dot{m}_R$ が求まる.

$$\dot{m}_R = \frac{\dot{Q}_H}{(h_2 - h_3)} = \frac{70\,[\text{MJ/h}]}{(427-254)\,[\text{kJ/kg}]}$$

$$= \frac{70 \times 10^3\,[\text{kJ/(h(s·3600/h·1))}]}{173\,[\text{kJ/kg}]}$$

$\quad = 0.112\,[\text{kg/s}]$

(3) 式(7.1)から圧縮機の必要動力 $\dot{L}_{in}$ が求まる.

$\dot{L}_{in} = \dot{m}_R \ell_{in}$
$\quad = 0.112\,[\text{kg/s}] \times (427 - 394)[\text{kJ/kg}]$
$\quad = 3.696\,\left[\text{kW}\left(\dfrac{\text{HP}\cdot 1}{\text{kW}\cdot 0.7457}\right)\right] = 4.96\,[\text{HP}]$

(4) 体積流量 $\dot{V}$ と質量流量 $\dot{m}$ には次式の関係がある.

$\dot{V}_R\,[\text{m}^3/\text{s}] = v\,[\text{m}^3/\text{kg}]\,\dot{m}_R\,[\text{kg/s}]$

図7.6 から圧縮機に入る冷媒の比体積 $v$ が得られる.

$v = 0.1\,[\text{m}^3/\text{kg}]$

よって, 圧縮機に入る冷媒の体積流量 $\dot{V}_R$ は次式のように求まる.

$\dot{V}_R = v\dot{m}_R = 0.1\,[\text{m}^3/\text{kg}] \times 0.112\,[\text{kg/s}]$
$\quad = 0.0112\,[\text{m}^3/\text{s}]$

**7.5** (1) 式(7.7)から $T_2$ が求まる.

$$T_2 = \left(\frac{p_2}{p_1}\right)^{(\kappa-1)/\kappa} T_1$$

$$= \left(\frac{1.0\,[\text{MPa}]}{0.10\,[\text{MPa}]}\right)^{(1.4-1)/1.4} \times (273+25)\,[\text{K}]$$

$\quad = 575\,[\text{K}]$

よって，式(7.9)から生成される空気の温度$T_4$が求まる．

$$T_4 = \frac{T_1 T_3}{T_2} = \frac{(273+25) \times (273+25)}{575\,[\mathrm{K}]}\left[\mathrm{K}^2\right]$$
$$= -119\,[^\circ\mathrm{C}]$$

(2) 式(7.12)から成績係数$\varepsilon_\mathrm{R}$が求まる．

$$\varepsilon_\mathrm{R} = \frac{1}{(p_2/p_1)^{(\kappa-1)/\kappa}-1}$$
$$= \frac{1}{(1.0\,[\mathrm{MPa}]/0.10\,[\mathrm{MPa}])^{(1.4-1)/1.4}-1}$$
$$= 1.07$$

**7.6**

(1) 式(7.7)から$T_2$が求まる．

$$T_2 = \left(\frac{p_2}{p_1}\right)^{(\kappa-1)/\kappa} T_1$$
$$= \left(\frac{250\,[\mathrm{kPa}]}{50\,[\mathrm{kPa}]}\right)^{(1.4-1)/1.4} \times 283\,[\mathrm{K}]$$
$$= 448\,[\mathrm{K}]$$

式(7.9)からタービン出口温度$T_4$が求まる．

$$T_4 = \frac{T_1 T_3}{T_2} = \frac{283\,[\mathrm{K}] \times 318\,[\mathrm{K}]}{448\,[\mathrm{K}]} = 201\,[\mathrm{K}]$$

よって，式(7.10)から吸熱量$\dot{Q}_\mathrm{L}$が求まる．

$$\dot{Q}_\mathrm{L} = \dot{m}_\mathrm{R} q_\mathrm{L} = \dot{m}_\mathrm{R} c_p (T_1 - T_4)$$
$$= 0.08\,[\mathrm{kg/s}] \times 1.006\,[\mathrm{kJ/(kg \cdot K)}]$$
$$\quad \times (283-201)\,[\mathrm{K}]$$
$$= 6.60\,[\mathrm{kW}]$$

(2) 式(7.11)から圧縮機に必要な動力$\dot{L}_\mathrm{in}$が求まる．

$$\dot{L}_\mathrm{in} = \dot{m}_\mathrm{R} c_p (T_2 - T_3 - T_1 + T_4)$$
$$= 0.08\,[\mathrm{kg/s}] \times 1.006\,[\mathrm{kJ/kg \cdot K}]$$
$$\quad \times (448-318-283+201)\,[\mathrm{K}]$$
$$= 3.86\,[\mathrm{kW}]$$

(3) 式(7.12)から成績係数$\varepsilon_\mathrm{R}$が求まる．

$$\varepsilon_\mathrm{R} = \frac{1}{(p_2/p_1)^{(\kappa-1)/\kappa}-1}$$
$$= \frac{1}{(250\,[\mathrm{kPa}]/50\,[\mathrm{kPa}])^{(1.4-1)/1.4}-1}$$
$$= 1.71$$

## 第8章

**8.1** (1) 付表1から$t=20\,[^\circ\mathrm{C}]$の飽和湿り空気の水蒸気分圧が得られる．

$$p_\mathrm{sv} = 0.0023392\,[\mathrm{MPa}] = 2.34\,[\mathrm{kPa}]$$

式(8.9)から水蒸気の分圧$p_\mathrm{v}$が求まる．

$$p_\mathrm{v} = \varphi\, p_\mathrm{sv} = 0.8 \times 2.34\,[\mathrm{kPa}] = 1.87\,[\mathrm{kPa}]$$

式(8.5)から乾き空気の分圧$p_\mathrm{d}$が求まる．

$$p_\mathrm{d} = p_\mathrm{a} - p_\mathrm{v} = 100\,[\mathrm{kPa}] - 1.87\,[\mathrm{kPa}]$$
$$= 98.1\,[\mathrm{kPa}]$$

(2) 式(8.11)から絶対湿度$x$が求まる．

$$x = \frac{0.622\varphi\, p_\mathrm{sv}}{p_\mathrm{a} - \varphi\, p_\mathrm{sv}}$$
$$= \frac{0.622 \times 0.8 \times 2.34\,[\mathrm{kPa}]}{100\,[\mathrm{kPa}] - 0.8 \times 2.34\,[\mathrm{kPa}]}\,[\mathrm{kg/kg}']$$
$$= 0.0119\,[\mathrm{kg/kg}']$$

(3) 式(8.1), (8.4), (8.12)から湿り空気の比エンタルピー$h_\mathrm{a}$が求まる．

$$h_\mathrm{a} = h_\mathrm{d} + x h_\mathrm{v} = c_p t + x(2501 + 1.846 t)$$
$$= 1.006\,[\mathrm{kJ/(kg \cdot {}^\circ C)}] \times 20\,[^\circ\mathrm{C}]$$
$$\quad + 0.0119 \times (2501 + 1.846 \times 20)\,[\mathrm{kJ/kg}]$$
$$= 20.1\,[\mathrm{kJ/kg}] + 30.2\,[\mathrm{kJ/kg}]$$
$$= 50.3\,[\mathrm{kJ/kg}]$$

**8.2** 図8.6から比エンタルピーは$h=75.2\,[\mathrm{kJ/kg}']$である．

**8.3** 図8.6から絶対湿度は$x=0.0202\,[\mathrm{kg/kg}']$である．

**8.4** 図8.6から比体積は$v=0.91\,[\mathrm{m}^3/\mathrm{kg}']$である．

**8.5** (1) 付表1から$t=25\,[^\circ\mathrm{C}]$の飽和蒸気圧が得られる．

$$p_\mathrm{sv} = 0.0031697\,[\mathrm{MPa}] = 3.17\,[\mathrm{kPa}]$$

式(8.9)から水蒸気の分圧$p_\mathrm{v}$が求まる．

$$p_\mathrm{v} = \varphi\, p_\mathrm{sv} = 0.5 \times 3.17\,[\mathrm{kPa}] = 1.59\,[\mathrm{kPa}]$$

式(8.5)から乾き空気の分圧$p_\mathrm{d}$が求まる．

$$p_\mathrm{d} = p_\mathrm{a} - p_\mathrm{v} = 98\,[\mathrm{kPa}] - 1.59\,[\mathrm{kPa}]$$
$$= 96.41\,[\mathrm{kPa}]$$

乾き空気と水蒸気がこの部屋全体を満たしている．式(3.1)から乾き空気の質量$m_\mathrm{d}$が求まる．

$$m_\mathrm{d} = \frac{p_\mathrm{d} V_\mathrm{d}}{R_\mathrm{d} T} = \frac{96.41\,[\mathrm{kPa}] \times 240\,[\mathrm{m}^3]}{0.28699\,[\mathrm{kJ/(kg \cdot K)}] \times 298\,[\mathrm{K}]}$$
$$= 271\,[\mathrm{kg}]$$

(2) (1)と同様に，水蒸気の質量$m_\mathrm{v}$が求まる．

$$m_\mathrm{v} = \frac{p_\mathrm{v} V_\mathrm{v}}{R_\mathrm{v} T} = \frac{1.59\,[\mathrm{kPa}] \times 240\,[\mathrm{m}^3]}{0.4615\,[\mathrm{J/(kg \cdot K)}] \times 298\,[\mathrm{K}]}$$
$$= 2.77\,[\mathrm{kg}]$$

(3) 式(8.7)から絶対湿度$x$が求まる．

$$x = 0.622 \frac{p_\mathrm{v}}{p_\mathrm{d}} = \frac{0.622 \times 1.59\,[\mathrm{kPa}]}{96.41\,[\mathrm{kPa}]}\,[\mathrm{kg/kg}']$$

$= 0.0103\,[\mathrm{kg/kg'}]$

**8.6** 図 8.6 から絶対湿度は $x = 0.005\,[\mathrm{kg/kg'}]$ である．

**8.7** 与えられた物性値から図 8.6 中の状態点を決めれば，各物性値が得られる．
① 17.9 ② 82 ③ 16.8 ④ 51 ⑤ 24
⑥ 0.0036 ⑦ −0.5 ⑧ 29 ⑨ 28.2
⑩ 0.0214 ⑪ 26 ⑫ 90.2 ⑬ 12.8
⑭ 0.0065 ⑮ 7.3 ⑯ 29.2 ⑰ 39.6 ⑱ 31
⑲ 0.014 ⑳ 76.5 ㉑ 24.3 ㉒ 69 ㉓ 18
㉔ 58

**8.8** (1) 付表 1 から $t = 10\,[^\circ\mathrm{C}]$ の飽和蒸気圧が得られる．
$p_{\mathrm{sv}} = 0.0012282\,[\mathrm{MPa}] = 1.2282\,[\mathrm{kPa}]$
式 (8.9) から水蒸気の分圧 $p_\mathrm{v}$ が求まる．
$p_\mathrm{v} = \varphi\, p_{\mathrm{sv}} = 0.3 \times 1.2282\,[\mathrm{kPa}] = 0.368\,[\mathrm{kPa}]$
式 (8.5) から乾き空気の分圧 $p_\mathrm{d}$ が求まる．
$p_\mathrm{d} = p_\mathrm{a} - p_\mathrm{v} = 101.3\,[\mathrm{kPa}] - 0.368\,[\mathrm{kPa}]$
$\phantom{p_\mathrm{d}} = 100.9\,[\mathrm{kPa}]$
式 (3.1) から $v_1$ が求まる．
$v_1 = \dfrac{R_\mathrm{d} T_1}{p_\mathrm{d}}$
$\phantom{v_1} = \dfrac{0.28699\,[\mathrm{kJ/(kg' \cdot K)}] \times 283\,[\mathrm{K}]}{100.9\,[\mathrm{kPa}]}$
$\phantom{v_1} = 0.805\,[\mathrm{m^3/kg'}]$
$v_1$ を使って乾き空気の質量重量を求める．
$\dot{m}_\mathrm{d} = \dfrac{\dot{V}_1}{v_1} = \dfrac{45\,[\mathrm{m^3/min}]}{0.805\,[\mathrm{m^3/kg'}]} = 55.9\,[\mathrm{kg'/min}]$
式 (8.7) から $x_1$ が求まる．
$x_1 = 0.622 \dfrac{p_\mathrm{v}}{p_\mathrm{d}} = 0.622 \times \left(\dfrac{0.368\,[\mathrm{kPa}]}{100.9\,[\mathrm{kPa}]}\right)$
$\phantom{x_1} = 0.00227\,[\mathrm{kg/kg'}]$
式 (8.1), (8.4), (8.12) から $h_1$, $h_2$ が求まる．
$h_1 = h_\mathrm{d} + x_1 h_\mathrm{v} = c_p t_1 + x(2501 + 1.846 t_1)$
$\phantom{h_1} = 1.006\,[\mathrm{kJ/(kg \cdot ^\circ C)}] \times 10\,[^\circ\mathrm{C}]$
$\phantom{h_1 =} + 0.00227 \times (2501 + 1.846 \times 10)\,[\mathrm{kJ/kg}]$
$\phantom{h_1} = 15.8\,[\mathrm{kJ/kg}]$
$h_2 = h_\mathrm{d} + x_1 h_\mathrm{v} = c_p t_{21} + x(2501 + 1.846 t_2)$
$\phantom{h_2} = 1.006\,[\mathrm{kJ/(kg \cdot ^\circ C)}] \times 22\,[^\circ\mathrm{C}]$
$\phantom{h_2 =} + 0.00227 \times (2501 + 1.846 \times 22)\,[\mathrm{kJ/kg}]$
$\phantom{h_2} = 27.9\,[\mathrm{kJ/kg}]$
よって，式 (8.16) から加熱部で加えられる熱量 $\dot{Q}$ が求まる．

$\dot{Q} = \dot{m}_\mathrm{d}(h_2 - h_1)$
$\phantom{\dot{Q}} = 55.9\,[\mathrm{kg'/min}] \times (27.9 - 15.8)\,[\mathrm{kJ/kg'}]$
$\phantom{\dot{Q}} = 676\,[\mathrm{kJ/min}]$
(2) 付表 1 から状態点 3 の飽和湿り空気の蒸気分圧が得られる．
$p_{\mathrm{sv}} = 0.0031697\,[\mathrm{MPa}] = 3.1697\,[\mathrm{kPa}]$
式 (8.11) から $x_3$ が求まる．
$x_3 = \dfrac{0.622 \varphi\, p_{\mathrm{sv}}}{p_\mathrm{a} - \varphi\, p_{\mathrm{sv}}}$
$\phantom{x_3} = \dfrac{0.622 \times 0.6 \times 3.1697\,[\mathrm{kPa}]}{(101.3 - 0.6 \times 3.1697)\,[\mathrm{kPa}]}$
$\phantom{x_3} = 0.0119\,[\mathrm{kg/kg'}]$
加湿部の水の質量流量収支は，式 (8.14) から次式となる．
$\dot{m}_{\mathrm{d}2} x_2 + \dot{m}_\mathrm{w} = \dot{m}_{\mathrm{d}3} x_3$
$\dot{m}_{\mathrm{d}2} = \dot{m}_{\mathrm{d}3} = \dot{m}_\mathrm{d}$ および $x_2 = x_1$ なので，これを上式に代入すると，質量流量 $\dot{m}_\mathrm{w}$ が求まる．
$\dot{m}_\mathrm{w} = \dot{m}_\mathrm{d}(x_3 - x_2)$
$\phantom{\dot{m}_\mathrm{w}} = 55.9\,[\mathrm{kg'/min}]$
$\phantom{\dot{m}_\mathrm{w} =} \times (0.0119 - 0.00227)\,[\mathrm{kg/kg'}]$
$\phantom{\dot{m}_\mathrm{w}} = 0.538\,[\mathrm{kg/min}]$

**8.9** (1) 加熱プロセス $(x_1 = x_2)$ なので状態点 1, 2 が決まり，図 8.6 から各物性値が得られる．
$h_1 = 18.8\,[\mathrm{kJ/kg'}], \quad h_2 = 31.6\,[\mathrm{kJ/kg'}]$
$v_1 = 0.811\,[\mathrm{m^3/kg'}]$
$\dot{m}_\mathrm{d} = \dfrac{\dot{V}_1}{v_1} = \dfrac{6\,[\mathrm{m^3/min}]}{0.811\,[\mathrm{m^3/kg'}]} = 7.40\,[\mathrm{kg'/min}]$
よって，式 (8.16) から加熱部に必要な熱量 $\dot{Q}$ が求まる．
$\dot{Q} = \dot{m}_\mathrm{d}(h_2 - h_1)$
$\phantom{\dot{Q}} = 7.40\,[\mathrm{kg'/min}] \times (31.6 - 18.8)\,[\mathrm{kJ/kg'}]$
$\phantom{\dot{Q}} = 94.7\,[\mathrm{kJ/min}]$
(2) 図 8.6 から相対湿度は $\varphi_2 = 13\%$ と求まる．

**8.10** 図 8.6 から相対湿度は $\varphi_2 = 88\%$ と求まる．

**8.11** この空調装置は標準大気圧のもとで作動しているので，湿り空気線図 (図 8.6) が使用できる．
(1) 加熱プロセス $(x_1 = x_2)$ なので状態点 1, 2 が決まり，図 8.6 から各物性値が得られる．
$h_1 = 14.0\,[\mathrm{kJ/kg'}], \quad v_1 = 0.792\,[\mathrm{m^3/kg'}]$
$h_2 = 34.4\,[\mathrm{kJ/kg'}]$

$$\dot{m}_\mathrm{d} = \frac{\dot{V}_1}{v_1} = \frac{50\,[\mathrm{m^3/min}]}{0.792\,[\mathrm{m^3/kg'}]} = 63.1\,[\mathrm{kg'/min}]$$

よって，式(8.16)から加熱量 $\dot{Q}$ が求まる．

$$\dot{Q} = \dot{m}_\mathrm{d}(h_2 - h_1)$$
$$= 63.1\,[\mathrm{kg'/min}] \times (34.4 - 14.0)\,[\mathrm{kJ/kg'}]$$
$$= 1287\,[\mathrm{kJ/min}]$$

(2) 図 8.6 から相対湿度は $\varphi_2 = 19\,\%$ と求まる．

**8.12** (1) このプロセスは図 8.10 の I → J → K → L で示される．I → J の過程で熱が除去され，J → K の過程で水分が除去され，K → L の過程で加熱される．

図 8.6 から単位乾き空気質量あたりの水分除去量は，I と L との絶対湿度の差より求まる．

$$m_\mathrm{w} = x_\mathrm{I} - x_\mathrm{L} = (0.0204 - 0.0074)\,[\mathrm{kg/kg'}]$$
$$= 0.013\,[\mathrm{kg/kg'}]$$

(2) 図 8.6 から状態点 I, K, L の比エンタルピーが得られる．

$$h_\mathrm{I} = 79.0\,[\mathrm{kJ/kg'}], \quad h_\mathrm{K} = 28.2\,[\mathrm{kJ/kg'}]$$
$$h_\mathrm{L} = 43.0\,[\mathrm{kJ/kg'}]$$

単位乾き空気質量あたりの熱量 $q_\mathrm{out}$ は，状態点 K と状態点 I の比エントロピーの差から求まる．

$$q_\mathrm{out} = h_\mathrm{K} - h_\mathrm{I} = (28.2 - 79.0)\,[\mathrm{kJ/kg'}]$$
$$= -50.8\,[\mathrm{kJ/kg'}]$$

(3) 単位乾き空気質量あたりの熱量 $q_\mathrm{in}$ は，状態点 L と状態点 K の比エントロピーの差から求まる．

$$q_\mathrm{in} = h_\mathrm{L} - h_\mathrm{K} = (43.0 - 28.2)\,[\mathrm{kJ/kg'}]$$
$$= 14.8\,[\mathrm{kJ/kg'}]$$

**8.13** この空調装置は標準大気圧のもとで作動しているので，湿り空気線図(図 8.6)が使用できる．図 8.6 から混合する前の湿り空気の各物性値が得られる．

$$h_1 = 29.2\,[\mathrm{kJ/kg'}], \quad v_1 = 0.8115\,[\mathrm{m^3/kg'}]$$
$$x_1 = 0.0076\,[\mathrm{kg/kg'}], \quad h_2 = 71.0\,[\mathrm{kJ/kg'}]$$
$$v_2 = 0.881\,[\mathrm{m^3/kg'}], \quad x_2 = 0.0162\,[\mathrm{kg/kg'}]$$

$v_1$, $v_2$ を使って混合前の湿り空気の乾き空気の質量流量を求める．

$$\dot{m}_\mathrm{d1} = \frac{\dot{V}_1}{v_1} = \frac{300\,[\mathrm{m^3/h}]}{0.8115\,[\mathrm{m^3/kg'}]}$$
$$= 369.7\,[\mathrm{kg'/h}]$$

$$\dot{m}_\mathrm{d2} = \frac{\dot{V}_2}{v_2} = \frac{500\,[\mathrm{m^3/h}]}{0.881\,[\mathrm{m^3/kg'}]}$$
$$= 567.5\,[\mathrm{kg'/min}]$$

式(8.20)から $x_3$, $h_3$ が求まる．

$$\frac{\dot{m}_\mathrm{d1}}{\dot{m}_\mathrm{d2}} = \frac{x_2 - x_3}{x_3 - x_1} = \frac{h_2 - h_3}{h_3 - h_1}$$

$$\frac{369.7\,[\mathrm{kg'/h}]}{567.5\,[\mathrm{kg'/h}]} = \frac{0.0162\,[\mathrm{kg/kg'}] - x_3}{x_3 - 0.0076\,[\mathrm{kg/kg'}]}$$

$$x_3 = 0.0128\,[\mathrm{kg/kg'}]$$

$$\frac{369.7\,[\mathrm{kg'/h}]}{567.5\,[\mathrm{kg'/h}]} = \frac{71.0\,[\mathrm{kJ/kg'}] - h_3}{h_3 - 29.2\,[\mathrm{kJ/kg'}]}$$

$$h_3 = 54.5\,[\mathrm{kJ/kg'}]$$

これから湿り空気線図上の状態点 3 が決まるので，湿り空気線図(図 8.6)から混合空気の乾球温度 $t_3$ と湿球温度 $t'_3$ が求まる．

$$t_3 = 22.3\,[^\circ\mathrm{C}], \quad t'_3 = 19.3\,[^\circ\mathrm{C}]$$

## 参考文献

1. 中島　健，やさしく学べる工業熱力学，森北出版，2004.
2. 角田哲也ほか，エンジニアのための熱力学，成山堂書店，2001.
3. 志村忠夫，したしむ熱力学，朝倉書店，2000.
4. 岡田　功，初歩者のための熱力学，オーム社，1969.
5. 北山直方，図解熱力学の学び方(第2版)，オーム社，1984.
6. 東　忠則，徹底解説工業熱力学の基礎，山海堂，1996.
7. Y. A. Cengel et al, Thermodynamics: An Engineering Approach(5ed.), McGraw-Hill, 2005.
8. M. C. Potter et al, Schaum's Outline of Thermodynamics for Engineers(2ed.), McGraw-Hill, 2009.
9. 鈴木克明，教材設計マニュアル，北大路書房，2002.

# さくいん

## ■ 英 数

BDC 110
COP 82
$p\,dV$仕事 44
R134a 176, 179
SI 3
TDC 110

## ■ あ 行

圧縮機 56, 176
圧縮水 154
圧縮点火熱機関 111
圧縮比 110
圧力 12
圧力比 115
位置エネルギー 31
移動境界仕事 44
運動エネルギー 30
エネルギー 1, 2
エネルギーの形態 29
エネルギーの保存則 36
エリクソンサイクル 143
エンタルピー 48
エントロピー 93, 98
オットーサイクル 112
温度 5

## ■ か 行

外燃機関 106
開放サイクル 131
化学平衡 10
可逆過程 81
可逆サイクル 84
加湿 198, 200
下死点 110
ガス 153
加速仕事 34
加熱 198, 199, 200, 201
加熱器 56

過熱蒸気 155
カルノーサイクル 84
乾き空気 188
乾き度 155
乾き飽和蒸気線 155, 180
乾球温度 194
気化熱 32
気体定数 62
気筒内径 110
ギブス－ダルトンの法則 190
基本単位 21
逆転温度 178
逆転温度曲線 178
吸収液 185
吸収器 186
吸収冷凍サイクル 185
境界 1
凝縮圧力 179
凝縮温度 179
凝縮器 57, 176, 186
巨視的形態のエネルギー 30
空気調和 188, 198
空気標準想定 108
空気冷凍サイクル 183
空調 188
組立単位 21
クラウジウス積分 96
クラウジウスの不等式 97
系 1
経路 45
ゲージ圧 16
検査体積 50
顕熱 32
高温熱源 78
工学単位系 4
工業仕事 59
後方仕事比 133
孤立系 2
混合給水加熱器型 172

## ■ さ 行

再生器 135, 186
再生ランキンサイクル 172
再熱 139
再熱ランキンサイクル 168
作動流体 44
サバテサイクル 122
三重点 156
ジェット推進サイクル 144
示強性状態量 20
軸仕事 34
仕事 17
湿球温度 194
実在気体 62
質量 3
質量流量 51
絞り膨張 177
湿り空気 188
湿り空気線図 195
湿り空気の混合 203
湿り蒸気 155
周囲 1
自由膨張 64
重量 3
重力加速度 3
重力仕事 33
出力重量比 144
ジュール－トムソン効果 178
ジュールの法則 63
準静的過程 43
蒸気圧縮式冷凍サイクル 176
蒸気線図 153
蒸気表 153
上死点 110
状態量 20
蒸発圧力 179
蒸発温度 179
蒸発器 56, 176, 185
蒸発潜熱 156, 187

蒸発熱 156
正味仕事 46, 79
正味推力 147
除湿 198, 201
示量性状態量 20
水圧 12
推進効率 147
推進動力 147
スターリングサイクル 128
成績係数 82, 179, 184
摂氏温度 5
絶対圧力 16
絶対温度 6
絶対仕事 45
絶対湿度 190
絶対真空 16
絶対零度 6
全エネルギー 29
線形補間法 162
全体効率 147
潜熱 32
相対湿度 191
相平衡 10

■ た 行

第 1 種永久機関 87
大気圧 15
第 2 種永久機関 78
タービン 54
ダルトンの分圧の法則 190
断熱過程 70
中間冷却 138
抽気割合 172
定圧比熱 8
低温熱源 78
定常 50
定常流動系 50
ディスプレーサピストン 129
定積比熱 8
ディーゼルサイクル 117
等圧過程 67
等温過程 66

等積過程 69
動力 19, 51
閉じた系 2

■ な 行

内燃機関 106
内部エネルギー 5, 31
内部可逆過程 107
ニュートンの運動方程式 3
熱 5
熱エネルギー 31
熱機関 78
熱源 78
熱交換器 57
熱効率 79
熱平衡 10
熱容量 7
熱力学 1
熱力学第 1 法則 36
熱力学第 2 法則 76
熱力学第 0 法則 10
熱力学的平衡 9
熱流量 51
熱量 6
熱量の変化 9

■ は 行

ばね仕事 34
比エンタルピー 48
飛行速度 145
微視的形態のエネルギー 30
ヒートポンプ 82
比熱 7
比熱比 8
火花点火熱機関 111
表面給水加熱器型 173
開いた系 2
開いた系の仕事 59
不可逆過程 81
不可逆サイクル 88
物質 2

物性値 9
沸点 154
物理量 2
ブレイトンサイクル 131
ブレイトン再生サイクル 135
ブレイトン中間冷却・再熱・再生サイクル 140
平均有効圧力 110
平衡 9
偏微分 9
ボイラー 56
膨張弁 176
放熱器 57
飽和圧力 154
飽和液線 180
飽和温度 154
飽和湿り空気 191
飽和蒸気 155
飽和状態 191
飽和水 154
飽和水線 155
補間 162
ポリトロープ過程 73
ポリトロープ指数 73
ポリトロープ比熱 74
ポンプ 56

■ ま 行

密度 4
密閉サイクル 131

■ や 行

融解熱 32
有効数字 24
容積式 107

■ ら 行

ランキンサイクル 165
力学平衡 10
理想気体 62

理想気体の状態式　62
理想サイクル　107
流動式　107
流動仕事　52
理論最大成績係数　92
理論最大熱効率　87, 88, 91

理論熱効率　108
臨界圧力　155
臨界温度　155
臨界点　155
臨界比体積　155
冷却　198, 199

冷却器　57
冷凍機　82
冷凍サイクル　176
冷凍作用　187
冷媒　176
露点温度　194

### 著 者 略 歴

小山　敏行（こやま・としゆき）
　1969 年　北海道大学大学院工学研究科機械工学専攻修士課程修了
　1969 年　三菱重工業株式会社入社
　2004 年　第一工業大学航空宇宙工学科教授
　2012 年　第一工業大学退職
　2013 年　三菱航空機株式会社
　　　　　現在に至る

　著　書 「例題で学ぶ伝熱工学」森北出版，2012.
　　　　　「航空整備士のための「航空法規等」」産業図書，2012.

　編集担当　加藤義之（森北出版）
　編集責任　石田昇司（森北出版）
　組　　版　dignet
　印　　刷　ワコープラネット
　製　　本　ブックアート

熱力学きほんの「き」
やさしい問題から解いてだんだんと力をつけよう　　　　　© 小山敏行　2010

2010 年 11 月 5 日　第 1 版第 1 刷発行　　【本書の無断転載を禁ず】
2021 年 4 月 15 日　第 1 版第 7 刷発行

著　　者　小山敏行
発 行 者　森北博巳
発 行 所　森北出版株式会社
　　　　　東京都千代田区富士見 1-4-11（〒102-0071）
　　　　　電話 03-3265-8341／FAX 03-3264-8709
　　　　　https://www.morikita.co.jp/
　　　　　日本書籍出版協会・自然科学書協会　会員
　　　　　JCOPY 〈(一社)出版者著作権管理機構　委託出版物〉

落丁・乱丁本はお取替えいたします.
Printed in Japan／ISBN978-4-627-67351-9

付表3　圧縮水，過熱水蒸気表（日本機械学会編「蒸気表」日本機械学会（1999）より）

| 圧力 [MPa]<br>（飽和温度[°C]） | | 温　度　[°C] | | | | | | | |
|---|---|---|---|---|---|---|---|---|---|
| | | 100 | 200 | 300 | 400 | 500 | 600 | 700 | 800 |
| 0.01<br>(45.808) | $v$ | 17.197 | 21.826 | 26.446 | 31.064 | 35.680 | 40.296 | 44.912 | 49.528 |
| | $h$ | 2687.43 | 2879.59 | 3076.73 | 3279.94 | 3489.67 | 3706.27 | 3929.91 | 4160.62 |
| | $s$ | 8.4488 | 8.9048 | 9.2827 | 9.6093 | 9.8997 | 10.1631 | 10.4055 | 10.6311 |
| 0.02<br>(60.059) | $v$ | 8.5857 | 10.907 | 13.220 | 15.530 | 17.839 | 20.147 | 22.455 | 24.763 |
| | $h$ | 2686.19 | 2879.14 | 3076.49 | 3279.78 | 3489.57 | 3706.19 | 3929.85 | 4160.57 |
| | $s$ | 8.1262 | 8.5842 | 8.9624 | 9.2892 | 9.5797 | 9.8431 | 10.0855 | 10.3112 |
| 0.05<br>(81.317) | $v$ | 3.4188 | 4.3563 | 5.2841 | 6.2095 | 7.1339 | 8.0578 | 8.9814 | 9.9048 |
| | $h$ | 2682.40 | 2877.77 | 3075.76 | 3279.32 | 3489.24 | 3705.96 | 3929.67 | 4160.44 |
| | $s$ | 7.6952 | 8.1591 | 8.5386 | 8.8658 | 9.1565 | 9.4200 | 9.6625 | 9.8882 |
| 0.1<br>(99.606) | $v$ | 1.6960 | 2.1725 | 2.6389 | 3.1027 | 3.5656 | 4.0279 | 4.4900 | 4.9520 |
| | $h$ | 2675.77 | 2875.48 | 3074.54 | 3278.54 | 3488.71 | 3705.57 | 3929.38 | 4160.21 |
| | $s$ | 7.3610 | 7.8356 | 8.2171 | 8.5451 | 8.8361 | 9.0998 | 9.3424 | 9.5681 |
| 0.2<br>(120.21) | $v$ | 0.0010434 | 1.0805 | 1.3162 | 1.5493 | 1.7814 | 2.0130 | 2.2444 | 2.4755 |
| | $h$ | 419.17 | 2870.78 | 3072.08 | 3276.98 | 3487.64 | 3704.79 | 3928.80 | 4159.76 |
| | $s$ | 1.3069 | 7.5081 | 7.8940 | 8.2235 | 8.5151 | 8.7792 | 9.0220 | 9.2479 |
| 0.3<br>(133.53) | $v$ | 0.0010434 | 0.71644 | 0.87534 | 1.0315 | 1.1867 | 1.3414 | 1.4958 | 1.6500 |
| | $h$ | 419.25 | 2865.95 | 3069.61 | 3275.42 | 3486.56 | 3704.02 | 3928.21 | 4159.31 |
| | $s$ | 1.3069 | 7.3132 | 7.7037 | 8.0346 | 8.3269 | 8.5914 | 8.8344 | 9.0604 |
| 0.4<br>(143.61) | $v$ | 0.0010433 | 0.53434 | 0.65488 | 0.77264 | 0.88936 | 1.0056 | 1.1215 | 1.2373 |
| | $h$ | 419.32 | 2860.99 | 3067.11 | 3273.86 | 3485.49 | 3703.24 | 3927.63 | 4158.85 |
| | $s$ | 1.3068 | 7.1724 | 7.5677 | 7.9001 | 8.1931 | 8.4579 | 8.7012 | 8.9273 |
| 0.5<br>(151.84) | $v$ | 0.0010433 | 0.42503 | 0.52260 | 0.61729 | 0.71095 | 0.80410 | 0.89696 | 0.98967 |
| | $h$ | 419.40 | 2855.90 | 3064.60 | 3272.29 | 3484.41 | 3702.46 | 3927.05 | 4158.4 |
| | $s$ | 1.3067 | 7.0611 | 7.4614 | 7.7954 | 8.0891 | 8.3543 | 8.5977 | 8.8240 |
| 0.6<br>(158.83) | $v$ | 0.0010432 | 0.35212 | 0.43441 | 0.51373 | 0.59200 | 0.66977 | 0.74725 | 0.82457 |
| | $h$ | 419.47 | 2850.66 | 3062.06 | 3270.72 | 3483.33 | 3701.68 | 3926.46 | 4157.95 |
| | $s$ | 1.3066 | 6.9684 | 7.3740 | 7.7095 | 8.0039 | 8.2694 | 8.5131 | 8.7395 |
| 0.7<br>(164.95) | $v$ | 0.0010432 | 0.29999 | 0.37141 | 0.43976 | 0.50704 | 0.57382 | 0.64032 | 0.70665 |
| | $h$ | 419.55 | 2845.29 | 3059.50 | 3269.14 | 3482.25 | 3700.90 | 3925.88 | 4157.50 |
| | $s$ | 1.3065 | 6.8884 | 7.2995 | 7.6366 | 7.9317 | 8.1976 | 8.4415 | 8.6680 |
| 0.8<br>(170.41) | $v$ | 0.0010431 | 0.26087 | 0.32415 | 0.38427 | 0.44332 | 0.50186 | 0.56011 | 0.61820 |
| | $h$ | 419.62 | 2839.77 | 3056.92 | 3267.56 | 3481.17 | 3700.12 | 3925.29 | 4157.04 |
| | $s$ | 1.3065 | 6.8176 | 7.2345 | 7.5733 | 7.8690 | 8.1353 | 8.3794 | 8.6060 |
| 0.9<br>(175.36) | $v$ | 0.0010430 | 0.23040 | 0.28739 | 0.34112 | 0.39376 | 0.44589 | 0.49773 | 0.54941 |
| | $h$ | 419.70 | 2834.10 | 3054.32 | 3265.98 | 3480.09 | 3699.34 | 3924.70 | 4156.59 |
| | $s$ | 1.3064 | 6.7538 | 7.1768 | 7.5172 | 7.8136 | 8.0803 | 8.3246 | 8.5513 |
| 1.0<br>(179.89) | $v$ | 0.0010430 | 0.20600 | 0.25798 | 0.30659 | 0.35411 | 0.40111 | 0.44783 | 0.49438 |
| | $h$ | 419.77 | 2828.27 | 3051.70 | 3264.39 | 3479.00 | 3698.56 | 3924.12 | 4156.14 |
| | $s$ | 1.3063 | 6.6955 | 7.1247 | 7.4668 | 7.7640 | 8.0309 | 8.2755 | 8.5024 |
| 1.5<br>(198.30) | $v$ | 0.0010427 | 0.13244 | 0.16970 | 0.20301 | 0.23516 | 0.26678 | 0.29812 | 0.32928 |
| | $h$ | 420.15 | 2796.02 | 3038.27 | 3256.37 | 3473.57 | 3694.64 | 3921.18 | 4153.87 |
| | $s$ | 1.3059 | 6.4537 | 6.9199 | 7.2708 | 7.5716 | 7.8404 | 8.0860 | 8.3135 |
| 2.0<br>(212.38) | $v$ | 0.0010425 | 0.0011561 | 0.12550 | 0.15121 | 0.17568 | 0.19961 | 0.22326 | 0.24674 |
| | $h$ | 420.53 | 852.57 | 3024.25 | 3248.23 | 3468.09 | 3690.71 | 3918.24 | 4151.59 |
| | $s$ | 1.3055 | 2.3301 | 6.7685 | 7.1290 | 7.4335 | 7.7042 | 7.9509 | 8.1791 |

$v$：比容積[m³/kg]，　$h$：比エンタルピー[kJ/kg]，　$s$：比エントロピー[kJ/(kg·K)]